Bernhard Henning

Waldumbau

Bernhard Henning

Waldumbau

Gesunden Mischwald bewirtschaften

2., aktualisierte und erweiterte Auflage

40 Fotos
15 Zeichnungen
16 Tabellen

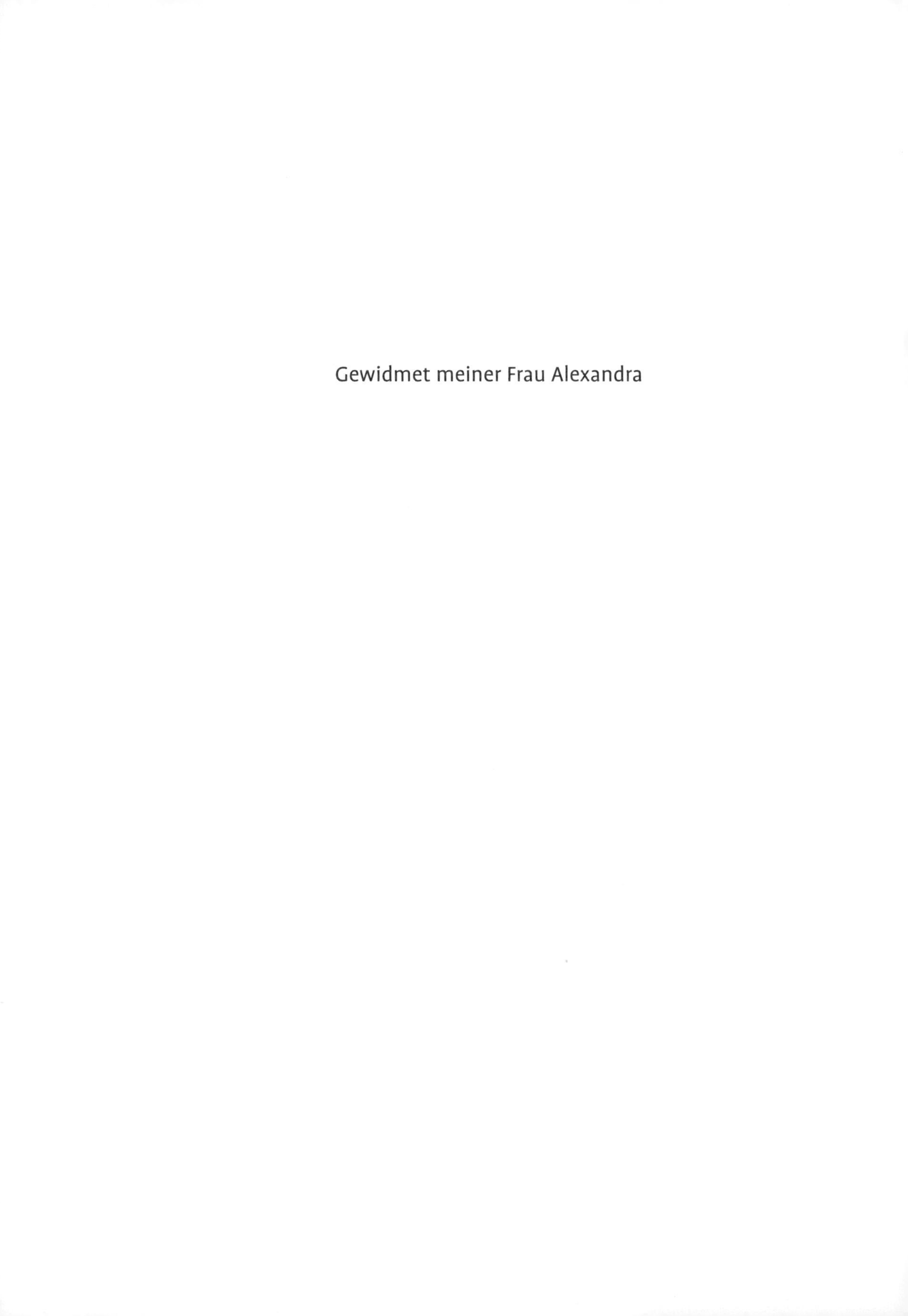

Gewidmet meiner Frau Alexandra

Inhaltsverzeichnis

Vorwort

„Willst du den Wald vernichten, pflanze nichts als Fichten, Fichten, Fichten." Seit Beginn meines Forststudiums wurde ich immer mit diesem Spruch konfrontiert, besonders Botaniker und Bodenkundler wiederholten diesen Schmähruf immer wieder. Die meisten forstlichen Professoren wählten weniger scharfe Formulierungen, aber allgemein war es Konsens, dass der Anbau von Fichtenmonokulturen möglichst vermieden werden sollte.

Theorie und Praxis

Es war verwirrend, während verschiedener Praktika zu sehen, dass genau das, wovor die Wissenschaftler warnten, in der Praxis weit verbreitet ist. Manche meiner Kommilitonen erklärten sich diesen Widerspruch einfach dadurch, „dass die Professoren halt keine Ahnung von der Praxis hätten". Natürlich sieht der Arbeitsalltag eines Forschers anders aus als der eines Forstmeisters, aber diese Erklärung erschien mir als angehender Akademiker doch sehr simpel. Denn auch aus der sogenannten forstlichen Praxis waren kritische Stimmen gegenüber der ungezügelten Fichtenwirtschaft zu hören. Und manch einer wies auf die diversen Schadereignisse hin, welche die Fichtenbestände regelmäßig erleiden mussten. Für die Verfechter der Fichte waren diese Schäden aber einfach systemimmanent und gehörten schlicht zum Alltag.

Gute Fichte – böse Fichte?

Die Diskussion für und wider der „bösen Fichte" wurde mehr und mehr zum Glaubenskrieg.

Die Fichte ist aber weder gut noch böse. Sie ist eine Gebirgsbaumart, die in ihrem Ursprungsgebiet relativ stabile Bestände ausbildet, die nicht nur Holz produzieren, sondern an vielen Orten als Schutzwald auch Siedlungen und Infrastruktur schützen. Der Vorwurf, die Fichte würde den Wald vernichten, trifft nicht zu: Zwar kann der Oberboden versauern, da die Nadelstreu für das Bodenleben schwerer abbaubar ist als Laubstreu, aber das komplette Wachstum eines Waldes gefährdet sie nicht. Der Fichtenanbau ist also beispielsweise nicht vergleichbar mit dem Eukalyptusanbau, der den Boden stark austrocknet und für andere Pflanzen unbrauchbar zurücklässt.

Realistisch rechnen

Aus Sicht der Vegetationsökologen sind standortfremde Fichtenmonokulturen sogenannte Ersatzgesellschaften, die trotz des Fehlens der natürlichen Vegetation als Waldökosystem eingestuft werden. Naturschützern beklagen oft die Schadanfälligkeit der Fichtenwirtschaft.

Dabei schafft die Fichte genau durch diese Eigenschaft Freiflächen, die von vielen seltenen Tier- und Pflanzenarten besiedelt werden, für die der geschlossene Wald zu dunkel und zu kühl ist.

Es sind also keine moralischen Wertvorstellungen oder oberflächliche Argumente seitens des Naturschutzes, die Waldbesitzer davon überzeugen sollten, ihre Fichtenmonokulturen in naturnahe Mischbestände umzuwandeln, sondern schlichtweg wirtschaftliche. Aufgrund ihrer Anspruchslosigkeit und ihrer Wüchsigkeit gilt die Fichte als Brotbaumart der Forstwirtschaft. Auch die Abnehmer in der Sägeindustrie haben sich auf die Verarbeitung von Fichtenholz spezialisiert. Eine Brotbaumart sollte aber nicht nur produktiv sein, sie sollte auch einen ungestörten Produktionsprozess ermöglichen. Und genau hier liegt das Problem: Vom Keimling bis zum reifen Altbestand ist die Fichte einer Vielzahl von Risiken ausgesetzt. Bereits die Kulturen werden von Rüsselkäfer und Fichtenblattwespe bedroht, mit zunehmendem Alter gesellen sich Schneebruch, Windwurf, Borkenkäfer, Nonne und Hallimasch dazu. Zwischen 30 und 40 % betragen mittlerweile jährlich die zufälligen Nutzungen in Deutschland und Österreich. Von einer zufälligen Nutzung spricht man in der Forstwirtschaft, wenn Holz aufgrund eines Schadereignisses, sei es Wind, Schnee oder ein Insektenbefall, genutzt werden muss. Für den Waldbesitzer verursachen solche Ereignisse erhebliche finanzielle Einbußen.

Stabile Bestände

Eine Windwurffläche, auf der Bäume jahrzehntelang heranwuchsen und nun gebrochen und ineinander verkeilt querliegen, ist wahrlich kein schöner Anblick. So ein Windwurf bedeutet nicht nur einen wirtschaftlichen Verlust, er ist für viele Waldbesitzer auch ein Trauma. Für diese Waldbesitzer, die das Ruder noch rumreißen und ihre Wälder stabiler und naturnäher gestalten wollen, schreibe ich dieses Buch. Es soll sie anleiten, aus einem instabilen, standortfremden Fichtenwald einen produktiven, stabilen und standortgerechten Mischwald zu erwirtschaften.

Gmünd, im Herbst 2024 Bernhard Henning

Danke!

Hiermit möchte ich mich bei allen Personen bedanken, die durch ihre Mithilfe die Erstellung dieses Werkes möglich machten.

Bei Dr. Silvio Schüler und Dr. Heino Konrad möchte ich mich für ihren Beitrag zur Forstgenetik bedanken. Mein Dank richtet sich auch an Dr. Ernst Leitgeb für seine Hilfe zum Thema Bodeneigenschaften. Ebenso möchte ich mich bei Bsc. Tobias Keller und seine Expertise zu den Schädlingen der Douglasie bedanken.

Ao. Univ.-Prof. Dr. Franz Andrae und DI Christof Ladner haben mich mit ihren Kommentaren und Anregungen sehr unterstützt. Cornelia Schwingenschlögl möchte ich meinen Dank für die äußerst gelungenen Illustrationen aussprechen.

Last but not least möchte ich dem gesamten Team des Ulmer Verlags für die ausgezeichnete und professionelle Zusammenarbeit bei der Produktion dieses Buchprojekts danken.

1 Der Holzmarkt von morgen

1.1 Vom Brotbaum zum Sorgenkind

Im Laufe der Vorbereitungen zu diesem Buchprojekt reiste ich mit dem Zug von Salzburg nach Stuttgart, um mich mit Vertretern des Verlags über verschiedene Details zu beraten. Auf dieser knapp 400 km langen Wegstrecke wurde ich darin bestätigt, dieses Buch zu schreiben. Rechts und links der Eisenbahngleise beobachtete ich viele Fichtenbestände, die beide Kriterien erfüllten, weshalb die Fichte zum Sorgenkind wurde. Die meisten dieser Bestände bestehen überwiegend nur aus Fichten. Zudem wachsen diese Bestände, in denen eine Gebirgsbaumart dominiert, in Tieflagen. Auf meiner Reise konnte ich also viele Wälder sehen, in denen nur eine Baumart vorkommt, die noch dazu standortfremd ist.

Natürlich wäre es jetzt falsch, von einer Zugfahrt auf den gesamten mitteleuropäischen Wald zu schließen. Liest man aber bei den Daten der letzten deutschen und österreichischen Waldinventur nach, so wird der Eindruck der Zugfahrt bestätigt.

Auf ganz Deutschland bezogen sieht die Statistik eigentlich nicht so schlimm aus: Rund 25 % der Wälder sind mit der Fichte bestockt. Sie ist damit aber immer noch der häufigste Baum in Deutschland, dicht gefolgt von der Kiefer, die immerhin 22 % der Waldfläche besiedelt. Insgesamt überwiegen die Nadelwälder mit 54 %, die Buche ist mit 15 % vertreten. Betrachtet man einzelne Bundesländer, so verschärft sich das Bild: In den waldreichen Bundesländern wie Bayern (41 %) und Baden-

Tab. 1 Fichtenanteil im Wirtschaftswald in den österreichischen Bundesländern

Bundesland	Fichte in ha	Anteil in %
Burgenland	19 000	17,8
Kärnten	282 000	62,6
Niederösterreich	262 000	40,0
Oberösterreich	226 000	55,3
Salzburg	136 000	58,9
Steiermark	467 000	59,0
Tirol	160 000	62,0
Vorarlberg	23 000	48,6
Wien	0	0

Strukturarme Fichtenmonokultur im Stangenholzstadium. Da der Konkurrenzdruck während dieses Bestandsstadiums sehr hoch ist, ist der Wald während dieser Phase besonders anfällig gegenüber Schädlingen.

Württemberg (33,5%) ist jeder zweite bzw. dritte Baum eine Fichte. Auch die Wälder in Thüringen, Sachsen und Nordrhein-Westfalen sind mit viel Fichte ausgestattet.

Von Natur aus wäre Deutschland von der Buche beherrscht, in einigen östlichen Bundesländern würden neben der Buche Eiche und Kiefer (vor allem auf nährstoffarmen Sandböden) vorherrschen. Die Fichte wäre vor allem im Alpengebiet zu finden sowie stellenweise in den Mittelgebirgen wie dem Harz.

In Österreich scheint die Fichte noch besser zu gedeihen als in Deutschland, rund 55%, also jeder zweite Baum in der Alpenrepublik, ist eine Fichte. Nun könnte man natürlich argumentieren, dass eine Gebirgsbaumart wie die Fichte selbstverständlich im Gebirgsland Österreich reichlich vorhanden ist. Doch Österreich besteht nicht nur aus den Alpen: Sowohl der Osten als auch der Norden des Landes besteht aus Tieflagen mit Seehöhen weit unter 1000m. Und im Gebirgswald wächst nicht nur die Fichte: Tanne, Lärche, Zirbe, aber auch Laubbäume wie Buche, Bergahorn und sogar die wärmeliebende Esche, dringen in die steilen Lagen vor. Wenn der Mensch, respektive die Forstleute sie denn lassen würden. Hinzu kommt, dass durch den

Klimawandel Fichtenbestände unter 800 m Seehöhe aufgrund von Trockenheit zukünftig nicht mehr bewirtschaftet werden können.

In einem späteren Kapitel werde ich noch näher auf die Gründe eingehen, wie es dazu kam, dass die Nadelwälder mittlerweile doppelt so viel Raum einnehmen als sie es noch im Mittelalter taten. Der wichtigste Grund für die meisten Waldbesitzer ist aber zweifellos das Potenzial der Fichte, Holz zu produzieren bzw. ihr Ruf, wüchsig zu sein. Von allen heimischen Baumarten wird die Fichte als die wüchsigste angesehen, was nicht ganz richtig ist, denn auf optimalen Standorten ist ihr die Tanne an Wuchskraft überlegen und produziert mehr Holz als die Fichte. Trotzdem liegt die Fichte aber damit am eindrucksvollen zweiten Platz, was die Wüchsigkeit angeht – wenn man Exoten wie Douglasie und Große Küstentanne aus dem Ranking weglässt. Um es in Zahlen auszudrücken: Die Fichte produziert auf einem ha Wald pro Jahr durchschnittlich 15 fm Holz. Damit ist sie vor allem den Laubhölzern im Wachstum stark überlegen. Die Buche ist mit etwa 10 fm Zuwachs die wüchsigste heimische Laubholzart (auch hier gibt es mit der Roteiche einen Exoten, der ihr den Rang abläuft). Damit ist sie zwar weniger wüchsig als die Fichte, die Buche ist aber weit entfernt, eine geringwüchsige Baumart zu sein.

Andere Laubbaumarten wie die Eiche produzieren etwa 7 fm Holz pro Jahr. Die Menge ist aber nicht alles: Sowohl der Holzpreis der Eiche als auch der anderer – sogenannter Edellaubhölzer – wie Spitzahorn, Kirsche und Esche liegt deutlich über dem der Fichte. Bei Wertholzversteigerungen – den Submissionen – ist die Eiche stets die dominierende

Tab. 2 Zuwachswerte ausgewählter Baumarten in Festmeter pro Jahr und ha

Baumart	Ertragsklasse I	Ertragsklasse II
Buche	8,6	7,8
Roteiche	8,4	6,9
Schwarzerle	8,2	6,3
Stieleiche	6,8	5,5
Esche	5,3	3,8
Birke	4,9	3,6
Douglasie	17,3	13,5
Tanne	13,5	10,9
Fichte	12,2	9,6
Lärche	7,2	5,6
Kiefer	7,0	5,9

Baumart. In Tirol und Vorarlberg werden ebenfalls Submissionen mit besonders schönen Fichten abgehalten, die dortigen Spitzenpreise liegen aber im Vergleich im unteren Segment der Eichenspitzenpreise. Natürlich erzeugt nicht jede Eiche und jeder Kirschbaum absolutes Wertholz, aber auch die Preise für durchschnittliches Holz liegt über dem der Fichte. Man sieht also, Wachstum ist nicht alles. Zudem sei erwähnt, dass das Holz der meisten Laubbaumarten um einiges dichter ist als das der Fichte, und somit ein Festmeter Eichenholz schwerer als ein Festmeter Fichte ist. So wiegt ein Festmeter Eiche (bei einer Restfeuchte von 20 %) etwa 720 kg, die Buche sogar 760 kg und der Ahorn immer noch 670 kg. Fichtenholz wiegt hingegen wie die Tanne nur 510 kg. Produziert eine Buche auf einem Standort 9 fm pro Jahr und eine Fichte auf demselben Standort 14 fm, dann erzeugt die Buche 6840 kg Holz und die Fichte 7140 kg, der Unterschied in der Produktionsmenge beträgt lediglich 4 %. Anders formuliert: Die Fichte produziert auch deshalb mehr Festmeter pro Jahr, weil ihr Holz weniger dicht ist als das der meisten Laubbaumarten.

Der durchschnittliche Zuwachs in den Wäldern Schwedens – eines der führenden Holz produzierenden Ländern weltweit – liegt aufgrund des rauen Klimas bei lediglich 5 fm pro Jahr, im forstlich sehr aktiven Österreich bei knapp 10 fm.

Aus wirtschaftlicher Sicht würde es trotzdem Sinn machen, auf die Fichte zu setzen, wenn sie die theoretische Produktionsmenge an Holz tatsächlich erzeugen könnte. Die übliche Umtriebszeit der Fichte, also der Zeitraum zwischen Pflanzung und Fällung, liegt bei etwa 80 Jahren. Bei einem durchschnittlichen Wachstum von 15 fm pro Jahr sollten also am Ende nach Adam Riese 1200 fm Holz auf einem ha Fichtenwald stocken. Wie gesagt, theoretisch. Denn nur die wenigsten Fichtenbestände erreichen auch tatsächlich dieses Alter, ohne einer Kalamität – also einem Schadereignis – zu erliegen. Die möglichen Gefahren für die Fichte sind zahlreich: Vom Schneebruch über Windwurf bis zum Befall von Borkenkäfern reichen die häufigsten Gefahren und sie nehmen jedes Jahr zu. Darin liegt der wahre Nachteil der Fichte gegenüber den Laubbäumen und auch stabiler Nadelbäume wie Tanne und Kiefer, nämlich ihre Schadensanfälligkeit. In einem späteren Kapitel wird das

Die Fichte weltweit.

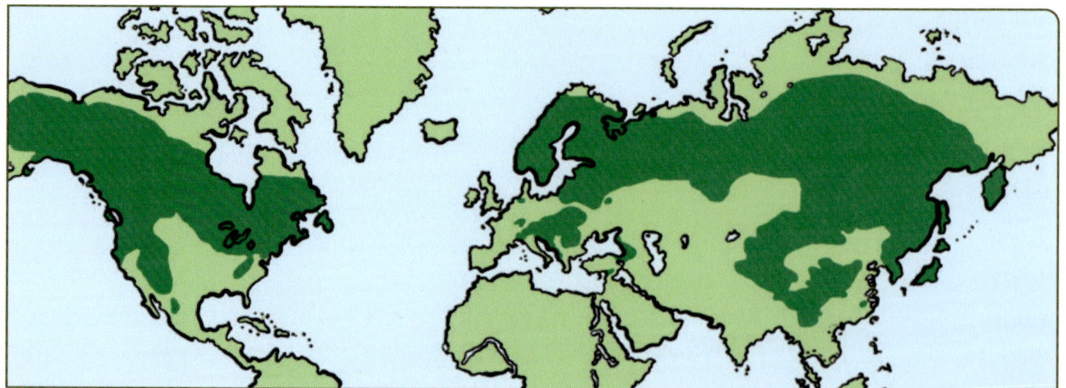

Schadensausmaß und die verschiedenen Schadensfaktoren noch genauer besprochen, doch erinnern wir uns: Wälder, bestehend aus einer Monokultur von einer standortfremder Baumart.

Es scheint wie eine Ironie, dass ausgerechnet die wichtigste Holzart gleichzeitig so instabil ist. Dabei sind die möglichen Risiken des Fichtenanbaus nichts Neues: Bereits im 19. Jahrhundert wusste man über Borkenkäfer, Wind und Schnee und deren verheerenden Auswirkungen auf Fichtenbestände Bescheid. Mit verschiedensten – zum Großteil untauglichen Mitteln – versuchte man, den Kalamitäten Herr zu werden, bis heute größtenteils erfolglos. Für die Bekämpfung der Schäden wurde sogar eine eigene Disziplin – der Forstschutz – entwickelt. Mittlerweile gilt aber das Motto: Der beste Forstschutz ist ein guter Waldbau. Oder anders formuliert: Wenn falsche Baumarten an falschen Standorten gepflanzt werden und auf die Pflege verzichtet wird, kann auch der Forstschutz nicht mehr heilen – ja maximal Symptome bekämpfen.

Neben dem Forstschutz war und ist eine zweite Methode der Schadensbekämpfung bei vielen Forstleuten üblich: die Verdrängung. Wie meinte einst ein Forstmeister so treffend: „In keiner Branche vergeht die Zeit so schnell wie in der Forstwirtschaft, denn alle 5 Jahre gibt es ein hundertjähriges Ereignis.“ Damit spielte er darauf an, dass jeder Sturm, der einen Fichtenbestand wirft, zum „Jahrhundertsturm“ erklärt wird, um davon abzulenken, dass der standortfremde Fichtenanbau Ursache des Schadens war und nicht etwa eine außergewöhnlich hohe Windgeschwindigkeit. Kommt es dann wirklich zu Jahrhundertstürmen, frohlocken die Verfechter der Fichtenwirtschaft, denn jede geworfene Buche ist dann der Beweis dafür, dass ja sowieso alle Bäume windwurfgefährdet wären. Die Tatsache, dass die Fichte mit ihrem Flachwurzelsystem wesentlich gefährdeter ist als Laubbäume, von denen die meisten Arten über sehr kräftige, tief in den Boden reichende Wurzelsysteme verfügen (auch Tanne, Kiefer und Lärche verfügen über äußerst stabile Wurzeln) ist zwar wissenschaftlich nachgewiesen, wird aber trotzdem gerne ignoriert.

Sie als Leser werden sich jetzt vielleicht die Frage stellen, ob es wirklich sein kann, dass so viele Vertreter einer Zunft falschliegen. Es liegt aber in der Natur des Menschen, sich nicht immer rational zu verhalten, sei es im privaten Bereich oder im Berufsleben. Jeden Tag treffen Menschen Entscheidungen, die für Außenstehende nicht logisch und nachvollziehbar sind. Im Falle der Fichtenwirtschaft ist hinzuzufügen, dass es lange Zeit geltende Lehrmeinung war, jeden Fleck Wald mit Fichten aufzuforsten. Manche Forstwissenschaftler gingen sogar so weit, die Laubbäume als unproduktives Unkraut zu diffamieren und jeden Hektar Wald, der nicht mit Fichten bepflanzt war, als Verschwendung zu betrachten. Der Grund dafür war, dass man im 19. Jahrhundert bestrebt war, das Maximum aus dem Wald zu holen – und dieses

Vorhaben ließ sich am leichtesten mit der Fichte umsetzen. Die auch sehr wüchsige Tanne war keine Alternative, da sie höhere Ansprüche an den Standort hat. Zudem ist sie anfällig gegenüber Wildverbiss und Spätfrost und hat insgesamt bei vielen Forstleuten den Ruf, „eine waldbauliche Mimose“ zu sein.

Es ist aber hervorzuheben, dass nicht alle Forstleute von der Fichtenwirtschaft angetan sind. Eine gar nicht kleine Menge von Forstmännern (und -frauen) erkennen das Problem und sind bestrebt, ihre Wälder umzugestalten. Noch in den 1930er-Jahren lag der Nadelwaldanteil in Deutschland bei rund 75 %. Wir erinnern uns, aktuell liegt er bei (nur) noch 54 %. Der Umbruch hat also schon begonnen. Treibend waren dabei vor allem die Erfahrungen der Orkane Vivian und Wiebe, die 1990 Millionen Hektar Wald verwüstet haben. Vor allem die staatlichen Forstbetriebe besannen sich und trachteten danach, ihre Wälder wieder mit standorttauglichen und somit stabilen Baumarten auszustatten.

Mit dem Klimawandel steht die Forstwirtschaft wieder vor einer großen Herausforderung. Noch ist sich die Wissenschaft nicht ganz einig, was auf die Waldbesitzer zukommt, und nicht alle Veränderungen müssen negativ sein: Höhere Temperaturen führen auch zu längeren Vegetationsperioden und damit zu einem größeren Holzwachstum. An manchen Standorten kann es aber während der Sommermonate auch zu enormem Trockenstress kommen. Eines ist aber unbestritten: Zukünftig wird kein Platz mehr für Monokulturen mit standortfremden Baumarten sein.

1.2 Klimawandel: Was kommt auf den Waldbesitzer zu?

Neben den Böden und dem Vorkommen von Wasser ist die Atmosphäre eine der wichtigsten Gründe, warum Leben auf unserem Planeten überhaupt möglich ist. Die Atmosphäre hält schädliche kosmische Strahlung zurück, enthält Gase wie Sauerstoff, die für den Großteil der Organismen lebensnotwendig sind, und reguliert die Temperatur. Hauptverantwortlich ist dafür Kohlendioxid, besser bekannt unter seiner chemischen Bezeichnung CO_2. CO_2 zählt zu den sogenannten Treibhausgasen, ebenso wie Methan oder Fluorkohlenwasserstoffe. Diese besitzen die Eigenschaft, einen Teil der Strahlung zu absorbieren und somit Wärme auf dem blauen Planeten zu speichern. Ohne diesen Effekt läge die globale Temperatur bei etwa minus 18 °C. Auch wenn im Zuge der medialen Aufmerksamkeit CO_2 nun überall als schädliches Gas angesehen wird, garantiert es gemeinsam mit den anderen Treibhausgasen vielmehr, dass Leben überhaupt möglich ist. In der Atmosphäre kommt es nur in Spuren vor: Etwa 419 ppm, also 419 Teile pro Million (das entspricht etwa 0,04 %) macht den geringen Anteil von

Kohlendioxid in der Atmosphäre aus. Das Problem des Klimawandels entsteht dadurch, dass durch verschiedene menschliche Aktivitäten (vor allem die Verbrennung von fossilen Energieträgern wie Öl, Gas und Kohle) der CO_2-Anteil ansteigt und somit die Temperatur und in weiterer Folge sich das Klima verändert. Damit kommen auch Veränderungen auf die Wälder zu bzw. sind teilweise sogar schon zu beobachten: Lange Zeit galten etwa 1000 m Seehöhe als Grenze für Borkenkäferschäden, denn in den Gebirgsregionen war es zu kühl für die Schadinsekten. Seit einigen Jahren gilt diese Grenze aber nicht mehr, und die Borkenkäfer sind auch in bisher für sie unerreichbaren Höhen zu beobachten. Aber was bedeutet der Klimawandel für den einzelnen Waldbesitzer genau?

Der Wald ist ein komplexes Gefüge, das dominiert ist von Bäumen, die über eine lange Lebensdauer verfügen. Dementsprechend unsicher sind die Prognosen für die Folgen des Klimawandels auf den Wald. Einerseits gehen Experten davon aus, dass durch die lange Entwicklungsdauer von Bäumen eine Anpassung auf ein sich verändertes Klima nur schwer erfolgen kann, da die Generationsfolgen bei Bäumen langfristig sind und Bäume im Vergleich zu anderen Arten nur sehr langsam neue passende Lebensräume erobern. Andererseits ist es gerade die Lang-

Windwurf einer standortfremden Fichtenmonokultur. Aufgrund der kurzen Kronen und der schlechten h/d-Verhältnisse ist damit zu rechnen, dass auch der verbleibende Bestand vom Wind geworfen wird.

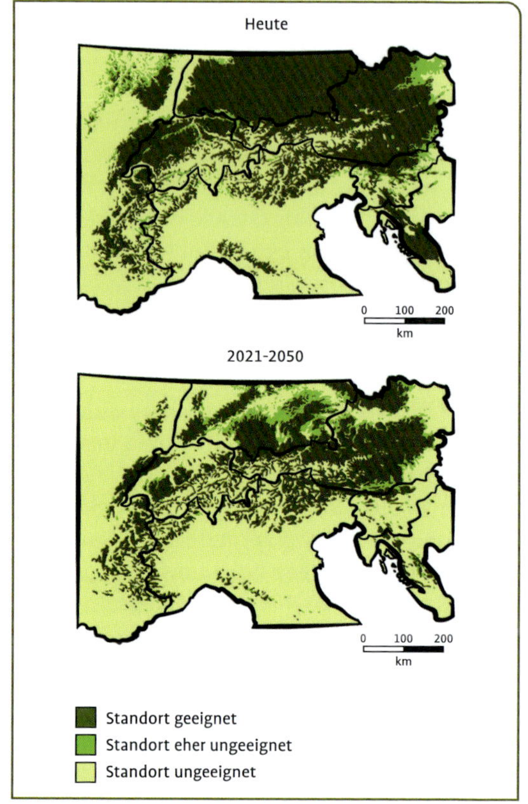

Entwicklung der Fichtenwuchsgebiete im Alpenraum. (Quelle: Klimamodell MANFRED)

lebigkeit, die es Bäumen ermöglichen sollte, ein sich verändertes Klima zu tolerieren. Verändert sich das Klima aber über den Toleranzbereich der Bäume hinaus – etwa durch lange Trockenperioden in den Sommermonaten – wird es zu einer Schädigung der Bäume kommen. Stark geschwächte Bäume werden durch Krankheit und Trockenheit absterben. Oder durch Baumarten, die den Klimawandel, oder besser gesagt, die neuen klimatischen Bedingungen vertragen, verdrängt werden. In Mitteleuropa wird daher kaum Waldfläche verloren gehen, sondern es wird zu einem Baumartenwechsel kommen. Als großer Gewinner des Klimawandels wird die Buche gesehen, da sie durch die wärmeren Temperaturen in der Lage sein wird, in den Gebirgslagen höher aufzusteigen als es bisher der Fall war. Aufforstungen könnten durch den Klimawandel gefährdet werden, da durch häufigere Trockenperioden hohe Ausfälle auftreten können.

Die höheren Temperaturen werden auch zu längeren Vegetationsperioden führen. Gemeinsam mit dem höheren CO_2-Anteil in der Atmosphäre wird der Holzzuwachs steigen – in welcher Höhe, ist aber noch nicht vorhersehbar. Ob die oben beschriebenen potenziellen Zuwachssteigerungen durch eine Klimaänderung in der praktischen Waldbewirtschaftung tatsächlich realisiert werden können, wird zu einem wesentlichen Teil von vielen potenziellen Schadfaktoren abhängen, welche Störungen in Waldökosystemen verursachen können. Ob Wind und Borkenkäfer den zusätzlichen Zuwachs „verbrauchen", wird vor allem von den Baumarten und ihren Anteilen abhängen. Monokulturen sind kaum flexibel, in solchen Beständen werden daher die Schäden am höchsten sein. Möglicherweise sogar mit der Folge, dass diese Bewirtschaftungsform langfristig, zumindest mit bestimmten Baumarten (Fichte), nicht mehr möglich sein wird.

Der Wald ist auch einer der wichtigsten Kohlenstoffspeicher. Zur Vermeidung des Klimawandels kann die Waldwirtschaft selbst aber wenig beitragen, da waldzerstörende Praktiken, wie der Wanderfeldbau oder großflächige Abholzungen, die lange Zeit unbewachsen bleiben, in Mitteleuropa ohnehin nicht erlaubt und üblich sind. Die Waldwirtschaft kann allerdings den Rohstoff und Kohlenstoffspeicher Holz durch eine nachhaltige Bewirtschaftung bereitstellen. Als Bauholz oder Möbel stellt Holz einen Kohlenstoffspeicher für Jahrzehnte dar.

Als Waldbesitzer kann man mit einigen Bewirtschaftungsmaßnahmen die Auswirkungen des Klimawandels einschränken. Diese sind aber umgehend einzuleiten, da Anpassungen in der Waldwirtschaft viel Zeit benötigen:

- Begründung von Mischwäldern sowie der Umbau von Reinbeständen: Durch die Vielfalt an Baumarten und Ungleichaltrigkeit sind Mischwälder flexibler.
- Reduzierung der Fichte sowie Beimischung von Mischbaumarten in Monokulturen: Die vermehrten Windwürfe sowie die besseren Bedingungen für Schadinsekten machen selbst in Höhenlagen eine Bewirtschaftung von Monokulturen unmöglich.
- Naturverjüngung: Bäume, die durch Naturverjüngung aufkommen, sind an die standörtlichen Bedingungen besser angepasst.
- Verjüngung vermehrt unter dem Schirm des Altbestandes: Da die Verjüngung auf Kahlflächen stärker unter Trockenstress leiden wird, soll die Verjüngung (künstlich und natürlich) durch den Schatten des Altbestands vor Austrocknung geschützt werden.
- Einsatz von trockenresistenten fremdländischen Baumarten wie der Douglasie: Als zuwachskräftige Mischbaumart stellt die Douglasie eine Alternative zur Fichte dar, da diese Trockenheit besser verträgt. Sie sollte aber nicht im Reinbestand angebaut werden.

Gänzlich verhindern werden sich die (möglichen) schädlichen Auswirkungen des Klimawandels nicht lassen. Vor allem die Zunahme von starken Stürmen sowie die Trockenperioden in den Sommermonaten werden einen schädigenden Einfluss auf die Wälder haben. Entscheidend hierbei ist aber, inwiefern die Wälder in der Lage sind, diese Schä-

Merke: Um auf die Herausforderungen des Klimawandels reagieren zu können, bedarf es stabiler Wälder, die aus mehreren standorttauglichen Bäumen gebildet werden. Die Fichte darf nur noch in Höhenlagen bewirtschaftet werden.

den zu tolerieren. Am geeignetsten erscheinen dafür Mischwälder, die aus Baumarten zusammengesetzt sind, die den jeweiligen Waldgesellschaften und Höhenlagen entsprechen. Das Thema Baumartenwahl wird ausführlich in den nächsten Kapiteln besprochen.

Wie wir bisher gesehen haben, ist die Fichte aufgrund des Anbaus an falschen Standorten sowie der Monokulturwirtschaft und der mangelnden Pflege eine Baumart, die bisher schon immer bekannt dafür war, äußerst instabile Bestände auszubilden. Schon aus früheren Jahren sind schwere Schäden bekannt und immer wieder aufgetreten. Das bedeutet keine generelle Abkehr von der Fichte, aber in Zukunft darf nur noch dort mit ihr Waldwirtschaft betrieben werden, wo sie ursprünglich beheimatet war: nämlich im Gebirge.

Diverse Modellierungen aus der Forstwissenschaft prognostizieren schon jetzt, dass die Fichte an Wuchsraum verlieren wird. Dabei handelt es sich aber um natürliche Wuchsgebiete. Die Waldbesitzer müssen sich zukünftig an diesen orientieren, und die Fichtenwirtschaft außerhalb der geeigneten Wuchsgebiete ist als hoch riskant einzustufen. Denn bei den bekannten Fakten,

- dass die Fichte keinen Trockenstress verträgt,
- stark an Vitalität verliert und anfälliger gegenüber ihren Schädlingen wird,
- die Fichte an vielen Standorten nur sehr flache Wurzeln ausbildet, und nicht im Boden wächst, sondern auf ihm steht,
- mit dem Klimawandel sowohl Trockenperioden als auch starke Stürme zunehmen werden und sich für Schädlinge die Entwicklungsbedingungen durch den Temperaturanstieg (Borkenkäfer im Gebirge) verbessern,

lassen nur den Schluss zu, dass auf die Fichte in nichtgeeigneten Gebieten verzichtet werden muss und bereits bestehende Bestände in stabile, mit standortangepassten Baumarten umgebaut werden müssen. Ansonsten drohen Schäden, deren Ausmaß alles bisher Bekannte in den Schatten stellen könnte.

1.3 Die Holzmärkte von übermorgen

Eines der wichtigsten Argumente, das Verfechter der Fichtenwirtschaft vorbringen, sind die Absatzmärkte. Die Fichte ist der Brotbaum der mitteleuropäischen Forstwirtschaft, und zahlreiche Sägewerke sind auf den Einschnitt von Nadelholz spezialisiert. Verändern die Waldbesitzer durch einen Waldumbau ihr Produkt und bieten in Zukunft Laubholz statt Nadelholz an, dann würde sich das Holz ungemein schwerer vermarkten lassen, so der Tenor. Überhaupt melden sich in den letzten Jahren vermehrt diverse Vertreter von Interessengemeinschaften der Holzindustrie zu Wort und benutzen teilweise abstruse

Argumente, die gegen das Laubholz sprechen und den Erhalt des hohen Nadelholzanteils absichern sollen. Dabei gilt es zu beachten: Wenn diese Vertreter von Nadelholz sprechen, dann meinen sie vornehmlich die Fichte. Tanne, Waldkiefer, Lärche und Douglasie werden von den Botanikern allesamt zu den Nadelhölzern gezählt, nur von der Holzindustrie als solche nicht anerkannt. Denn seltsamerweise scheint nur die Fichte „echtes" Nadelholz zu produzieren – wobei nachweislich die Holzeigenschaften der anderen Nadelhölzer vergleichbar sind. Am unbeliebtesten bei den Holzverarbeitern ist die Tanne – mit Ausnahme der Schweiz, dem äußersten Westen Österreichs bzw. Südwesten von Deutschland. In vielen Sägewerken ist es üblich, für Tannenholz einen Preisabschlag zu verrechnen – argumentiert wird das u. a. mit der längeren Trocknungszeit der Tanne und der gelblichen Färbung des Holzes. Auch mit der Douglasie konnten die heimischen Sägewerke noch keine echte Freundschaft schließen, auch wenn sie im nordamerikanischen Pazifikraum problemlos für den Holzbau Verwendung findet. Ein Grund für die Spezialisierung der Holzverarbeiter auf die Fichte mag die starke Industrialisierung der Sägewerke sein, da die Verarbeitung lediglich einer Holzart organisatorisch leichter umzusetzen ist.

Die mitteleuropäische Sägeindustrie hat sich auf Nadelholz spezialisiert und steht dadurch mit der skandinavischen Sägeindustrie, die über Standortvorteile verfügt, stark in Konkurrenz.

Ohnehin ist es nicht so, dass es keine Sägewerke bzw. Holz verarbeitenden Betriebe gibt, die sich auf Laubholz spezialisiert haben. Ihre – vergleichsweise – geringe Anzahl lässt sich aber auch dadurch erklären, dass das Angebot von sägefähigem Laubholz in den letzten Jahrzehnten gering war. Zudem hat der Waldumbau schon begonnen, und die staatlichen Forstbetriebe in Deutschland haben es geschafft, den Laubholzanteil zu erhöhen. Sogar manche besonnene Vertreter der Holzindustrie meinen, dass sich die Holzindustrie auf diesen Trend einstellen muss und die Verarbeitungskapazitäten in Richtung Laubholz anpassen.

Die Forderung diverser Lobbyisten der Holzindustrie nach einer Weiterführung der Fichtenwirtschaft zielt aber nicht nur auf eine Sicherung des benötigten Rohstoffes, also von Fichtenholz, ab, sondern auch darauf, dass der Preis sich möglichst nicht verändert. Eine Abnahme des Angebots von Fichtenholz würde zwangsläufig den Holzpreis nach oben treiben, und daran hat die Holzindustrie verständlicherweise kein Interesse. Doch wie in vielen Branchen und auch in der Politik üblich, verbirgt man die wahren Ziele und Absichten – und eine Forderung nach einem günstigen Preis von Fichtenholz ist aus Sicht der Holzindustrie ja durchaus verständlich – hinter diversen Scheinargumenten. Ärgerlich für die Waldbesitzer, unabhängig, ob es sich um einen großen staatlichen Forstbetrieb oder einen kleinen Privatwaldbesitzer handelt, ist aber der Umstand, dass die Holzindustrie die Beibehaltung der Fichtenbewirtschaftung fordert, den Waldbesitzer aber mit seinem Produktionsrisiko gänzlich alleine lässt. Die Schäden der letzten Jahrzehnte haben das immer wieder bewiesen: Nach starken Stürmen, deren Resultat riesige Mengen von Schadholz waren, mussten die Waldbesitzer das Holz rasch aus dem Wald bringen, da die Gefahr einer Massenvermehrung von Schädlingen – insbesondere von Buchdrucker und Kupferstecher – drohte. Die Waldbesitzer waren also bestrebt, das Holz möglichst schnell zu verkaufen, doch seitens der Holzindustrie erhielten sie in den meisten Fällen keinerlei Solidarität. Sobald die Lager- und Verarbeitungskapazitäten der Holzindustrie gefüllt waren, wurde die Abnahme des gelieferten Holzes verweigert, was die Holzpreise stark fallen ließ. Die Erfahrungen der Vergangenheit zeigen also, dass die Waldbesitzer wenig Grund haben, auf die Wünsche und Forderungen der Holzindustrie einzugehen.

Es gibt aber noch einen weiteren Grund, warum das Argument mit den Holzmärkten ein schwaches ist: nämlich die lange Produktionszeit (Umtriebszeit) in der Waldwirtschaft. Ein Waldbestand, der heute begründet wird, ist frühestens in 80 Jahren reif für die Ernte. Das wäre dann das Jahr 2104. Wer kann ernsthaft vorhersehen, was in diesem Zeitraum noch alles passieren wird? Niemand kann seriös vorhersagen, welche Holzarten am Ende des 21. Jahrhunderts gerade in Mode sind. Selbst bereits erfolgreich begründete Bestände, die sich aktuell im

Stangenholzstadium befinden, sind erst in 40 Jahren erntereif. Solche Zeiträume sind für Menschen nicht planbar.

Das Szenario, dass die Waldbesitzer nach erfolgreichem Umbau von Fichtenmonokulturen dann auf dem Holz ihrer Mischwälder sitzen bleiben, scheint eher ein Schreckgespenst zu sein als ein ernst zu nehmendes Problem. Zweifellos wird es notwendig sein, die Wälder konsequent zu pflegen, denn Laubholz mit guter Qualität lässt sich leicht absetzen und erzielt bessere Preise.

Ich persönlich gehe davon aus, dass Waldbesitzer ab etwa 2050 an ihrem Holz sehr gut verdienen werden, unabhängig von der Qualität. Bereits 1970 hat der Club of Rome verkündet, das die Ölvorräte etwa um das Jahr 2000 erschöpft sein werden. Für diese falsche Prognose werden die Vertreter des Club of Rome häufig in diversen Medien lächerlich gemacht, und die neuen Prognosen nicht mehr ernstgenommen. er genaue Zeitpunkt wann Öl tatsächlich knapp wird ist wohl nur schwer vorherzusagen, auch deshalb weil viele wichtige ölfördernden Nationen keine Auskunft über ihre Reservebestände geben wollen. Unbestritten ist aber das Öl ein nicht nachwachsender Rohstoff ist. Durch den verschwenderischen Umganges des Menschen mit diesem für die Wirtschaft so zentralen Rohstoff wird es noch im Laufe dieses Jahrhunderts mit großer Wahrscheinlichkeit zu einer massiven Verknappung der Ölförderung kommen. Alternative Energieträgern werden dann noch viel mehr als bisher an Bedeutung gewinnen, und Holz wird dazu gehören. Denn Holz hat einige ganz wesentlichen Vorteile im Gegensatz zu anderen, auch erneuerbaren, Energieträgern:

- Im Gegensatz zu Kohle und Gas ist Holz erneuerbar.
- Im Gegensatz zur Windenergie, die mehr oder weniger den Launen des Wetters ausgesetzt ist, ist die Holzproduktion sehr genau planbar. Die Waldbesitzer können aufgrund von Ertragstafeln vorausberechnen, wie viel Holz zu welchem Zeitpunkt verfügbar ist – stabile Wälder, die diversen Schäden trotzen, vorausgesetzt.
- Holz ist nicht nur Energieträger, sondern auch Energieproduzent: Holz wächst am Holze zu, sagt ein alter Försterspruch. Im Gegensatz zu Wind- und Solarenergie muss das Holz nicht mehr umgewandelt werden und ist auch einfach zu transportieren: Selbst Kinder können einzelne Holzscheite tragen.
- Die Sonnenenergie, die im Holz gespeichert wird, lässt sich auf sehr simple Art nutzen: Das Holz muss nur zum Brennen gebracht werden.
- Holz ist ein wichtiger CO_2-Speicher. Wird es als Bauholz oder als Möbelstück verarbeitet, bleibt diese Speicherfunktion aufrechterhalten.

1.4 Der Mischwald: Silberstreifen am Horizont

Die Bewirtschaftung von Fichtenmonokulturen stellt ein großes Risiko dar und macht den Waldumbau notwendig. In den kommenden Kapiteln werden mögliche Ersatzbaumarten für die Fichte sowie die Grundlagen einer naturnahen Waldwirtschaft, die Bedeutung von Waldgesellschaften und die waldbaulichen Verfahren behandelt, mit denen ein naturnaher Mischwald geschaffen werden kann. Vorab möchte ich aber noch ein wenig auf den Begriff des Mischwaldes eingehen. Mischwälder sind per definitionem Bestände, die mindestens aus zwei Baumarten gebildet werden. Vielfalt bedeutet in der Ökologie meist auch ein Mehr an Stabilität. Man stelle sich kurz vor, man sei ein Borkenkäfer: Ein Reinbestand ist da ein Paradies. Ein Mischbestand mit zwei Baumarten ist schon weit weniger attraktiv, denn nur noch jeder zweite Baum bietet Nahrung (die meisten Borkenkäferarten sind sehr wirtspezifisch und an eine bestimmte Baumart angepasst).

Ein Mischwald, der aus vier oder fünf Baumarten besteht, ist als Futterquelle für Schädlinge richtig unattraktiv.

Aber nicht nur gegenüber Schadinsekten zeigen sich Mischbestände stabiler, sondern auch gegenüber abiotischen Schäden wie Wind, Schnee und Frost. Soweit jedenfalls in der Theorie.

In der forstlichen Praxis ist aber der Mischwald nur dann stabil, wenn er auch von standortgerechten Baumarten gebildet wird. Bringt man in norddeutsche Kiefernbestände, die auf trockenen Buntsandsteinen stocken, die Fichte sowie die Esche ein, die viel Feuchtigkeit benötigt, wird der Bestand kaum stabiler.

Die Baumartenwahl ist eine der wichtigsten Entscheidungen des Waldbesitzers. Obwohl es eine Reihe von praxistauglichen Ratgebern gibt, werden diese Hilfestellungen aber nur allzu oft ignoriert und es wird zur Fichte gegriffen, alibimäßig „mischt" man zu dieser dann eine Laubbaumart, von der man erwartet, dass sie wertvolles Holz wie die Vogelkirsche oder die Walnuss ausbildet. Blickt man in diverse Internetforen, bekommt man das Gefühl, dass die Baumartenwahl dem Kuchenbacken ähnelt, und der Waldbesitzer diverse Leckereien pflanzen kann. Da wird als Grundlage natürlich etwas Fichte genommen, vermischt mit Kirschen und Eschen, auch vom Speierling hat man nur das Beste gehört, und die Lärche erzielt auch immer gute Preise: Fertig ist die Baumartenwahl.

Ganz wichtig ist auch, das richtige Rezept zusammenzustellen, also die Frage, wie viel Zehntelanteile die jeweilige Baumart bekommen soll. Selbst auf forstlichen Fakultäten wurde lange Zeit gelehrt, dass die ideale Mischung darin läge „so viele ökonomische Baumarten wie möglich und so viele ökologische Baumarten wie nötig" in den Bestand zu bringen. Doch was ist eine ökonomische Baumart? Die Fichte zweifellos, aber warum sollen Birke, Hainbuche oder Linde keine ökonomische Baumart sein – auch sie produzieren Holz, das verkauft werden kann – oder den Eigenbedarf an Energie decken können? Und wenn es ökologische Baumarten gibt, was bitte sind dann unökologische? Sind

Paradebeispiel für einen Mischbestand: In allen Schichten kommen mehrere Baumarten vor, der Bestand ist ungleichaltrig. Die vorherrschenden Bäume verfügen über ausgezeichnet ausgereifte Baumkronen. Aufgrund der Strukturvielfalt ist dieser Bestand äußerst stabil.

das etwa Baumarten, die einen so negativen Einfluss auf den Standort haben, dass die Standortgüte darunter leidet?

Hat man sich dann schließlich als Waldbesitzer entschlossen, welchen ökologischen und ökonomischen Baumarten man sein Vertrauen schenkt, geht es anschließend um die Verteilung. Die ökonomischen bekommen natürlich den größten Anteil. Die klassischste dieser Formeln lautet beim Fichten-Tannen-Buchenwald 50 % Fichte, 25 % Tanne und 25 % Buche. Die Fichte ist da – wie soll es auch sonst sein – die Brotbaumart, die ökonomischste überhaupt, da sie leicht vermarktbar ist. Die Tanne wiederum ist ein Mitteldings zwischen ökologischer und ökonomischer Baumart: Einerseits ist sie wüchsiger als die Fichte, gleichzeitig ist ihr Holz aber weniger wert. Außerdem sorgt sie auch für Stabilität mit ihrem kräftigen Wurzelwerk. Die Buche schließlich ist als ökologische Baumart geduldet: Mit ihrer Laubstreu soll sie den Bodenzustand verbessern. Wie wir schon gehört haben, sind Nadeln für das Bodenleben schwerer zersetzbar als Blätter. Dummerweise ist die Wahl der Buche für diesen Zweck aber äußerst unglücklich, denn von allen Laubbaumarten hat die Buche mit ihren ledrigen Blättern eine relativ unattraktive Streu. Vielleicht sollte man die 30 % Buche doch lieber mit 15 % Esche und 15 % Bergahorn ersetzen!

Wie der Leser vielleicht schon an meinem sarkastischen Ton erkannt hat, halte ich gar nichts von diesen zwangsweisen Baumartenmischungen. Wer immer sich solche Rezepte für die Bestandsbegründung ausgedacht hat, hat wohl nicht überlegt, wie sich ein Bestand entwickelt – und dass in 100 Jahren Umtriebszeit viel passieren kann. Denn eine Mischung von 50:25:25, wie im oben genannten Beispiel genannt, ist gar nicht so leicht zu erhalten. Bis zum Stangenholzstadium sterben über 80 % der Jungbäume durch die natürliche Konkurrenz ab – wer kann wissen, ob dann wirklich noch 40 % Fichten und 30 % Buchen vorhanden sind. Und was passiert, wenn die Buchen so schlechte Qualitäten aufweisen, dass bei den Durchforstungen die meisten von ihnen ausscheiden? – Soll man dann Fichten und Tannen ebenfalls reduzieren, damit die Mischung wieder stimmt? Oder man stelle sich vor, die Tannen erweisen sich wesentlich wüchsiger als die Fichte und haben deshalb eine viel höhere Stammzahl: Opfert man dann wüchsige Tannen für schlecht wachsende Fichten?

Daher: Baumartenvielfalt ja, fixe Bestandsanteile für verschiedene Baumarten, die sowieso nur in der Theorie zu erreichen sind, nein. Der Mischwald orientiert sich am Naturwald. Doch die Natur hat kein Rezept, wie viele Baumarten in welcher Anzahl wachsen. Vielmehr herrscht der Zufall: Eine Lücke, die durch einen umgefallenen Baum entsteht, wird von Keimlingen des Bergahorn besiedelt und zwar deshalb, weil im letzten Jahr der Bergahorn besonders viele Samen ausgebildet hat. Die Lücke im Buchenwald wird überraschenderweise von Tannenkeimlingen erobert, denn im letzten Herbst gab es eine starke Population von Waldmäusen, die den Großteil der Bucheckern verzehrt haben, und was die Mäuse übrig ließen, haben sich die Wildschweine geholt. (Das Ökosystem Wald mit all seinen Lebensformen und Prozessen ist viel zu komplex, um es mit einer Formel von Baumarten zu simplifizieren).

Auch bei der Wahl der Baumarten muss sich der Waldbesitzer an der Natur orientieren und die natürlichen Waldgesellschaften als Leitbild heranziehen. Natürlich sind die Grenzen zwischen verschiedenen Waldgesellschaften nicht immer ganz scharf zu ziehen: Im Übergangsbereich von Eichenwäldern zu buchendominierten Gesellschaften wird es immer Standorte geben, in denen die Eichen mehr dominieren, da es sich um einen warmen Südhang handelt, ebenso wie auf dunklen Nordhängen, auf denen die weniger lichtbedürftigen Buchen die Oberhand haben. Der Waldbesitzer muss auch nicht zum Vegetationskundler werden, aber die gewählten Baumarten sollen Bestandteil der natürlichen Waldgesellschaft sein.

Bei den Baumartenanteilen kann der Waldbesitzer durchaus auch ein wenig experimentieren: Wer in den Tieflagen der Vogelkirsche sein Vertrauen schenken will, der soll diese pflanzen, säen oder die Naturverjüngung nutzen und mit Eiche, Hainbuche und Linde mischen. Bei der weiteren Bestandsentwicklung heißt es aber, aufmerksam zu bleiben und zu beobachten: Bleibt die Kirsche stark im Wachstum hinter Eiche und Linde zurück, dann dürfte der Standort nicht ideal sein. Natürlich kann man jetzt die Kirschen freistellen und die bedrängenden Eichen und Linden entfernen: Aber macht es Sinn, eine Baumart zu fördern, die weniger wüchsig ist als die anderen?

Die Bewirtschaftung von Mischwäldern bedeutet auch den Stopp von der Anwendung von Schemata. Nicht auf Bestandsebene wird entschieden, sondern auf Baumebene: Jeder Baum wird während der Umtriebszeit immer wieder auf seine Stellung im Bestand, auf seine Holzqualität sowie auf seine Vitalität angesprochen und geprüft, sprich auf die alles entscheidende Frage: Verbleibt dieser Baum im Bestand oder wird er bei der nächsten Durchforstung entnommen?

Das hört sich jetzt nach furchtbar viel Arbeit an: Ein Waldbestand besteht aus einigen hundert Bäumen pro ha, und da soll jeder Einzelne angesprochen werden und das auch noch mehrmals? Aber ich darf Sie beruhigen: Wälder sind zwar dynamisch, aber gleichzeitig sehr langsam in ihrer Entwicklung. Es reicht, wenn die Ansprache der einzelnen Bäume, auch Auszeige genannt, alle paar Jahre durchgeführt wird. Auch darf die Auszeige nicht als hektisches Herumeilen, indem ein Baum nach dem anderen rasch beurteilt werden soll, verstanden werden. Vielmehr ist es ein gemächliches Herumschlendern im Wald, bei dem das Wachstum der Bäume und ihr Gesundheitszustand unter dem grünen Dach der Baumkronen beurteilt werden, begleitet vom Gezwitscher gefiederter Waldbewohner. Kann das wirklich Arbeit sein?

Mir ist bewusst, dass Kollegen in Forstbetrieben mir jetzt bei diesen Zeilen eine romantische Naivität vorwerfen werden, da vielen von ihnen die nötige Zeit fehlt, um sich der Auszeige zu widmen. Bedingt ist das aber durch eine unsägliche Personalpolitik vieler – privater als auch staatlicher – Forstbetriebe, deren Ziel darin bestand, möglichst viel Personal abzubauen und Förster mit derart großen Revieren konfrontiert sind, dass für die waldbauliche Arbeit kaum mehr Zeit bleibt.

1.5 Problemfall Fichte

1.5.1 Die missverstandene Baumart: Der waldbauliche Charakter der Fichte

Auch wenn es an falschen Standorten mit der Fichte Probleme gibt, eigentlich ist sie ein Überlebenskünstler. Als zähe und relativ anspruchslose Baumart des Gebirges besiedelt sie Gebiete, die für die meisten anderen Baumarten nicht bewohnbar sind. Einzig die Lärche und die Zirbe steigen ebenso hoch wie die Fichte, diese drei Baumarten bilden auch die obere Waldgrenze, die bei einer Seehöhe von 2400 m liegen kann.

Fichtenwälder sind von Natur aus Wälder des Hochgebirges.

Bei der Fichte lassen sich verschiedene Lokalrassen unterscheiden, die auch verschiedene Standortansprüche haben. So benötigen die Gebirgsfichten aus hohen Lagen von Jugend an volles Licht für ihr Wachstum, während Fichten aus montanen und hochmontanen Gebieten (vergesellschaftet mit Buche und Tanne) der Halbschatten reicht. Das entspricht etwa 10 % der gesamten Sonneneinstrahlung. Alle Fichtenrassen sind unempfindlich gegenüber Winterkälte und stellen auch wenig Ansprüche an die Sommerwärme. Optimale Standorte zeichnen sich durch eine hohe Luftfeuchtigkeit und reichliche, über das ganze Jahr verteilte Niederschläge aus. Daraus verbietet sich der Anbau der Fichte in Tieflagen, die über ein ausgeprägtes warmes und trockenes Sommerklima charakterisiert sind. Hinsichtlich des Bodens und der Nährstoffe stellt die Fichte wenig Ansprüche, auf lockeren, gut durchlüfteten Böden gedeiht sie trotzdem am besten. Dichte Böden vermag sie kaum zu erschließen, auf Böden mit ungünstigem Luft- und Wasserhaushalt bildet sie ein sehr flaches Wurzelwerk aus, wodurch sie extrem windwurfgefährdet ist. Bei Aufforstungen von ehemaligen Almen muss auch in Höhenlagen über 1000 m auf den Anbau der Fichte verzichtet werden, denn Almböden sind durch die Rinderweide meistens verdichtet und daher für die Fichte kein geeigneter Standort. Die Fichte ist intolerant gegen Trockenheit und erleidet rasch Trockenstress, durch welchen sie stark an Vitalität einbüßt: Es vermindert sich der Harzfluss, durch den eindringende Schädlinge (Borkenkäfer !) abgewehrt werden sollen.

Die Fichte hat eine ausgeprägte Fähigkeit zur Naturverjüngung, auch in Gebieten, in denen sie standortfremd ist.

Checkliste für die Fichte

Seehöhe: Vereinfacht könnte man sagen: je höher desto besser. Die Fichte ist eine Gebirgsbaumart und angepasst an kurze Vegetationsperioden und kalte Winter. Fichten in Tieflagen sind doppelt gefährdet. Einerseits leiden sie im Sommer unter Trockenstress, gleichzeitig sind die Entwicklungsbedingungen für die Schädlinge wesentlich günstiger als im kühlen Gebirgsklima. Unter 1.000 m Seehöhe sollten Reinbestände daher vermieden werden.

Boden: Die Fichte hat den Ruf des Flachwurzlers, was nur zum Teil richtig ist. Im Vergleich zu anderen Baumarten bildet sie tatsächlich ein sehr flaches Wurzelwerk aus. Oft hat das aber auch mit den vorhandenen Bodeneigenschaften zu tun. Fichtenwurzeln wachsen am liebsten in gut durchlüfteten Böden, wie sie im Gebirge in Form von Ranker und Redzina vorkommen. Auf solchen Standorten dringen die Fichten bis zu sechs Meter in den Boden ein. Je dichter und luftärmer der Boden ist, desto flacher werden die Wurzeln. Auf verdichteten Böden wie bei aufgelassenen Almböden sollen daher keine Fichten angepflanzt werden.

Kronenzustand: Die Krone ist das Kraftwerk des Baumes. Daher ist die Krone auch ein guter Indikator für die Vitalität. Idealerweise sollte die Krone zwischen 30 bis 50 % der Baumhöhe betragen. Gerade bei Fichtenmonokulturen sind aber häufig kurze Kronen zu beobachten. Wird nicht laufend durchforstet, so verlieren die Fichten ihre Grünäste aufgrund der hohen Konkurrenz: Im Gegensatz zu den meisten Laubbaumarten bildet die Fichte – wie auch die meisten anderen Nadelhölzer – keine neuen Äste mehr aus auch wenn durch eine Durchforstung wieder mehr Licht in den Bestand dringt. Deshalb müssen Fichtenbestände so früh wie möglich gepflegt werden. Kurze Kronen sind nicht nur schlecht für den Bestandeszuwachs, sie sind auch anfälliger gegenüber Windwurf.

Mischungsgrad: Monokulturen sind anfälliger gegenüber Schädlingen als Mischbestände. Wird der Fichtenanteil auf 50 % reduziert, so sinkt

Merke: Die Fichte ist anfällig gegenüber Trockenstress. Auf Standorten mit trockenen heißen Sommermonaten ist ihre Vitalität herabgesetzt, was sie besonders gegenüber Schädlingen anfällig macht, die sich unter solchen Bedingungen besonders gut entwickeln.

das Befallsrisiko durch den Borkenkäfer auf etwa 30 %. In Tieflagen mit sommerlichen Trockenperioden sind aber auch Mischbestände keine Lösung. Baumarten wie Eiche oder Buche dringen tiefer mit ihren Wurzeln in den Boden ein als die Fichte. Deshalb verbrauchen sie den Großteil des Grundwassers, wodurch die Fichte unter Trockenstreß gerät. Die Fichte taugt also nur als Mischbaumart an Standorten, wo ausreichend Niederschlag fällt.

Niederschlag in der Vegetationsperiode: Theoretisch kann die Fichte auch in Tieflagen wachsen, und zwar dann, wenn der Niederschlag in jedem Sommermonat bei mindestens 40 mm liegt. Ist das nicht der Fall, so kommt die Fichte ins Schwitzen: der Trockenstreß führt nicht nur zu einem verminderten Holzzuwachs, auch die Vitalität der Fichte nimmt ab. Durch den Mangel an Wasser bildet die Fichte wesentlich weniger Harz aus und kann den Angriff von Borkenkäfern kaum mehr abwehren.

Lufttemperatur in der Vegetationsperiode: Die Lufttemperatur entscheidet über die Entwicklung der Borkenkäferpopulation. Ab 16 Grad beginnen die Käfer auszuschwärmen, richtig aktiv werden sie aber bei Lufttemperaturen über 20 Grad. Je früher es also warm wird und je größer die Anzahl der Tage mit Temperaturen jenseits der 20 Grad, umso mehr sind die Fichten von Borkenkäfern bedroht.

Die Fichte kann ihr Wachstum anpassen. So vermag sie, wie man von Aufnahmen aus Urwäldern weiß, bis zu 100 Jahren im Schatten anderer Bäume zu verweilen. Wird sie dann freigestellt, zeigt sie ein normales Wachstum. Fichten hingegen, die bereits in der Jugend freigestellt sind und ihr ganzes Wachstumspotenzial ausnutzen können, erreichen bereits im Alter von 30 Jahren den Höhepunkt ihres Holzzuwachses. Solche Fichten bleiben auch nur etwa 120 Jahre gesund; das rasche Wachstum dürfte auf Kosten der Vitalität im Alter gehen. Die höchsten Fichten wurden in bosnischen Urwäldern gefunden und sind über 60 m hoch, im Wirtschaftswald können Fichten mit einer Höhe bis zu 50 m gefunden werden. In subalpinen Lagen erreicht die Fichte selten Höhen, die über 20 m betragen.

Die Fichte verjüngt sich sehr gut natürlich, auch auf Standorten, für diese sie eigentlich nicht geeignet ist. Während bei vielen Baumarten die natürliche Verjüngung ein guter Indikator ist, ob sich eine Baumart für einen Standort eignet, trifft auf die Fichte nicht zu. Dass sich die Fichte auf für sie fremden Standorten verjüngt, hat einerseits damit zu tun, dass sie auch in der Jugend vergleichsweise anspruchslos ist und sie in Fichtenmonokulturen wenig bis gar keine Konkurrenz anderer Baumarten ertragen muss. Aus dem einfachen Grund, dass in der unmittelbaren Umgebung keine Samenbäume von Buche oder Tanne vorhanden sind. Im Hochgebirge kann der Waldbesitzer die Verjüngung fördern, indem er Stämme schlägert und sie dem natürlichen Prozess der Zersetzung überlässt. Durch diese sogenannte Kadaververjüngung werden den Fichtenkeimlingen einerseits Nährstoffe und Wasser (absterbendes Holz ist ein guter Wasserspeicher) zur Verfügung gestellt, gleichzeitig haben die Keimlinge einen gewissen Höhenvorteil gegenüber Gräsern und Kräutern.

Bestandsstadien

Von der Bestandsbegründung bis zur Endnutzung durchlebt ein Bestand verschiedene Stadien. Gekennzeichnet ist die Stadienentwicklung dadurch, dass die Höhen und Durchmesser der Bäume zunehmen (und damit der Holzvorrat) und gleichzeitig die Stammzahl stark abnimmt.

Kultur: Waldfläche unmittelbar nach Aufforstung, sehr stammzahlreiches Bestandsstadium mit bis zu 2500 Bäumchen (Nadelholz) bzw. bis zu 10 000 bei Laubholz pro ha.

Dickung: Alle Bestände, die Baumhöhen unter 2 m vorweisen. Sehr stammzahlreiches Bestandsstadium, in dem hoher Konkurrenzdruck herrscht und viele Bäume absterben.

Stangenholz: Bäume höher als 2 m und Durchmesser bis zu etwa 20 cm. In diesem Bestandsstadium herrscht immer noch hoher Konkurrenzdruck, es fallen jedoch schon viele Bäume aus. Es sind jetzt erste Eingriffe (Mischungsregulierung, Durchforstung) durchzuführen, um die Bestandsziele zu erreichen.

Baumholz: Bäume mit einem Durchmesser von bis zu 35 cm. Der Konkurrenzdruck ist in diesem Bestandsstadium geringer.

Starkholz: Bäume mit einem Durchmesser ab 50 cm. Durch die geringe Stammzahl kann mit leichten Eingriffen (Schlägerung von 20–30 % der Stammzahl) die Verjüngung gefördert werden.

Unerlässlich ist in Fichtenbeständen die laufende Pflege, und das bereits von Jugend an. Während sich die Jungwuchspflege in Beständen bis zu einer Oberhöhe von 2 m vor allem darauf beschränkt, vorwüchsige Fichten zu entfernen (als Faustregel gilt: pro 100 m² Fläche etwa 2–3 Bäume), muss im darauf folgenden Bestandsstadium, dem Stangenholz, die Zahl der Fichten reduziert werden. Dadurch sollen die verbleibenden Fichten ausreichend Platz bekommen, um eine kräftige gesunde Krone auszubilden. Verpasst der Waldbesitzer die rechtzeitige Pflege, so ist dieser Fehler kaum noch zu korrigieren, und die Fichten bilden kleine Kronen aus, die kaum ⅕ der Baumlänge ausmachen. Idealerweise soll die Kronenlänge zwischen 30 und 50 % der Baumlänge liegen und zwar aus zwei Gründen:

- Die Krone ist das Kraftwerk des Baumes. In ihren Nadeln werden durch die Fotosynthese Energie für den Stoffwechsel und das Wachstum des Baumes gebildet. Schwache Kronen produzieren dementsprechend weniger Energie und weniger Holzwachstum.

– Die Krone ist der Angriffspunkt für den Wind. Der Wind drückt gegen die Krone und belastet so das Wurzelwerk der Fichte, es kommt dabei zu einer Hebelwirkung. Je länger der kronenfreie Stammabschnitt ist, desto stärker wird die Belastung. Deshalb sind Fichten mit langen Kronen weniger windwurfgefährdet.

Im Gegensatz zu Laubbäumen haben Nadelbäume nicht die Fähigkeit, abgestorbene Äste neu auszubilden. Äste, die am unteren Kronenrand wachsen, sind, da sie weniger Licht empfangen, weniger produktiv als Äste im oberen Kronenbereich. Wird ein Ast unproduktiv, verbraucht er mehr Energie als er produzieren kann, dann beginnt der Baum ihn abzuwerfen. Die Fichte ist ein Totasterhalter, das bedeutet, dass tote Äste nicht abgeworfen werden, sondern weiter am Stamm verbleiben.

Bei der Erstdurchforstung der Fichte empfiehlt es sich, eine Niederdurchforstung durchzuführen. Das bedeutet, dass die Fichten aus dem Bestand ausscheiden, die über eine schlechte Holzqualität verfügen, deren Kronen kleinförmig oder unsymmetrisch ausgebildet sind und die unter offensichtlichen Schäden leiden (Stammschäden durch Holzernte). Zwiesel, das sind Bäume, die in der Jugend ihren Wipfel verloren und als Reaktion darauf zwei Ersatzwipfeln ausgebildet haben, sind bei der Niederdurchforstung ebenfalls zu entfernen. Durchforstungen sollten häufig und schwach durchgeführt werden. Vor allem bei der Erstdurchforstung und den darauf folgenden Eingriffen darf das Bestandsdach nicht zu stark aufgerissen werden, da die Bestandsstabilität darunter leidet und es dadurch zu Schäden durch Schneebruch oder Windwurf kommen kann. Deshalb sollten laufend Niederdurchforstungen durchgeführt werden, bis die vorherrschenden Bäume einen Durchmesser von über 35 cm erreicht haben. Bei der Häufigkeit der Niederdurchforstung sollte man sich nicht am Alter der Bäume orientieren, weil dies wenig über die Wuchskraft des Bestandes aussagt: Auf nährstoffarmen trockenen Böden wachsen die Bäume viel geringer als auf fruchtbaren frischen Böden. Als Indikator dafür, wann wieder eine Durchforstung notwendig ist, dienen einerseits die Äste in den Kronen: Beginnen die Äste benachbarter Bäume sich zu nähern oder überlappen sich teilweise schon, so ist es für eine Durchforstung höchste Zeit. Auch die Bodenvegetation kann darüber Auskunft geben: Sind kaum Bodenpflanzen vorhanden, weil das Bestandsdach so dicht ist, dass kein Licht auf den Boden durchdringen kann, soll ebenfalls eine Durchforstung durchgeführt werden.

Merke: Das Ziel einer Durchforstung ist es, das am Standort mögliche Wachstum auf die besten Bäume zu konzentrieren. Durchforstungen sollen häufig und mit einer schwachen Intensität durchgeführt werden. Pro Eingriff dürfen maximal 20 % (in Ausnahmefällen 40 %) der vorhandenen Stämme entfernt werden.

In späteren Bestandsstadien, in denen sich die einzelnen Bäume als Individuen etabliert haben, kann zur Auslesedurchforstung übergegangen werden. Dabei wählt man sogenannte Z-Bäume aus, also die Bäume mit den besten Eigenschaften. Eventuelle Bedränger der Z-Bäume scheiden aus dem Bestand aus, damit die Z-Bäume bei ihrem Wachstum nicht behindert werden.

Die typischen Merkmale eines Z-Baumes sind:
- Stamm ohne Fehler wie Astigkeit, Drehwuchs, Zwiesel,
- keine Wurzelbeschädigungen,
- keine Rindenschäden,
- gut ausgebildete Krone (min. 30 % der Baumlänge),
- vorherrschende Stellung im Bestand.

Ein häufiger waldbaulicher Fehler in standortfremden Fichtenbeständen ist, dass man neben der falschen Baumartenwahl und der fehlenden Mischung auch auf Pflegeeingriffe verzichtet bzw. diese vergisst. Das typische Bestandsbild solcher Bestände sind dünne hoch gewachsene Fichten mit kleinen Kronen. Grundsätzlich sollte die laufende Pflege aber bei jeder Baumart durchgeführt werden, denn durch mäßige, laufende Eingriffe wird nicht nur die Bestandsstabilität erhöht, es steigert auch ganz wesentlich die Chance, wertvolles Holz zu produzieren.

Die Ästung stellt eine Form der Veredelung dar. Natürlich kann nicht jeder Baum im Bestand diese Sonderbehandlung erhalten, diese soll nur den besten Bäumen im Bestand zugutekommen. Bevor also massenweise Äste abgesägt werden, ist eine genaue Auswahl nötig. Für Bäume, die geästet werden, gelten die Kriterien wie für Zukunftsbäume (Z-Bäume). Sie sollen im Bestand vorherrschend sein, eine kräftige, vollständig ausgebildete Krone haben und keine Holzfehler (Drehung, Krümmung) oder Schäden aufweisen. Bestände, die durch Windwurf, Schneebruch oder Rotfäule gefährdet sind, sind von einer Ästung auszuschließen. Vor der Ästung sollte eine Durchforstung durchgeführt werden. So wird den auserwählten Bäumen mehr Raum für ihr Wachstum gegeben, außerdem kann man so vermeiden, dass ein Baum nach seiner Ästung bei der Holzernte (Rückeschäden) beschädigt wird und die Ästung nutzlos war. Geästete Bäume sollten markiert werden, damit sie nicht irrtümlich einer zukünftigen Durchforstung zum Opfer fallen. Steht eine Gruppe von Bäumen dicht beieinander, die sehr wüchsig ist, kann auch die gesamte Baumgruppe geästet werden. Die Zahl der zu ästenden Bäume sollte sich an der Stammzahl im Endbestand orientieren. Bei Fichte sind das etwa 200 Bäume pro ha. Um einen lukrativen Holzpreis für einen astfreien Stamm zu erzielen, muss der Stamm auch eine gewisse Dimension haben. Je stärker der Stamm ist, desto wertvoller ist er. Es sollten daher nur Bäume geästet werden, die einen Zieldurchmesser von wenigstens 45 cm erreichen können. Auf schlechten Standorten lohnt sich die Ästung daher nicht. Damit der Baum aber die gewünschten Dimensionen erreichen kann, ist es notwendig, dass der Waldbesitzer möglichst früh mit der Ästung beginnt. Ab einem Durchmesser von 10 cm kann geästet werden, Ästungen über einem Durchmesser von 15 cm sind nicht mehr sinnvoll. Die Ästung in so jungen Beständen hat auch den Vorteil, dass die zu entfernenden Äste dünn sind und die Ästung wenig Zeit in Anspruch nimmt.

1.6 Natürliche Fichtenwälder: Was der Waldbesitzer von ihnen lernen kann

Die Fichte ist weit über ihr ursprüngliches natürliches Areal durch den Menschen verbreitet worden. Für die Bewirtschaftung von Fichtenbeständen ist es notwendig, sich an natürlichen Fichtenwäldern bzw. an Waldgesellschaften, in denen die Fichte beigemischt ist, zu orientieren. Daher soll hier ein kurzer Überblick über die Ökologie von solchen Waldgesellschaften gegeben werden. Die natürlichen Verbreitungsgebiete der Fichte finden sich in der unteren subalpinen Höhenstufe (ab 1500 m) der Karpaten und Alpen sowie in der montanen Stufe der kontinentalen inneren Alpentäler, deren Klima für Buche und Tanne zu kühl ist. Außerdem findet man natürliche Fichtenwälder auf sogenannten Sonderstandorten wie

- Blockhalden auf schmalen Felsbändern.
- in Kaltlufttälern und Dolinen der montanen bis hochmontanen Stufe, soweit die Spätfröste nicht sogar die Fichte ausschließen.
- an Hochmoorrändern in der montanen Stufe.

Daran lässt sich erkennen, dass die Fichte eine Baumart lebensfeindlicher, extremer Gebirgsstandorte ist, keinesfalls aber eine Baumart sommerwarmer Tieflagen. Zur Vollständigkeit sei noch erwähnt, dass in Skandinavien und im europäischen Teil Russlands ebenfalls natürliche Fichtenwälder vorkommen. Deren Entwicklung lief aber anders ab als die der mitteleuropäischen Fichtenwälder. In beiden Regionen ist das boreale Klima der entscheidende ökologische Faktor, weshalb diese für das Verständnis der heimischen Fichtenwälder nicht weiter von Belang sind.

Wie bereits erwähnt, ist die Fichte eine Gebirgsbaumart, die sich daher in ihrer Entwicklung an die schwierigen Lebensbedingungen im Hochgebirge angepasst hat. Der Bergwald wächst bis zur oberen Waldgrenze. Deren Höhe liegt in den Schweizer Alpen bei bis zu 2400 m, in manchen Tiroler Tälern reicht der Wald aber auch nur bis 1800 m. Die ursprüngliche Waldgrenze lag einst 300 bis 400 m höher, doch die ersten menschlichen Besiedler der Alpen haben diese durch intensive Nutzung herabgesenkt. Etwa 100 m über der Waldgrenze liegt die Baumgrenze. Die Baumgrenze endet dort, wo Bäume nicht mehr höher als 2 m werden.

Wind, Frost, Schnee, Eis: Damit hat ein Keimling im Hochgebirge zu kämpfen. Daneben gibt es aber auch noch eine Reihe anderer Faktoren, die den kleinen Bäumen das Leben schwer machen: Pilze wie der Schneeschimmel, konkurrierende Bodenvegetation, Austrocknung, Schneegleiten, Forsttrocknis und Spätfröste sind dafür verantwortlich, dass sich die Waldgrenze seit Jahrhunderten kaum verändert hat. Seit etwa Mitte des 20. Jahrhunderts kommt als weiterer Faktor der Wildverbiss hinzu.

Daraus lässt sich erkennen, dass auch für an solche rauen Verhältnisse angepasste Baumarten die Bedingungen äußerst lebensfeindlich und insbesondere die natürliche Verjüngung viel schwieriger ist. In hohen Lagen entscheiden minimale Standortunterschiede über den Anwuchserfolg. Günstige Standorte sind meist Geländeerhöhungen wie Rippen, Kuppen, Hangkanten, die Bereiche um alte Stöcke oder liegen gelassenes oder quer zum Hang gefälltes Baumholz. Ungeeignete Kleinstandorte sind nasse, kühle und krautreiche Geländevertiefungen (Mulden), in denen der Schnee lange liegen bleibt. An solchen Stellen entwickeln sich Pilzerkrankungen an der Verjüngung. Auch Vegetationskonkurrenz durch Pestwurz, Alpendost und dichtes Reitgras sind problematisch. In Schlagfluren mit Brombeeren, Himbeeren und Adlerfarn ist ein Aufkommen der Verjüngung fraglich. Auf trockenen, warmen Südhängen sind extreme Temperaturschwankungen der Bodenoberfläche und heftige Sonneneinstrahlung limitierende Faktoren für junge Bäume. Jeglicher Schatten, sei es von der Konkurrenzvegetation als auch von älteren Bäumen, ist an solchen Standorten für das Gedeihen der jungen Bäume entscheidend. Auf kühlen, schattigen Nordhängen ist meist die Temperatur der beschränkende Faktor.

Die zwei wichtigsten natürlichen Fichtenwaldgesellschaften sind der montane bzw. der subalpine Fichtenwald. Montane Fichtenwälder kommen über 1000 m vor, mit zunehmender Höhenstufe gewinnt die Fichte an Konkurrenzkraft. Diese Waldgesellschaft ist produktiv (bis zu 1500 fm/ha), aber wegen des schlechten Wurzelsystems der Fichte und der Einstufigkeit der Bestände eine sehr instabile Waldgesellschaft. Hauptbaumart ist die Fichte, mit steigender Höhenstufe nimmt der Anteil der Lärche zu, beigemischt kommen Bergahorn und Eberesche vor. Je näher die Waldgesellschaft der Waldgrenze kommt, desto mehr verändert sich die Gestalt: Die Baumhöhe sinkt deutlich und liegt unter 30 m, die Bäume sind voll benadelt und die Äste kurz, um dem Schnee möglichst wenig Auflagefläche zu bieten. Die Verjüngung befindet sich meist in direkter Nähe zu älteren Bäumen und ist in einer Rotte zusammengedrängt, um als Gruppe die feindlichen Lebensbedingungen besser überstehen zu können. Das ist die typische Ausformung eines subalpinen Fichtenwaldes.

Der Fichten-Tannen-Buchenwald ist eine natürliche, aus den drei Hauptbaumarten gebildete Waldgesellschaft. Die Bezeichnung Fichten-Tannen-Buchenwald ist dabei eigentlich verwirrend und eher ein Zeichen für die Bedeutung der Fichte in der Forstwirtschaft als für die vorherrschenden ökologischen Bedingungen. Der Begriff Tannen-Buchen-Fichtenwald wäre korrekter, denn es handelt sich hierbei um eine Waldgesellschaft, in der die Fichte beigemischt ist, aber die klimatischen Gegebenheiten Tanne und Buche bevorzugen. Erst mit steigender Seehöhe verlieren sowohl Tanne als auch Buche an Wuchskraft und die Fichte beginnt zu dominieren, bis der Anteil der Fichte so

Der Übergangsbereich zwischen subalpinem und montanem Fichtenwald ist fließend, und das Auftreten kann nicht nur über die Seehöhe definiert werden.

groß wird, dass es sich um einen montanen Fichtenwald handelt. Dies ist eine überaus produktive Waldgesellschaft mit Vorratswerten von bis zu 1500 fm pro ha. Tanne und Buche verfügen über ein kräftiges Herzwurzelsystem, wodurch diese Waldgesellschaft auch über hohe Stabilität verfügt. Als Mischbaumarten sind Bergahorn, Esche und Eberesche zu nennen.

Aufgrund ihrer großen standörtlichen Toleranz kommt die Fichte noch in einer Reihe anderer Waldgesellschaften auch außerhalb des Hochgebirges vor, in solchen Waldgesellschaften ist sie aber nur eine Mischbaumart, die selten einen höheren Anteil als 10 % erreicht. Das Risiko einer Borkenkäfervermehrung ist wegen des geringen Fichtenanteils gering.

Sonderform Fichtenersatzgesellschaften

Künstliche Wälder, also Wälder, die vom Menschen an Standorten künstlich eingebracht wurden, werden von der Vegetationskunde als Ersatzgesellschaft bezeichnet, da sie anstelle einer natürlichen Waldgesellschaft gepflanzt wurden. Ein typisches Kennzeichen solcher Wälder ist die Naturverjüngung aus Laubbäumen, die dem Standort entsprechen. Ohne menschliches Eingreifen würden sich solche Bestände innerhalb einer Baumgeneration wieder in einen standorttauglichen Laubwald umwandeln – vorausgesetzt, es stehen in unmittelbarer Nähe ausreichend viele Samen tragende Mutterbäume zur Verfügung, die diese Entwicklung unterstützen. Interessanterweise passt sich die Bodenvegetation relativ rasch an die Dominanz der Fichten an, und es siedeln sich Vertreter der Gräser und der krautigen Vegetation an, die eigentlich in natürlichen Fichtenwäldern zu finden sind. Aus diesem Grund kann die Bodenvegetation nicht als Indikator herangezogen werden, ob ein Fichtenwald natürlich oder künstlich ist. Solche künstliche Forstersatzgesellschaften sind auch weniger stabil als die Laubwälder und zwar aus folgenden Gründen:

- Während die Laubwälder während der Hauptsaison der Sturmzeiten ihre Blätter abwerfen und somit dem Wind wenig bis gar keinen Angriffspunkt bieten, behalten Fichten ihre Nadeln und sind somit verstärkt dem Risiko eines Windwurfs ausgesetzt.
- Fichtenersatzgesellschaften fallen auch leichter Waldbränden zum Opfer: Die abgeworfenen Nadeln in der Bodenstreu sind leichter entflammbar als Blätter, auch enthalten die meisten Laubbaumarten mehr Wasser im Holz und sind daher weniger leicht entzündlich als Nadelbäume. Auch Harze und Öle im Holz von Nadelbäumen sind ein zusätzlicher Risikofaktor.
- Diverse Schadinsekten finden in Fichtenersatzgesellschaften ebenfalls bessere Entwicklungsbedingungen: Dies hängt zum einen mit dem milderen und wärmeren Klima zusammen, zum anderen mit dem Futterpotenzial, das von Monokulturen für Schadinsekten darstellen.

- Fichtenersatzgesellschaften beeinflussen auch den Bodenzustand: Da Fichtennadeln für die Bodenorganismen schlechter abbaubar sind, kommt es zur Bildung von Rohhumus, wodurch das Pflanzenwachstum ebenfalls gehemmt ist. Da Fichten nur oberflächlich wurzeln, kann es auch zu einer Bodenverdichtung und zu einer Austrocknung des Oberbodens kommen, da die Fichte nur die obersten Bodenhorizonte zur Wasseraufnahme nutzt, während die unteren von den Wurzeln weder erreicht noch genutzt werden. So kann es zu Trockenstress auf Böden kommen, die eigentlich über ausreichend viel Wasser verfügen.

1.7 Gründe für die Fichtenwirtschaft

Wir haben nun erfahren, dass die Fichte eine Baumart der Höhenlagen ist und sich an diese Verhältnisse perfekt angepasst hat, jedoch in tieferen Lagen gegenüber Buche und Tanne wenig bis gar nicht konkurrenzfähig ist und Probleme mit Trockenheit und diversen Schadinsekten hat. Worin liegen aber die Gründe, dass weite Teile der forstlichen Praxis die Erkenntnisse aus Vegetationskunde und Waldökologie ignoriert haben? Auch wenn die Vegetationskunde ihre Blütezeit erst in der zweiten Hälfte des 20. Jahrhunderts hatte, waren die Probleme mit dem Fichtenanbau in Tieflagen schon viel früher bekannt. Bereits 1886 schreibt der Waldbauprofessor Gayer über die Nachteile der Fichtenmonokulturen, und in dieser Ära wurden auch die Grundlagen des Forstschutzes aus den (schlechten) Erfahrungen entwickelt, die mit Fichten – aber auch Kiefern – gemacht wurden.

Um die Frage nach dem Warum zu beantworten, müssen wir einen Blick in die mitteleuropäische Forstgeschichte werfen. Nach Ende der letzten Eiszeit vor etwa 10 000 Jahren begann der Wald, sich relativ rasch wieder zu etablieren. Es waren aber noch keine Wälder wie wir sie heute kennen, denn nicht alle Baumarten waren gleich rasch bei der Wiedereroberung der Flächen, die sie zuvor für Jahrtausende Eis und Schnee überlassen mussten. Nach und nach siedelten sich Birke, Kiefer, Baumhasel, Fichte, Eiche, Ulme und Linde an. Den Abschluss machten Tanne und Buche, die aber durch ihre Schattentoleranz rasch an Dominanz gewannen. Obwohl Holz für die damaligen Menschen ein unverzichtbarer Rohstoff war, der sowohl als Baustoff aber auch für Werkzeuge und nicht zuletzt als Brennstoff genutzt wurde, war der menschliche Einfluss auf den Wald noch gering, bedingt durch die wenigen Menschen, die damals in Mitteleuropa lebten. Für die Ernährung von 100 Personen wurde eine Bresche in den Wald geschlagen, die etwa 35 ha groß war.

Doch in den folgenden Jahrhunderten sollte sich das ändern, und bereits im Mittelalter waren die Wälder rund um die Städte abgeholzt. Der Wald wurde nicht nur als Rohstoff genutzt, er musste auch der Ackerbewirtschaftung weichen. Dabei hatte der mitteleuropäische

Wald im Vergleich zu anderen Wäldern noch Glück: Die Karstflächen, die man in Griechenland und Zypern findet, sind ein Erbe der damaligen Hochkulturen, die ihre Wälder für den Schiffbau verwendet haben. Eine erfolgreiche Wiederansiedlung des Waldes wurde vor allem durch die Ziegenweide verhindert, denn von allen Nutztierarten richten Ziegen den größten Schaden an Jungbäumen an. Ähnliches, wenn auch einige Jahrhunderte später, ereignete sich bei den großen Seefahrernationen Großbritanniens und Spaniens. Der Schiffsbau forderte seinen Tribut: Allein für ein mittelgroßes Handelsschiff benötigte man rund 400 Eichenstämme, das sind etwa 2 ha Eichenwald. Der britische Wald hat sich von diesen Eingriffen nie mehr erholt, aktuell sind nur noch 11 % der britischen Insel von Wald besiedelt. Selbst das viel kleinere Tschechien verfügt aktuell über eine größere Waldfläche als Großbritannien.

Doch zurück zu Mitteleuropa: Auch hier wurde fleißig abgeholzt, wenn auch nicht in solch dramatischen Dimensionen wie in anderen Regionen. Und es gab noch zwei Faktoren, die wesentlich zur Walderhaltung beitrugen: zum einen die Topografie, vor allem mit den Alpen, aber auch den Mittelgebirgen wie Harz, Sudeten und Karpaten und zum anderen die feudale Jagd.

Die Gebirgswälder blieben lange Zeit von der (Über)nutzung verschont – weshalb die Fichte in der damaligen Wirtschaft kaum eine Rolle spielte. Erst mit Beginn des 18. Jahrhunderts war der technische Fortschritt so groß, das auch die Gebirgswälder „genutzt“ wurden. Denn eigentlich handelte es sich um katastrophale Eingriffe in den Naturhaushalt. Es gab damals noch keinerlei forstliche Erschließung in Form von Forststraßen, das gefällte Holz wurde über die Wildbäche zu den Verbrauchern in den Tälern transportiert, es war die Blütezeit der Drifterei. Damit sich der Transport aber lohnte, wurden große Mengen an Holz benötigt, denn ein nicht unerheblicher Teil der gefällten Stämme gingen beim Wassertransport verloren. Deshalb wurden ganze Hänge abgeholzt, die verheerenden Folgen der Erosion spielten keine Rolle. In einigen Gebirgsregionen wurde die Drifterei durch Waldeisenbahnen ersetzt, was aber für die Wälder ebenso wenig Erholung brachte. Der Bau einer Waldeisenbahn war teuer und aufwendig. Entsprechend viel Holz musste aus den Wäldern geholt werden.

Besser erging es den Bannwäldern, die für die feudale Jagd vorgesehen waren. In diesen Waldgebieten sollte sich das Wild ohne jegliche menschliche Störung entwickeln können, weshalb die Holzfällerei streng verboten war. Die Aufgabe der damaligen Förster war weniger die Bewirtschaftung der Wälder als das Hüten des Wildes.

Abseits der Hochgebirge und der feudalen Jagdgebiete – und dies betraf den Großteil der mitteleuropäischen Wälder – waren bereits im späten Mittelalter in vielen Landstrichen devastierte Wälder zu beobachten. Das heutige Verständnis des mittelalterlichen Waldes, der dunkel und mächtig war, und in dem Bär und Wolf hausten und Gesetzlose Schutz suchten, traf nur auf einige wenige Wälder zu. In Wahrheit waren die meisten Wälder nach jahrhundertelanger Übernutzung nicht viel mehr als eine lose Ansammlung benachbarter Bäume, Überbleibsel einst großer Wälder, die heute eher an Parklandschaften als an Wälder erinnern würden. Neben der eigentlichen Holznutzung war es die Landwirtschaft, die für wirklich schwere Schäden im Wald sorgte. Das Fällen eines Baumes oder auch eine Gruppe von Bäumen stellt für den Wald an sich (auch wenn es unwissende Naturschützer anders sehen) kein Problem dar: Wälder sind in der Lage, sich selbst zu regenerieren, und gefällte Bäume werden durch junge Bäume ersetzt. Was Wälder viel mehr trifft ist der Nährstoffentzug – und der wurde durch die damaligen Bauern in großem Maße durchgeführt. Grüne Äste wurden abgeschnitten und als Futter oder als Streueinlage für die Ställe genutzt. Die Bodenstreu, also abgefallene Blätter und Nadeln, wurden mit Rechen gesammelt und ebenfalls aus dem Wald abtransportiert und als Dünger für die Äcker verwendet. Der Großteil der Nährstoffe befindet sich aber in der Streu und dieser über Jahrhunderte durchgeführte Nährstoffentzug führte langsam aber stetig zur Degradierung der Wälder. Es sei hier erwähnt, dass den Bauern kein Vorwurf zu machen ist: Kunstdünger waren damals gänzlich unbekannt und insgesamt war die

Standortfremde Fichtenmonokultur in einer Tieflage. Die Schlagfläche erhöht noch die Instabilität, da der Wind einen Angriffspunkt auf den verbleibenden Bestand hat. Zudem droht die Gefahr des Rindenbrandes durch die plötzlich vermehrte Sonneneinstrahlung bei den Fichten, die direkt neben der Schlagfläche stocken.

Landwirtschaft weit weniger produktiv. Butterberge und Milchseen kannte die damalige Agrarwirtschaft nicht.

Nichtsdestotrotz waren die Auswirkungen auf die Wälder verheerend: Die Lüneburger Heide, die heute in der öffentlichen Wahrnehmung ein Naturjuwel ist, stellt nichts anderes als das Resultat der damaligen Misswirtschaft dar. Einst wuchsen hier Buchen und Eichen, doch Holzernte und Nährstoffentzug degradierten den Standort so sehr, dass kein Baumwachstum mehr möglich war.

Dieses Schicksal drohte weiten Teilen Mitteleuropas, und die damaligen Forstwissenschaftler und forstlichen Praktiker waren bestrebt, den Wald zu erhalten. Nun kam die Stunde von Fichte und Kiefer: Als einzige Baumarten waren sie in der Lage, die devastierten und verarmten Standorte zu besiedeln, darauf zu wachsen und ernst zu nehmende Holzmengen zu produzieren. Die Birke wäre als sehr genügsame Pionierbaumart wohl auch in der Lage gewesen, devastierte Standorte zu besiedeln. Ihr geringes Holzwachstum dürfte wohl der Grund gewesen sein, warum sie nicht als Alternative gesehen wurde. Auch hier verbietet sich der Vorwurf an die damaligen Forstleute: Ohne ihren Einsatz wären große Waldflächen zu Brachland verkommen und es wäre durchaus möglich, das auch Deutschland heute über ähnlich kleine Waldflächen verfügen würde wie Großbritannien, Spanien und Griechenland. Durch die Fichtenwirtschaft waren die Wälder also vorerst gerettet und im weiteren Zuge entwickelten sich eine geregelte Forstwirtschaft und die Nachhaltigkeit. Fortan sollte nicht mehr Holz genutzt werden als zuwächst. Die „wilde ungezügelte Holzhauerei" des Mittelalters sollte der Vergangenheit angehören. Trotzdem war der Holzbedarf immer noch hoch, und deshalb waren manche Forstwissenschaftler bestrebt, die Holzproduktion auf alle möglichen Arten zu maximieren. Und die wichtigste Art bestand darin, überall Fichten zu pflanzen. Eichen und Buchen wurden geradezu verdammt. Die Bewirtschaftung von Eichen- und Buchenwäldern wurde als Verschwendung von wertvollem forstlichem Boden betrachtet. Noch bis in die 1960er-Jahre lernten Förster, wie man am effektivsten den Buchennachwuchs im Fichtenbestand vernichtet, nicht einmal vor dem Einsatz von chemischen Mitteln wurde zurückgeschreckt. Die Fichtenwirtschaft war nicht mehr eine forstliche Disziplin, für manchen forstlichen Vertreter wurde sie zur Ideologie.

Und was für die großen Forstbetriebe galt, hielt auch Einzug in den bäuerlichen Wäldern: Auch Landwirte wollten einen möglichst großen Holzvorrat und deshalb wurde – und wird – fleißig Fichte gepflanzt, auch weil die Landwirte lange Zeit von den Beratern der Landwirtschaftskammern geradezu ermuntert wurden, die Fichte zu kultivieren und zu fördern.

Natürlich gab es Gegner der Fichtenwirtschaft, sowohl Praktiker als auch Forstwissenschaftler riefen zu einer Abkehr der Fichtenwirtschaft auf: Doch diese wurden von ihren Gegnern diffamiert und verhöhnt. Die Schäden durch Wind, Schnee, Borkenkäfer oder Fichtenblattwespe wurden ignoriert, oder als naturgegeben hingenommen. Denn hat nicht auch der Landwirt auf den Feldern Probleme mit dem Kartoffelkäfer? Dass Waldbesitzer, die mit Tanne, Buche, Eiche und diversen Edellaubbäumen wirtschafteten, keine Schäden, wie sie in Fichten- und Kiefernbeständen immer wieder auftraten, erdulden mussten, war für die Diskussion nicht relevant.

Mit Beginn des 21. Jahrhunderts hat sich die Stimmungslage aber geändert: Kaum noch ein Forstmann ist ein glühender Befürworter von Fichtenmonokulturen und nur die wenigsten bestreiten, dass sich in der Bewirtschaftung etwas ändern muss. Vor allem die deutschen Landesforstbetriebe haben seit Anfang der 1990er-Jahre den Laubwaldanbau stark gefördert. Aber gänzlich ist der Spuk der Fichtenwirtschaft noch nicht aus den Köpfen verschwunden: So wird derzeit u. a. nach trockenresistentem Saatgut geforscht, um die Fichte auf die kommenden heißen Sommer vorzubereiten, und mancher Förster würde gern die Fichte durch die Douglasie ersetzen. In späteren Kapiteln werden wir uns noch mit der Forstgenetik und der Douglasie als Ersatzbaumart beschäftigen, nur vorab so viel: Der (großflächige) Ersatz einer standortfremden Baumart wie der Fichte durch eine exotische Baumart wie der Douglasie (die u. a. gegenüber Spätfrost empfindlich ist) erinnert an einen Patienten, der das ärztliche Verbot von Nikotin durch vermehrten Alkoholgenuss ausgleichen will.

1.8 Alle gegen einen: Die Fichte und ihre Schädlinge

Wälder sind einem stetigen Wandel unterworfen. Bäume wachsen zwar nicht in den Himmel, bei der Entwicklung vom Keimling bis zum reifen Baum werden aber trotzdem im Laufe der Jahre große Mengen an Nährstoffen und Wasser sowie der Zugang zu Licht benötigt. Bäume wachsen aber nicht nur, sie sterben auch. Das Absterben eines langlebigen Organismus wie eines Baumes kann Jahrzehnte dauern – oder in

Schadbild der kleinen Fichtenblattwespe.

manchen Fällen auch innerhalb weniger Tage geschehen. Bäume gehören zweifellos zu den kräftigsten und stabilsten Lebensformen auf diesem Planeten, umso erstaunlicher ist es, dass sie etwa von Käfern, die nicht einmal einen Zentimeter Länge haben, zum Absterben gebracht werden können, während manche Baumarten wiederum in der Lage sind, einen Waldbrand unbeschadet zu überstehen.

In der Forstwissenschaft unterscheidet man zwischen abiotischen und biotischen Schäden. Zu den abiotischen gehören Schäden der sogenannten unbelebten Umwelt. Es handelt sich dabei um Wind, Schnee, Eis, Wasser und Feuer. Genau genommen gehören dazu auch Ereignisse wie Erdbeben, Bergstürze, Lawinen oder Vulkanausbrüche. Diese werden aber normalerweise nicht zu den klassischen abiotischen Schäden gezählt, weil der Waldbesitzer auf solche Ereignisse auch mit der richtigen Bewirtschaftung nicht reagieren kann.

Zu den biotischen zählen alle Schäden, die durch lebende Organismen verursacht werden können, und die Palette davon ist groß: Sie reicht von winzigen Bakterien über Würmer, welche die Wasserleitungsbahnen verstopfen, Insekten, die Blätter und Nadeln fressen und den Holzkörper beschädigen, bis zu Vögeln, die Samen verzehren, und große Säuger, die sich an Jungbäumen und Trieben sattfressen. Glücklicherweise sind nur relativ wenige Arten von wirtschaftlicher Bedeutung, Schadinsekten wie die Borkenkäfer oder verschiedene Schmetterlingsarten können jedoch großflächige Schäden auslösen.

Wir wollen uns nun die verschiedenen abiotischen und biotischen Schäden ansehen, denen die Fichte ausgesetzt ist. Von allen heimischen Baumarten umfasst die Fichte die größte Anzahl von Schadorganismen, von denen ich alle bekannten Arten – unabhängig von ihrer aktuellen wirtschaftlichen Bedeutung – kurz vorstellen will, um aufzuzeigen, welchen Risiken die Fichtenbewirtschaftung ausgesetzt ist. Auch wenn manche Arten derzeit noch keine oder nur eine untergeordnete Rolle spielen, kann nicht ausgeschlossen werden, dass die Populationen anwachsen, insbesondere unter dem Szenario, dass durch den Klimawandel die Entwicklungsbedingungen für die meisten Schädlinge verbessert und die Fichte – vor allem auf ungeeigneten Standorten – gleichzeitig an Vitalität (Stichwort Trockenstress) einbüßt. Doch kommen wir zunächst zu den abiotischen Schäden.

1.8.1 Abiotische Schäden

Als wichtigster abiotischer Schaden ist zweifelsfrei der Wind zu nennen. Wind kann Bäume umwerfen oder dazu führen, dass der Stamm bricht bzw. die Krone abbricht. Im Falle der Fichte ist Windwurf am häufigsten. Aufgrund der flachen Wurzeln gehört die Fichte zu den windwurfgefährdetsten Baumarten, Stammbruch oder Kronenbruch kommen dagegen seltener vor, können aber auch nicht gänzlich ausgeschlossen werden. Ein Windwurf ist nicht gleichbedeutend mit dem

Tod des Baumes. Wenn Teile der Wurzeln noch mit dem Erdreich verbunden sind, ist es durchaus möglich, dass der Baum weiterlebt. Natürlich ist er in seiner Vitalität stark eingeschränkt, da nur noch ein Teil des Wurzelwerks funktionsfähig ist und die am Boden liegende Krone weniger Licht zur Verfügung hat. Aber trotzdem können Fichten so über Jahre hinweg im wahrsten Sinne des Wortes dahinvegetieren. Für den Waldbesitzer ist so ein Baum natürlich nicht mehr wirtschaftlich interessant, für gewöhnlich wird der Baum per Trennschnitt vom Wurzelwerk befreit und danach aus dem Wald abtransportiert. Sollten Holzfasern durch den Wurf beschädigt werden, verliert der Baum stark an Wert. Andere wirtschaftliche Einbußen entstehen dadurch, dass der Baum sein komplettes Wachstum nicht ausschöpfen konnte, der Holzpreis geringer ist (vor allem, wenn große Mengen an Holz geworfen wurden) und die Aufarbeitung durch einen Lohnunternehmer übernommen werden muss. Bei der Fichte kommt es in der Regel durch Windwurf zu einer Komplexkrankheit: Die geworfenen und wenig vitalen Bäume locken diverse Arten von Borkenkäfern an, die diese besiedeln, weshalb es bei Windwürfen notwendig ist, das Holz rasch aus dem Wald abzutransportieren.

Schnee- und Eisbruch kommen seltener vor als der Windwurf, u. a. auch deshalb, weil die Fichte als Gebirgsbaumart gegen solche Schäden relativ gut angepasst ist. So sind die Äste von Hochlagenfichten wesentlich kürzer, damit der Schnee möglichst keine Auflage findet. Am gefährlichsten ist Nassschnee, da dieser erheblich schwerer ist und somit zum Bruch von Teilen der Krone oder der gesamten Krone führen kann. Bäume, die durch Schnee oder Eis gebrochen wurden, sind stark wirtschaftlich entwertet, die verbleibenden Reste werden nur noch als Industrieholz oder für energetische Zwecke verwendet. Auch wenn nur ein Teilbereich der Krone geschädigt wurde, muss solch eine Fichte aus dem Bestand ausscheiden, da sie über weniger Vitalität verfügt, und es durchaus sein kann, dass einzelne Holzfasern beschädigt wurden und der Baum somit nicht mehr für die Sägewerke verwertbar ist.

Feuer spielte in Mitteleuropa lange Zeit nur eine untergeordnete Rolle, doch die Zunahme der Häufigkeit und ihrer Intensität sind einer der ersten bemerkbaren Wirkungen des Klimawandels. Als häufigste Ursache gilt immer noch die Unachtsamkeit von Menschen und hier sind insbesondere Waldbesucher zu nennen. In den letzten Jahren ist nicht nur die Zahl der unachtsamen Waldbesucher angestiegen, sondern auch das Risiko für Waldbrände. Entscheidend für den Ausbruch eines Waldbrandes ist einerseits das Vorhandensein von brennbarem Substrat, und gerade in Nadelwäldern gibt es davon reichlich: Nadeln und abgestorbene dürre Äste sind leicht entzündlich. Nadelbäume enthalten weniger Wasser als Laubbäume und brennen daher leichter, außerdem enthalten viele Nadelbaumarten ätherische Öle und Harze, die das Feuer ebenfalls begünstigen. Im Gegensatz zu manchen

Kiefernarten, die gut an Feuer angepasst sind, ist die Fichte unverträglich gegenüber Feuer. So können Bodenfeuer, die Stamm und Krone unbeschadet lassen, die Wurzeln durch die Hitze abtöten. Auch die im Boden liegenden Samen können durch die große Hitze abgetötet werden. Waldbrände können übrigens auch in Wintermonaten entstehen, denn weniger entscheidend als die Lufttemperatur ist das Vorhandensein von brennbarem Material. So hat es in den letzten Jahren immer wieder in Kärntner Wäldern in den Wintermonaten gebrannt, da über Wochen hinweg kein Niederschlag gefallen ist und trockenes Gras und Nadeln als Ausgangspunkt für Brände vorhanden waren.

Dürreschäden treten durch den Klimawandel ebenfalls vermehrt auf, sie sind aber schon lange bekannt. Die Fichte reagiert auf Dürre durch reduziertes Wachstum, sowohl das Höhenwachstum der nächsten Jahre (und nicht nur des aktuellen) als auch die Jahrringbreiten sind sichtbare Merkmale für den Stress. Dürrestress entsteht bei der Fichte, wenn in einem Monat weniger als 40 mm Niederschlag fällt. Dürre kann auch zum gänzlichen Absterben von Fichten führen, entweder durch den Wassermangel selbst oder durch Schadinsekten, welche die angeschlagenen Fichten befallen. Interessanterweise leiden Fichten besonders in Mischbeständen an Dürre. In Buchen-Fichten-Mischwäldern erreichen zuerst die Buchen dank ihres tiefer gehenden Wurzelsystems das Bodenwasser, sodass für die Fichte kaum ausreichend Wasser übrig bleibt. Daraus ergibt sich, dass die Fichte in dürregefährdeten Gebieten nicht als Mischbaumart taugt.

Merke: In Gebieten, die von Dürre bedroht sind, also einen Jahresniederschlag von weniger als 500 mm haben und in den Sommermonaten weniger als 40 mm pro Monat Niederschlag fällt, taugen nicht als Anwuchsgebiet für die Fichte.

Starke Hitze tötet vor allem Keimlinge und Jungpflanzen ab. Bei einer Lufttemperatur von 54 °C sterben Fichtenkeimlinge ab. Es ist dabei hervorzuheben, dass diese Temperaturen unmittelbar an der Bodenoberfläche auf Kahlschlägen bereits an sonnigen Tagen mit mehr als 35 °C erreicht werden können. Zum Rindenbrand kommt es, wenn Fichten, die bisher kaum oder nur wenig Sonnenstrahlung auf der Rinde ertragen mussten, plötzlich stark freigestellt werden. Das ist vor allem bei Kahlschlägen der Fall, kann aber auch ein Folgeeffekt von Windwürfen sein. Fichten mit Rindenbrand müssen unbedingt stehen gelassen werden, denn werden diese entfernt, setzt sich der Rindenbrand nur im Bestandsinneren weiter fort.

Gegenüber Frost zeigt sich die Fichte sehr tolerant, es sind keine Fälle von Kältetod in der Literatur bekannt. In Sibirien überstehen Fichtenbestände Temperaturen von bis zu minus 60 °C. Dafür ist die Fichte sehr empfindlich gegenüber Spätfrost, also Temperaturen unter 0 °C in den Frühlingsmonaten (Mai). Es kann dabei zum Ausfall von Jungpflanzen kommen.

Ergänzend sei noch erwähnt, dass Fichten wenig tolerant gegenüber Überschwemmungen sind, nach etwa 14 Tagen unter Wasser sterben die Wurzeln ab. Blitzschlag kommt bei der Fichte nicht häufiger vor als bei anderen Baumarten, auch wenn der Baum den Blitzschlag übersteht, ist das Holz entwertet. Die elektrischen Entladungen führen zu starken Rissen im Holzkörper.

1.8.2 Biotische Schäden

Die Fichte ist einer Vielzahl von potenziellen Schädlingen ausgesetzt, wobei die Mehrzahl zu den Pilzen und Insekten gehört. Viren, Bakterien oder pflanzliche Parasiten spielen hingegen keine Rolle. Ebenso vielfältig wie die Schädlinge sind die Organe, die geschädigt werden können: Angefangen von den Samen über das Wurzelwerk bis hin zu den Leitungsbahnen und den Nadeln können das Opfer von Insekten und Pilzen werden. Im Folgenden soll ein Überblick über die verschiedenen Organismen gegeben werden, die in der Literatur als potenzielle Schädlinge an der Fichte genannt werden. Auf die (derzeit) wirtschaftlich bedeutendsten Schädlinge und deren Auswirkungen wird etwas genauer eingegangen.

Angesichts ihrer Länge werden wohl die meisten Leser diese Liste irgendwann nur noch überflogen haben. Ihr Zweck liegt auch nicht darin, die Leserschaft mit lateinischen Bezeichnungen zu quälen, sondern einen groben Überblick über potenzielle Schädlinge der Fichte zu liefern. Korrekterweise muss dazu gesagt werden, dass viele der genannten Arten als Fichtenschädlinge klassifiziert werden, ihre wirtschaftliche Bedeutung aber gering ist. Auch andere Baumarten, insbesondere die Eichen sowie die Waldkiefer, haben eine lange Liste von potenziellen Schädlingen. Im Gegensatz zur Fichte werden diese Baumarten aber für gewöhnlich nur in geeigneten Anbaugebieten kultiviert. Zudem gibt es bereits eine Reihe von wirtschaftlich relevanten biotischen und abiotischen Schäden, mit denen die Fichte zu kämpfen hat. Mit diesen wollen wir uns nun als Nächstes kurz auseinandersetzen. Auch mit den schlimmsten Auswirkungen des Klimawandels ist nicht zu erwarten, dass plötzlich eine Massenvermehrung aller oben genannten Arten eintreten wird. Es würde aber reichen, wenn nur einige der zahlreichen Fichtenschädlinge Massenvermehrungen ausbilden und sich zu Fichtenblattwespe, Großem braunen Rüsselkäfer, Buchdrucker, Nonne, Kupferstecher und Hallimasch gesellen, um die Fichtenbewirtschaftung in den Tieflagen endgültig unmöglich zu machen.

1.8.3 Aktuelle Schäden

Jedes Jahr werden die Schäden diverser Schadinsekten, Pilze und auch abiotischer Schadensfaktoren wie Dürre oder Windwurf in Deutschland und Österreich aufgenommen. Neben einem laufenden Monitoring der verschiedenen Schädlinge lässt sich auch ein allgemeiner Trend der Waldgesundheit ablesen. Die nachfolgenden Zahlen stammen aus dem Jahr 2023.

Tab. 3 Liste bekannter Fichtenschädlinge

Klasse	Lateinische Bezeichnung	Deutsche Bezeichnung	Schäden an
Pilze	*Pucciniastrum areolatum*	Fichtenzapfenrost	Samen
	Chrysomya pirolata	–	Samen
	Alternatira sp.	Schimmelpilz	Samen
	Aspergillus sp.	Gießkannenschimmel	Samen
	Fusarium sp.	Schlauchpilz	Samen
	Mucor sp.	Köpfchenschimmel	Samen
	Sclerotinia fucheliana	–	Keimling, Jungpflanzen
	Botrytis cinerea	Grauschimmelfäule	Keimling, Jungpflanzen
	Pestalotia hartigii	–	Keimling, Jungpflanzen
	Rosellinia herpotrichoides	–	Keimling, Jungpflanzen
	Thelephora terrestris	Fächerförmiger Erd-Warzenpilz	Keimling, Jungpflanzen
	Gemmamyces piceae	–	Knospen, Nadeln, Triebe
	Megaloseptoria mirabilis	–	Knospen, Nadeln, Triebe
	Lophodermium macrosporum	Fichtennadelritzenschorf	Knospen, Nadeln, Triebe
	Lophodermium picaea	Fichtennadelröte	Knospen, Nadeln, Triebe
	Rhizosphaera kalkhoffii	–	Knospen, Nadeln, Triebe
	Herpotrichia juniperi	Schwarze Schneeschimmel	Knospen, Nadeln, Triebe
	Lophophacidium hyperboreum	–	Knospen, Nadeln, Triebe
	Chrysomyxya ledi	Fichtennadelrost	Knospen, Nadeln, Triebe
	Chrysomyxa rhododendri	Fichtennadelrost	Knospen, Nadeln, Triebe
	Chrysomyxa abietis	Fichtennadelrost	Knospen, Nadeln, Triebe
	Chrysomyxa woroninii	Fichtennadelrost	Knospen, Nadeln, Triebe
	Gremmeniella abietina	–	Knospen, Nadeln, Triebe
	Sirococcus strobilinus	–	Knospen, Nadeln, Triebe
	Nectria fuckeliana	Nadelholz-Pustelpilz	Rindenkrankheiten
	Valsa kunzei	–	Rindenkrankheiten
	Lachnellula caliciformes	Pokalförmiges Haarbecher-chen	Rindenkrankheiten
	Rhizina undulata	Wellige Wurzelmorchel	Wurzelkrankheiten
	Armillaria mellea	Honiggelber Hallimasch	Wurzelkrankheiten
	Heterobasidion annosum	Gemeiner Wurzelschwamm	Stammfäule

Klasse	Lateinische Bezeichnung	Deutsche Bezeichnung	Schäden an
	Stereum sanguinolentum	Blutender Nadelholz-Schichtpilz	Stammfäule
	Amylostereum areolatum	Braunfilziger Schichtpilz	Stammfäule
	Resinicium biocolor	Zweifarbiger Zystidenrinden-pilz	Stammfäule
	Cylindrobasidium evolvens	Ablösender Rindenpilz	Stammfäule
	Coniophora puteana	Brauner Kellerschwamm	Stammfäule
	Serpula himantioides	Wilder Hausschwamm	Stammfäule
	Tyromyces stipticus	Bitterer Saftporling	Stammfäule
	Climacocystis borealis	Nordischer Porling	Stammfäule
	Bjerkandera adusta	Angebrannter Rauchporling	Stammfäule
	Phaeolus schweinitzii	Kiefern-Braunporling	Stammfäule
	Omnia leporina	–	Stammfäule
	Fomitopsis pinicola	Rotrandiger Baumschwamm	Stammfäule
	Phellinus chrysoloma	Fichtenfeuerschwamm	Stammfäule
	Pholiota squarrosa	Sparriger Schüppling	Stammfäule
	Panellus mitis	Milder Zwergknäuling	Stammfäule
Insekten	*Laspeyresia strobilella*	–	Zapfen und Samen
	Dioryctria abietella	Fichtenzapfenzünsler	Zapfen und Samen
	Lasiommata anthracina	–	Zapfen und Samen
	Otiorhynchus niger	Schwarzer Rüsselkäfer	Kulturen, Jungpflanzen
	Hylastes cunicularius	Schwarzer Fichtenbastkäfer	Kulturen, Jungpflanzen
	Hylobius abietis	Großer brauner Rüsselkäfer	Kulturen, Jungpflanzen
	Liosomaphis abietinum	Fichtenröhrenlaus	Kulturen, Jungpflanzen
	Lymantria monacha	Nonne	Nadeln
	Orgyia recens	Eckfleck-Bürstenspinner	Nadeln
	Epinotia tedella	–	Nadeln
	Zeiraphera diniana	Grauer Lärchenwickler	Nadeln
	Zeiraphera reatzeburgiana	–	Nadeln
	Cephalcia abietis	Gemeine Fichten-Gespinst-blattwespe	Nadeln
	Pristiphora abietina	Kleine Fichtenblattwespe	Nadeln
	Pachynematus sp.	Fichtengebirgs-blattwespe	Nadeln

Klasse	Lateinische Bezeichnung	Deutsche Bezeichnung	Schäden an
	Laspeyresia pactolana	Fichtenrindenwickler	Rinde
	Dioryctria splendidella	–	Rinde
	Tetropium sp.	Fichtensplintbock	Rinde
	Monochamus sp.	Langhornbock	Rinde
	Pissodes sp.	Kiefernrüssler	Rinde
	Ips typographus	Buchdrucker	Rinde
	Ips amitinus	Kleiner achtzähniger Fichtenborkenkäfer	Rinde
	Ips sexdentatus	Zwölfzähnige Kiefernborkenkäfer	Rinde
	Ips duplicatus	Nordischer Fichtenborkenkäfer	Rinde
	Pityogenes chalcographus	Kupferstecher	Rinde
	Dendroctonnus micans	Riesenbastkäfer	Rinde
	Polygraphus poligraphus	Doppeläugiger Fichtenbastkäfer	Rinde
	Trypodendron lineatum	Gestreifter Nutzholzborkenkäfer	Rinde
	Ghathotrichus materiarius	–	Rinde
	Hylecoetus sp.	Werftkäfer	Rinde
	Urocerus sp.	Riesenholzwespe	Rinde
	Camponotus sp.	Rossameisen	Rinde
Säugetiere	*Apodemus sylvaticus*	Waldmaus	Samen
	Apodemus flavicollis	Gelbhalsmaus	Samen
	Myodes glareolus	Rötelmaus	Samen
	Sciurus vulgaris	Eichhörnchen	Samen
	Glis glis	Siebenschläfer	Samen
	Capreolus capreolus	Reh	Wildschäden
	Cervus elaphus	Rothirsch	Wildschäden
	Rupicapra rupicapra	Gämse	Wildschäden
	Ovis gmelini	Mufflon	Wildschäden
	Alces Alces	Elche	Wildschäden
	Dama dama	Damhirsch	Wildschäden

Buchdrucker *(Ips typographus)*
Der Buchdrucker gehört zu den Borkenkäfern und ist der häufigste Vertreter der Fichtenborkenkäfer, weshalb er stellvertretend für alle Borkenkäferarten steht, wobei ihn auch Lärche, Tanne und Kiefer Borkenkäfer als Schädling haben.

Häufig tritt er in Kombination mit Windwürfen und Schneebrüchen auf sowie mit dem Kupferstecher. Während der Kupferstecher vor allem schwaches Holz als Substrat nutzt, besiedelt der Buchdrucker die Borke und zerstört mit seinem Fraß die Leitbahnen. Ist der Befall zu stark, stirbt schließlich der gesamte Baum ab. Nach der Überwinterung des Käfers in der Rinde von befallenen Bäumen oder im Boden (Nadelstreu) erfolgt der erste Schwärmflug von April bis Mai, im Juli gibt es häufig einen zweiten Schwärmhöhepunkt. Ab einer Lufttemperatur von 16 °C beginnt der Buchdrucker mit seinem Schwärmflug, wobei bei Lufttemperaturen über 20 °C die Aktivität der Käfer deutlich ansteigt. Bei sehr warmen Temperaturen und damit günstigen Bedingungen können sich bis zu drei Generationen ausbilden. Befallen werden Fichten ab einem Durchmesser von 20 cm. Aus runden, ca. 3 mm großen Einbohrlöchern wird braunes Bohrmehl ausgestoßen. Beim Abheben der Rinde werden dann ein- bis maximal dreiarmige (= Stimmgabel), längs gerichtete Muttergänge und davon ungefähr rechtwinkelig ausge-

Der Buchdrucker ist der Schädling, der mit Abstand für die größten Schadensmengen verantwortlich ist.

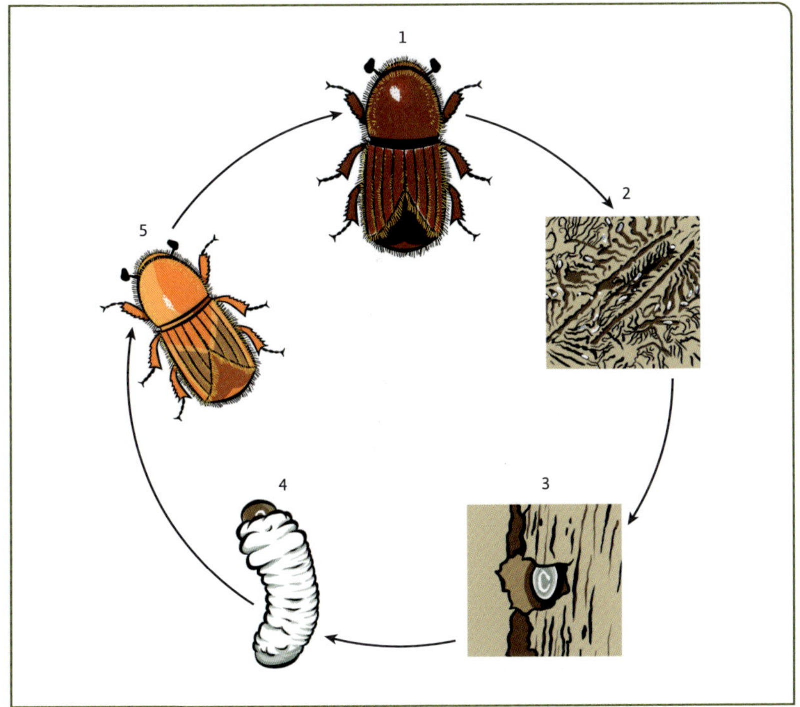

Der Entwicklungszyklus des Buchdruckers.
1 Buchdrucker (Adulter Käfer)
2 Anlegen des Brutbildes
3 Eiablage
4 Larven
5 Jungkäfer

hende Larvengänge sichtbar. Die Schäden gehen in Deutschland und Österreich in die Millionen fm, wobei die saisonale Schadensmenge stark von der sommerlichen Witterung abhängt. Die große Gefahr des Borkenkäfers liegt vor allem in seinem Vermögen sich auszubreiten und das über Jahre hinweg. So kann eine Massenvermehrung mehrere Jahre andauern und dabei große Waldgebiete vernichten.

Entwicklung einer Borkenkäferpopulation

Da Borkenkäfer fähig sind, sich rasch zu vermehren, stellen sie eine große Gefahr für die Waldwirtschaft dar. Eine gesunde Fichte, die ausreichend mit Wasser versorgt ist, kann den Befall einzelner Borkenkäfer durch ihren Harzfluss in den meisten Fällen erfolgreich abwehren. Steht die Fichte allerdings unter Trockenstress, vermindert sich der Harzfluss. Der Erstbefall betrifft vor allem geschwächte Fichten. Bei einer Massenvermehrung sind Borkenkäfer aber aufgrund ihrer großen Zahl in der Lage, auch gesunde Fichten zu befallen.
Ein einziges Weibchen produziert etwa 60 Nachkommen. Bei sehr günstigen Bedingungen und der Ausbildung von drei Generationen kann daher ein einziges Weibchen bis zu 100 000 Käfer erzeugen. Ein Angriff von mehreren hundert Käfern überwindet die Abwehrkräfte von gesunden Fichten.
Für ein Käferjahr mit besonders günstigen Entwicklungsbedingungen lässt sich folgendes Szenario ableiten:
Eine befallene Fichte entlässt 20 000 Käfer, wovon etwa die Hälfte Männchen sind. Diese befallen wiederum etwa 20 benachbarte Bäume. Daraus können 400 000 Käfer ausschwärmen, die weitere 400 Fichten erfolgreich befallen können. Das bedeutet, dass sich innerhalb eines Käferjahres, ausgehend von einer befallenen Fichte bei günstigen Verhältnissen, der Befall aus einem ha Wald ausbreiten kann.

Bohrloch des Buchdruckers. Das ausgeworfene Sägemehl vermischt sich mit dem Harz und verstopft zum Teil das Bohrloch.

Kupferstecher *(Pityogenes chalcographus)*
Der Kupferstecher ist weniger prominent als der Buchdrucker, nichtsdestotrotz nicht weniger gefährlich. Bevorzugt siedelt er sich in schwachen Holzstücken wie Ästen oder jungen Fichten an. Bei Windwürfen oder Schneebruch, wo viel dünnes Holz anfällt, ist die Gefahr einer Massenvermehrung besonders groß. Der Käfer kann in allen Stadien unter der Rinde im Brutbild überwintern. Die Hauptflugzeit ist die gleiche wie beim Buchdrucker. Der Kupferstecher bildet auch unter günstigen Bedingungen nur zwei Generationen aus. Am meisten gefährdet sind Fichtenstämme im Stangenholzalter, bei hoher Populationsdichte auch Jungfichten in Kulturen. Vorsicht ist auch besonders bei stärkeren, im Bestand verbleibenden Ästen geboten. Erkennbar ist ein sehr kleines Bohrloch in dünnrindigen Stamm- und Kronenbereichen und unterhalb der Rinde ein drei- bis sechsarmiger Sterngang mit einer in der Rinde verborgenen Rammelkammer. In Österreich lag der Schaden zuletzt bei über 365 000 fm, in D bei 200 000 fm.

Nonne *(Lymantria monacha)*
Die Nonne gehört zur Familie der Trägspinner und somit zu den Schmetterlingen. Die Weibchen verfügen über eine Legeröhre, mit deren Hilfe sie ihre Eier an der Rinde ablegen. Ein Gelege kann aus bis zu 50 Eiern bestehen. Die Eier überwintern, die Raupen schlüpfen im Mai des darauf folgenden Jahres und bewegen sich zum Fressen in die Krone. Anfangs werden die jungen Nadeln gefressen, in weiterer Folge auch die Altnadeln. Der Fraß der Nonne ist sehr verschwenderisch, weshalb ein typisches Befallsmerkmal die große Zahl an Nadelresten unter befallenen Bäumen ist. Die Nonne ist in der Lage, sowohl Fichten als auch Kiefern durch einen totalen Kahlfraß zum Absterben zu bringen. Bei weniger schwerem Befall gibt es aber große Zuwachsverluste. Außerdem vermindert der Fraß die Vitalität der Fichten, wodurch es zusätzlich noch zu einem Befall durch Borkenkäfer kommen kann.

Fichten-Gespinstblattwespe *(Cephalcia abietis)*
Gespinstblattwespen gehören zu den Pflanzenwespen und sind mit den echten Wespen nur entfernt verwandt. Aus den Eiern, die direkt an den Nadeln abgelegt werden, schlüpfen die Larven, welche eine Wohnröhre spinnen und dort gemeinsam mit anderen Larven zusammenleben. Auffällig ist die Größe der Gespinste, die sich über mehrere Äste erstrecken kann. Die Larven schädigen die Fichte, indem sie die Nadeln fressen, wobei ältere Nadeln bevorzugt werden. Die erwachsenen Larven graben sich im Boden ein. Durch den Fraß kann es zu Zuwachsverlusten kommen, in manchen Fällen aber auch zu einem totalen Kahlfraß. Außerdem wird die Vitalität der Fichte stark herabgesetzt. In Deutschland lag der Schaden bei 80 ha, in Österreich bei 280 ha.

Kleine Fichtenblattwespe *(Pristiphora abietina)*
Die Fichtenblattwespen gehören ebenfalls zu den Pflanzwespen und legen ihre Eier in angeritzten Nadeln ab. Der befallene Teil der Nadel verfärbt sich, wobei sich die Verfärbung auf die gesamte Nadel ausbreitet und diese schließlich abstirbt. Die Larven schlüpfen bereits nach wenigen Tagen und fressen nur die frischen Mainadeln. Als typisches Befallsbild gelten Nadeln, von denen nur kurze Stümpfe übrig bleiben, die sich kräuseln und versengt aussehen. Zu Massenvermehrungen kommt es vor allem in Monokulturaufforstungen, in denen das Höhenwachstum erheblich beeinträchtigt wird. Bei mehrjährigem Befall kommt es zu Kronenmissbildungen (Kollerbuschfichten). Außerdem sind diese Fichten geschwächt und somit Angriffsziel anderer Schädlinge. In Österreich betrug die Schadensfläche zuletzt 90 ha.

Großer brauner Rüsselkäfer *(Hylobius abietis)*
Neben den Borkenkäfern gehören die Rüsselkäfer zu den wichtigsten Schadinsekten. Der Große braune Rüsselkäfer kann in Nadelholzkulturen große Schäden anrichten. Dadurch kann der Erfolg einer Aufforstung erheblich bedroht werden. Die Flugzeiten dauern von etwa Mitte Mai bis Mitte September an. Als Schädlinge treten nur die erwachsenen Käfer und nicht die Larven auf. Über das ganze Jahr frisst der Rüsselkäfer an junger Pflanzenrinde. Das typische Fraßbild sind über den gesamten Stamm verteilte Flecken fehlender Rinde. Diese führt zu einer starken Austrocknung des jungen Baumes und somit zum Absterben. Da der Rüsselkäfer vor allem auf Kahlschlägen schädlich auftritt, wird er auch „Geisel der Kahlschlagwirtschaft“ genannt. Die effektivsten Abwehrmaßnahmen gegen den Befall des großen braunen Rüsselkäfers beginnen bereits vor der Kulturbegründung. In Gebieten, in denen das vermehrte Auftreten des Rüsselkäfers bekannt ist, sollte auf Kahlschlag und eine Aufforstung mit Fichte (Kiefer und Lärche werden im Gegensatz zur Tanne ebenfalls befallen) gänzlich verzichtet werden. Wird mit Fichte gepflanzt, dann muss die Schlagruhe von zumindest drei Jahren eingehalten werden. Zur Überwachung können Fangknüppel und Fangrinde ausgelegt werden. Allerdings sind diese Methoden umstritten, da sie ungenaue Ergebnisse liefern. Hat es der Rüsselkäfer geschafft, eine Kultur zu erobern, bleiben zur Bekämpfung nur noch chemische Methoden. In Deutschland hat der große braune Rüsselkäfer 650 ha Kulturfläche befallen, in Österreich über 1840 ha.

Wurzelschwamm *(Heterobasidion annosum)*
Dieser Pilz kommt an der Fichte vor, aber auch an Kiefer und Douglasie (was u. a. gegen den Ersatz der Fichte durch die Douglasie spricht). Der Pilz wächst vorwiegend an lebenden Stämmen und zwar über das gesamte Jahr. Befallenes Holz erkennt man daran, dass es nicht mehr fest und rot verfärbt ist. Auf befallenem rotfaulem Holz an Stöcken bilden

sich Fruchtkörper, die Sporen aussenden. Die Sporen infizieren frische Baumstümpfe und verbreiten sich über Wurzelkontakt an benachbarte Stämme. Die Infektion erfolgt aber auch über Verletzungen der Wurzeln und Stammanläufen. Schälschäden, aber auch Rückeschäden können deshalb eine Eintrittspforte für die Sporen des Wurzelschwammes sein. Ist der Pilz erst einmal im Baum angekommen, befällt das Myzel zunächst den Bast, um sich dann im weiteren Holzkörper auszubreiten. Dabei wächst der Pilz stammaufwärts, was für die wirtschaftliche Verwertung besonders negativ ist, da das Erdloch der wertvollste Stammabschnitt ist. Das Holz verfärbt sich rotbraun (Rotfäule) und zersetzt sich. Der Wurzelschwamm bildet auch Fruchtkörper aus, aber erst nachdem der Baum abgestorben ist, weshalb ein Befall meist erst bei der Holzernte erkennbar wird. Ein weiteres Symptom für einen Befall ist auch der starke Harzfluss. Besonders gefährdet sind Fichten auf flachgründigen Böden, sowie auf Böden mit hohem pH-Wert und gutem Stickstoffgehalt. Der Wurzelschwamm ist eine typische Erkrankung von aufgeforsteten Fichtenbeständen. In Norddeutschland spricht man von der Ackersterbe. Besonders stark befallene Bäume brechen in Bodennähe ab. Vor allem in jungen Beständen kann der Befall bestandsbedrohend sein, er ist der mit Abstand bedeutendste Pilz. In Österreich liegt der Schaden bei 350 000 fm, in Deutschland bei 140 000 fm.

1.8.4 Wildproblematik

Ergänzend sei hier noch die Wildproblematik erwähnt. Seit vielen Jahren tobt die Diskussion zwischen Jägern und Forstleuten über das Thema: Wald oder Wild? Von Natur aus würde die Antwort Wald mit Wild lauten, denn Rehe und Wildschweine sind echte Waldbewohner, der Rothirsch nutzt den Wald zumindest teilweise als Rückzugsgebiet.

Kulturen sind für Rehe hoch attraktive Äsungsflächen, da auf engem Raum viel potenzielle Nahrung vorhanden ist. Gleichzeitig kann das Reh bei Gefahr rasch in den Altbestand wechseln.

Wald mit Wild war auch kein Problem zu Zeiten, als die Wilddichten noch natürlich waren: Im 19. Jahrhundert lagen diese für Reh und Hirsch bei etwa einem Stück Wild pro 100 ha. Mittlerweile ist in den meisten Revieren zumindest die zehnfache Wilddichte vorhanden, in manchen Gebieten sogar die 20fache. Dementsprechend stark zeigt sich dann der (negative) Einfluss des Wildes: Rehe und Hirsche verbeißen die jungen Pflanzen, sodass eine Verjüngung ohne diverse Schutzmechanismen wie Zäune oder Verbissschutzkappen nicht mehr möglich ist, zudem schälen Hirsche die Rinde an Bäumen ab, und Rehböcke markieren vor der Brunft an jungen Pflanzen ihr Revier. Die Ursachen für den starken Anstieg der Wildtierpopulationen sind nicht monokausal sondern vielfältig: Durch die Intensivierung der Landwirtschaft hat sich das Nahrungsangebot für das Wild stark verbessert, und die immer milderen Winter werden auch von schwächeren Stücken überlebt. Eine wichtige Rolle spielt dabei auch die Jagd: vor allem das äußerst schädliche Füttern – von den Jägern eifrig verteidigt mit dem Argument, damit Schäden im Wald verhindern zu wollen – und sorgt lokal ebenfalls für hohe Populationen und den damit verbundenen Schäden.

Die Fichte ist eine der wenigen Baumarten, die ungern vom Wild angenommen wird. Die Tanne hingegen, sowie die meisten Laubhölzer, werden sehr gerne vom Wild verbissen. Stehen aber keine anderen Baumarten zur Verfügung, so verbeißt das Wild auch die Fichte. Speziell auf den Aufforstungen von Kahlschlägen ist ein hoher Verbiss – in manchen Fällen der gesamte Ausfall einer Kultur – zu beobachten: Für Rehe sind Kahlschläge als Äsungsflächen hoch attraktiv, denn im Falle einer Bedrohung können sie sich rasch wieder ins benachbarte, dunkle Altholz zurückziehen.

Das Thema ist seit Jahrzehnten hoch emotional besetzt, es gibt aber Gebiete, in denen das Wild erfolgreich reguliert wurde und in denen nun wieder die Verjüngung problemlos heranwachsen kann. Grundlage dafür ist aber ein konsequenter Abschuss des Wildes auf ein erträgliches Ausmaß sowie eine Jägerschaft und ein Grundbesitzer, die dies auch ohne Wenn und Aber umsetzen. Die Wildproblematik ist also ganz und gar kein Thema der Fichte. Für den Waldbesitzer, der seinen Waldbestand in einen Mischwald umwandeln will, kann es aber zentral für den Erfolg oder Misserfolg der Umbaumaßnahmen sein.

Merke: Noch vor Beginn des Waldumbaus sollten die herrschenden Wildverhältnisse und die Höhe des Wildschadens abgeklärt werden, um entsprechend durch Schutzmaßnahmen und/oder Abschuss darauf reagieren zu können.

1.9 Schäden einst: Keine Lehren aus der Vergangenheit

Nicht erst der Klimawandel hat die Fichte zu einer schadensanfälligen Baumart gemacht, Schäden gehörten immer schon zur Fichtenbewirtschaftung dazu. Interessanterweise war es auch den meisten Forstleuten bewusst, dass man bei Fichtenmonokulturen äußerst instabile

Tab. 4 Sturmschäden in Deutschland mit über 1 Mio. fm Schadholz vor 1990

Jahr	Region	Schaden in Mio. fm
1868	Mitteldeutschland, Böhmen	13,5
1870	Süddeutschland	11,1
1876	Hessen, Franken	4,3
1930	Böhmen, Mähren	6,1
1940	Süd- und Mitteldeutschland	16,0
1946	Thüringen	1,5
1955	Baden-Württemberg	2,5
1958	Oberbayern	1,0
1967	Süd- und Mitteldeutschland	16,0
1972	Niedersachsen	17
1976	Gesamtdeutschland	2,9

Tab. 5 Schäden durch Schneebruch in Deutschland mit über 1 Mio. fm Schadholz

Jahr	Region	Schaden in Mio. fm
1903	Brandenburg, Pommern	5,00
1923	Schwarzwald	1,20
1936	Süddeutschland	1,50
1979	Bayern	2,23
1980	Bayern	1,00
1981	Thüringen	4,00
1982	Baden-Württemberg	3,30

Bestände bewirtschaftet. Das Bewusstsein führte aber bei den wenigsten dazu, die Bewirtschaftung zu überdenken. Vielmehr wurden die Schäden als notwendiges Übel akzeptiert, die halt Teil der Fichtenbewirtschaftung waren. Nachfolgend nun eine Aufzählung einiger der größten Schadereignisse. Zum besseren Verständnis sei erwähnt, dass die jährliche Einschlagsmenge in Deutschlang bei ca. 60 Mio. fm liegt, in Österreich bei etwa 20 Mio. fm.

Angesichts der Häufigkeit von Schadereignissen, die katastrophale Auswirkungen hatten auf die Forstwirtschaft und der Wahrscheinlichkeit, dass innerhalb einer Umtriebszeit von 100 Jahren rein statistisch mit zwei Schadereignissen gerechnet werden muss, kann im Fall der Fichte eigentlich nicht von einer geregelten Forstwirtschaft gesprochen werden. Denn wie geregelt kann die Produktion eines Betriebes sein, wenn der Betriebsleiter damit rechnen muss, dass innerhalb des Produktionszeitraums zwei Mal große Teile des Produkts (also Stammholz im Falle der Forstwirtschaft) zerstört werden.

1.10 Und was ist mit der Kiefer?

Wir haben nun viel über die Fichte gehört und die waldbaulichen Fehler, die häufig in der forstlichen Praxis mit ihr gemacht werden. Es gibt aber eine zweite Nadelbaumart, die in großem Maße angebaut wird und wo es ebenfalls immer wieder zu großen Schäden kommt: die Waldkiefer *(Pinus sylvestris)*. Die Gattung *Pinus* ist äußerst artenreich, in Mitteleuropa kommen neben der Waldkiefer aber nur die Latsche *(Pinus mugo)* sowie die Bergkiefer oder Spirke *(Pinus montana)* und die Zirbe *(Pinus cembra)* vor. Alle drei Arten wachsen nur im Hochgebirge, und nur die Zirbe hat eine wirtschaftliche Bedeutung. Die Schwarzföhre *(Pinus nigra)* wächst in den Alpen und im Balkan an trockenen Extremstandorten. Sie ist aber aufgrund ihrer Holzeigenschaften kaum von wirtschaftlicher Bedeutung und wird außerhalb ihres natürlichen Verbreitungsgebiets auch nicht kultiviert.

Die Waldkiefer hat einige Gemeinsamkeiten mit der Fichte, gleichzeitig unterscheidet sie sich aber in wesentlichen Punkten.

Ebenso wie die Fichte ist die Waldkiefer eine anspruchslose Nadelbaumart, ja ihre Ansprüche hinsichtlich Wasserhaushalt, Wärme und Nährstoffhaushalt sind noch geringer als die der Fichte. Die Waldkiefer kommt daher in trockenen Tieflagen ebenso vor wie auch in kalten Höhenlagen. Was sie allerdings – im Gegensatz zur Fichte – für ihre Entwicklung unbedingt benötigt, ist Licht: Sie ist eine absolute Lichtbaumart und toleriert keinerlei Beschattung. Das macht sie wenig konkurrenzfähig. Aufgrund ihrer Anspruchslosigkeit ist sie aber in der Lage, Standorte zu besiedeln, die für andere Baumarten zu trocken oder zu nährstoffarm sind. Die Kiefer wächst also an Orten, die für den Großteil der anderen Baumarten keinen lebensfähigen Lebensraum bieten, einzig die Birke als absolute Pionierbaumart ist noch in der Lage, ähnliche Standorte zu nutzen. Ihre Zähigkeit verdankt die Kiefer vor allem ihrem ausgeprägten Wurzelsystem. Von den heimischen Baumarten entwickelt die Kiefer das umfangreichste Wurzelsystem überhaupt, ganz im Gegensatz zur Fichte, die nur oberflächlich wurzelt, weshalb die Kiefer auch wesentlich sturmfester ist als die Fichte. Allerdings kann es bei der Kiefer bei sehr starken Windgeschwindigkeiten zu Stammbruch kommen, was aber auch auf andere Baumarten zutrifft. Häufiger noch als Stammbruch kommt der Schneebruch bei der Waldkiefer vor: Auf ihren weit ausladenden Kronen können sich große Mengen von Schnee ansammeln; wird die Last zu groß, brechen die

Äste. Dies betrifft vor allem Lokalrassen, die aus Tieflagen stammen. Kiefern aus den Hochlagen bilden kleinere Kronen aus und sind auch weniger anfällig gegenüber Schneebruch.

Ein großer Nachteil ist ihre schwer zersetzbare Streu: Von allen heimischen Baumarten ist die Nadelstreu der Waldkiefer für das Bodenleben am schwersten zu verarbeiten. Typischerweise bilden sich unter dem Dach von Kiefernwäldern dicke Lagen von Rohhumus, der aus Nadeln der Waldkiefer besteht. Damit sind auch eine Versauerung des Oberbodens und eine Abnahme des Bodenlebens verbunden. Auf nährstoffarmen Böden kann es daher zu einem Teufelskreis kommen: Durch die Nadelstreu der Waldkiefer wird die Standortgüte noch zusätzlich herabgesetzt. Empfehlenswert ist für solche Bestände eine Beimischung von Pionierbaumarten wie Birke, Salweide und Eberesche, die allesamt über eine sehr leicht zersetzbare Streu verfügen und somit einen positiven Effekt auf das Bodenleben ausüben.

Die Waldkiefer ist raschwüchsig und häufig kurzlebig, sie wird kaum mehr als 150 Jahre alt. Es sind allerdings auch Berichte von einzelnen Individuen bekannt, die bis zu 600 Jahre alt wurden. Wird die Waldkiefer an nährstoffreichen Standorten gepflanzt, so ist sie durchaus raschwüchsig und produziert mehr Holz als die meisten Laubbaumarten, was sie vor allem im 19. Jahrhundert bei vielen Forstleuten sehr beliebt machte. An solchen Standorten kann sie Höhen von über 30 m erreichen, während Waldkiefern in ihren eigentlich armen Standorten selten über 20 m hoch werden. Fichte und Tanne sind aber rund um ein Drittel wüchsiger als die Waldkiefer. Auch der Anteil an wertvollem Stammholz ist wesentlich geringer bei der Waldkiefer.

Die Anzahl potenzieller Schadinsekten übersteigt noch die der Fichte: Keine andere Baumart weist eine größere Zahl an Schädlingen auf als die Waldkiefer. Für wirtschaftlich bedeutende Schäden sind aber nur einige Arten verantwortlich, wie der große Waldgärtner *(Blastophagus piniperda)* und der Knospenwickler *(Evetria buoliana)*. In Reinbeständen kann es in sommerwarmen Lagen zu verheerenden Schäden durch die Nonne *(Lymantria monacha)* und dem Prozessionsspinner *(Thaumetopoea pitycocampa)* kommen. Durch den Klimawandel wird auch zunehmend der Waldbrand eine Gefahr darstellen, da vor allem Kiefernwälder durch ihre trockenen Nadeln und ätherischen Öle im Holz besonders brandgefährdet sind.

Ihr natürliches Verbreitungsgebiet liegt in der norddeutschen Tiefebene, der Mark Brandenburg und der Nieder-Lausitz. Diese Gebiete sind durch nährstoffarme, trockene Sandböden geprägt. Darin liegt auch der wesentliche Unterschied zur Fichte: Die Waldkiefer bestockt vornehmlich Bestände, in denen sie von Natur aus aufgrund der schlechten Standortgüte dominieren würde. Im Fall der Kiefer gilt es daher nicht, die Kiefer selbst zu ersetzen, wie es in Fichtenmonokulturen der Fall ist, sondern vielmehr Kiefernreinbestände durch Laubbaumarten zu bereichern und Vielfalt in die Bestände einziehen zu lassen. Dafür kommen einerseits die schon genannten Pionierbaumarten wie Birke, Salweide und Eberesche infrage, aber auch Beimischungen von Eichen und den typischen Vertretern von Eichenwäldern wie Linde und Hainbuche sind dafür geeignet.

Dem Waldbesitzer muss dabei bewusst sein, dass er damit einen Kompromiss eingeht: Alle diese Baumarten sind weniger produktiv als die Waldkiefer und werden vor allem auf nährstoffarmen Kiefernstandorten nur geringe Mengen an Holz produzieren. Mit dem Verzicht auf eine Maximierung der Holzproduktion folgt der Waldbesitzer aber dem Gesetz des Standörtlichen und akzeptiert die Produktionsgrenzen, die von der Natur gegeben werden. Natürlich kann sich der Waldbesitzer dazu entschließen, diese zu ignorieren und vor allem aus finanziellen Motiven die Holzproduktion mittels Kieferreinbeständen zu maximieren: Angesichts der Vielzahl an potenziellen Schädlingen an der Waldkiefer und der steigenden Gefahr von Waldbränden ist es relativ unwahrscheinlich, dass während einer 100-jährigen Umtriebszeit der Bestand unverschont bleibt. Es bleibt schlussendlich jedem Waldbesitzer selbst überlassen, ob er dieses Risiko – vielmehr eigentlich diese Wette – eingehen will.

2 Grundlagen naturnaher Waldwirtschaft

Der erfolgreiche Umbau eines Bestands von einem fichtendominierten Wald in einen Mischbestand bedarf mehr als nur des Austauschs der Fichte mit zwei, drei anderen Baumarten. Ein Mischbestand, der mit standortfremden Baumarten begründet wird, ist ebenso instabil zu bewerten wie eine Monokultur oder anders formuliert: Ein Wald wird gegenüber Schädlingen, Wind und Wetter nicht resistenter, wenn in ihm statt einer drei Baumarten wachsen, die mit den vorhandenen Standortbedingungen überfordert sind.

Um das zu vermeiden, ist es für den Waldbesitzer unumgänglich, seinen Standort zu analysieren und daraus die richtigen Schlüsse für die Baumartenwahl zu ziehen. Wie bereits erwähnt, liefern die Waldgesellschaften dabei eine wichtige Orientierungshilfe, welche Baumarten am jeweiligen Standort infrage kommen. Die richtige Baumartenwahl ist ein wichtiges Element der naturnahen Waldwirtschaft, aber nur ein Teilbereich. Doch warum soll der Waldbesitzer überhaupt seinen Bestand naturnah bewirtschaften?

Je künstlicher und naturferner ein Waldbestand ist, desto instabiler ist er. Gleichförmige, strukturarme Bestände sind nicht nur für diverse Schädlinge attraktiver, sie sind aufgrund ihres Mangels an Vielfalt auch weniger resistent gegenüber Störungen. Mit der naturnahen Waldwirtschaft sollen Prozesse, wie sie auch im Urwald vorkommen, übernommen werden und für die Bewirtschaftung genutzt werden. Als Urwälder versteht man hier aber keine tropischen Regenwälder voller Dickicht, sondern Wälder, in denen der Mensch bisher keinen (oder nur einen sehr geringen) Einfluss hatte. Die naturnahe Waldwirtschaft hat auch nicht das Ziel, aktiven Naturschutz zu betreiben, vielmehr soll durch ihre Anwendung die Bewirtschaftung effizienter gestaltet werden, da man sich an natürlichen Prozessen orientiert. Anstatt teurer Aufforstungen vertraut der Waldbesitzer auf die Naturverjüngung, anstelle von großen Kahlschlägen werden Kleinflächen genutzt, auf denen sich die Wiederbewaldung leichter gestaltet.

Beispiele für ökologische Prozesse im Wald

Der Wald ist eine Lebensgemeinschaft von Tieren, Pflanzen und Pilzen (Biozönose). Innerhalb dieser Lebensgemeinschaft laufen eine Vielzahl von Prozessen ab, darunter auch einige, die für die Waldbewirtschaftung bedeutend sind.

Nährstoffkreislauf: Die in Blättern, Nadeln und Holz gespeicherten Nährstoffe werden durch eine Vielzahl von Bodenorganismen freigesetzt und den Baumwurzeln zur Verfügung gestellt.
Blütenbestäubung: Insekten und Vögel bestäuben die Blüten und tragen so zur Samenbildung der Bäume und Sträucher bei.
Astreinigung: Die Konkurrenz zwischen den jungen Bäumen führt dazu, dass Äste abgeworfen werden und astfreie Stammabschnitte entstehen können.
Losung von Säugetieren: Wild wird im Wald oft als schädlich betrachtet, es fördert aber auch die Verjüngung im Wald. Frische Losung ist ein ideales Keimbett für Samen.
Schutz des Kronendaches: Der Altbestand schützt durch seine Krone den Boden und die Verjüngung vor Überhitzung.
Mykorrhiza: Durch die Symbiose von Pilz und Baum wird die Nährstoffzufuhr stark verbessert. Für die meisten Baumarten ist diese Symbiose für ein erfolgreiches Wachstum absolut notwendig.

Der naturnahe Wald ist aber kein Naturwald, da es Eingriffe des Menschen gibt, die den Wald beeinflussen. Die naturnahe Waldwirtschaft soll aber garantieren, dass diese Eingriffe den Wald nicht schädigen oder gar vernichten, sondern vielmehr das gesamte Ökosystem Wald so wenig wie möglich negativ beeinflussen. Aber was bedeutet naturnahe Waldwirtschaft konkret? Die Arbeitsgemeinschaft naturnaher Waldwirtschaft hat dafür Empfehlungen entworfen, die hier im Einzelnen präsentiert werden.

Empfehlung: Verbesserung der Waldsubstanz
- Den Wald als Ökosystem bewirtschaften und erhalten,
- Bodenproduktivität durch dauernde Überschirmung bewahren und Kahlschläge bzw. flächige Nutzungen weitgehend vermeiden,
- Biomasseentzug begrenzen,
- ausgeglichenes, spezifisches Waldinnenklima bewahren,
- Stoffkreisläufe möglichst nicht unterbrechen.

Den Wald als Ökosystem bewirtschaften bedeutet vor allem, Prozesse, die im Wald passieren, durch die Bewirtschaftung nicht zu stören, sondern sie vielmehr zu nutzen. Dabei ist der Nährstoffkreislauf der wichtigste Prozess: Das Bodenleben baut Blätter, Äste und anderes totes Material um und stellt die darin gebundenen Nährstoffe den Baumwurzeln zur Verfügung. Auf Kahlschlägen, wo viel Sonne und Wärme auf den Boden trifft, ist der Nährstoffkreislauf beschleunigt, wodurch die Gefahr besteht, das diese durch Wind und Regen ausgetragen werden.

Die Erhaltung der Bodenkraft ist wesentlich, da ein Nährstoffentzug zu vermindertem Holzzuwachs führt und in schweren Fällen sogar zu so großer Nährstoffarmut, dass kein Wald mehr wachsen kann.

Wo immer möglich, sollten die Nutzungen kleinflächig erfolgen und die Beschirmung möglichst erhalten bleiben, da sich auch die Naturverjüngung unter Schirm besser entwickelt. Der Waldbesitzer profitiert von der Erhaltung der Bodenkraft.

Empfehlung: Erhaltung der Vitalität des Waldes

- Baumartenwahl an natürlicher Waldgesellschaft orientieren,
- biotopangepasste Wilddichten herstellen, damit sich alle standortgerechten Baumarten verjüngen können,
- natürliche Strukturen und Prozesse zur Förderung der Stabilität nützen,
- höhere Bestandsstabilität durch Strukturierung und Ungleichaltrigkeit erreichen,
- schonende Holzernte, Schäden an Boden und Bestand vermeiden.

Durch standortangepasste Baumarten wird das Risiko von Schäden wie Windwurf und Borkenkäfer minimiert. Je vielfältiger ein Bestand ist, desto resistenter ist er gegenüber Schäden: Ein Mischwald, in dem auch die Bäume ungleichaltrig sind, ist viel stabiler als das Stangenholz einer Fichtenmonokultur. Ein gesunder Wald ist eindeutig im Interesse des Waldbesitzers. Allerdings sind die Empfehlungen nicht immer einfach umzusetzen: Standortfremde Nadelholzbestände benötigen viel Zeit und Pflege, bis sie in Mischwälder umgewandelt wurden. Auch der Aufbau eines ungleichartigen Waldbestands benötigt viel Zeit.

Empfehlung: Stärkung der Wirtschaftsleistung des Waldes

- Kontinuität in der Wertschöpfung durch vielfältigen Waldaufbau sichern,
- Kahlschläge weitgehend vermeiden,
- Individualität des Einzelbaumes durch Einzelstammnutzung berücksichtigen,
- durch permanente Auslese Wertholz produzieren,
- von starren Umtriebszeiten abgehen,
- Naturverjüngung mit langen Verjüngungszeiträumen bevorzugen,
- natürliche Differenzierung und Stammzahlreduktion des Jungwuchses nützen,
- geländeangepasste Erschließung zur schonenden Waldbewirtschaftung fördern.

Waldwirtschaft ist kein Selbstzweck, sondern gerade in bäuerlichen Betrieben eine wichtige Einkommensquelle. Das Einkommen kann aber nicht nur durch bessere Holzpreise erzielt werden, sondern auch dadurch, dass man natürliche Prozesse nutzt und somit Kosten spart. Die Naturverjüngung wie auch das natürliche Absterben von Bäumen im Jungwuchs ist ein Beispiel dafür, wodurch sich der Waldbesitzer teure Pflegemaßnahmen erspart. Die Kahlschlagwirtschaft ist mit einigen Nachteilen verbunden, gleichzeitig ist sie aber eine schematische Bewirtschaftung, die weniger aufwendig als die permanente Pflege eines Dauerwaldes ist, wo jeder einzelne Baum vor der Ernte angesprochen wird. Dafür fallen im Dauerwald aber Kosten für Aufforstung und Durchforstungen weg.

Empfehlung: Erhaltung von Schutz- und Wohlfahrtswirkungen

- Dauerhafte Schutzwirkung durch mäßige Nutzungseingriffe und Dauerwaldstrukturen in vielfältiger Form erhalten,
- Nutzungsvielfalt berücksichtigen,
- Schutz des Waldbodens vor Erosion,
- Hochwasserschutz und Sicherung von Trinkwasser.

Im Alpenraum ist der Wald nicht nur Produzent von Holz, sondern schützt auch vor einer Reihe von Naturgefahren: Steinschlag, Lawinen, Muren und Hochwasser können vom Wald verhindert werden. Mit dem Klimawandel wird aber auch Starkregen zunehmen: Der Wald ist ein ausgezeichneter Wasserspeicher, der das Zustandekommen von Hochwasser verhindern oder zumindest verzögern kann. Die Bewirtschaftung des Waldes ist der beste Schutz vor Naturgefahren, solange nicht mit großflächigen Kahlschlägen gearbeitet wird.

Empfehlung: Erhaltung der biologischen Vielfalt von Waldökosystemen

- Vielfalt an horizontalen und vertikalen Strukturen fördern,
- Lebensraum- und Artenvielfalt fördern,
- genetische Vielfalt durch Naturverjüngung sichern,
- liegendes und stehendes Biotopholz belassen,
- Pestizide und Herbizide möglichst vermeiden,
- Gastbaumarten nur als Mischung zu heimischen Baumarten verwenden,
- Sukzessionsbaumarten in der Bewirtschaftung berücksichtigen.

Der Wald ist eine Lebensgemeinschaft, die aus vielen Arten von Tieren, Pflanzen und Pilzen besteht. Einige Arten wie Borkenkäfer sind schädlich, andere wiederum sind für das Gedeihen des Waldbestandes absolut notwendig. Viele Abläufe sind noch nicht bekannt. Im Gegensatz zu künstlichen Plantagenwäldern, wie sie in Nord- und Südamerika weit verbreitet sind, sollen die Verjüngung und das Baumwachstum ablaufen, ohne dass menschliche Eingriffe nötig sind. Dafür braucht es aber die Vielfalt an waldbewohnenden Lebewesen, etwa für die Bestäubung der Blüten oder den Samentransport.

Will man als Waldbesitzer die natürlichen Prozesse im Wald nutzen, so ist es auch notwendig, die Vielfalt an Arten zu erhalten, die diese Prozesse umsetzen. Das Belassen von Totholz erspart Arbeit und liefert gleichzeitig Lebensraum für bedrohte Arten. Sukzessionsbaumarten wie Birke, Salweide und Eberesche haben nicht nur kräftige Wurzeln, die den Boden erschließen, ihre Streu ist auch leicht abbaubar und verbessert den Nährstoffkreislauf.

2.1 Was ist Biodiversität eigentlich?

Die Biodiversität ist mittlerweile in aller Munde. War sie vor einigen Jahren noch eine Vokabular, das praktisch nur von Experten verwendet wurde, ist sie mittlerweile in jeder umweltpolitischer Erklärung zu finden. Doch was steckt hinter dem Begriff der Biodiversität? Benötigt der Waldbesitzer Biodiversität in seinem Wald? Und am wichtigsten: Beeinträchtigt der Erhalt der Biodiversität die Waldbewirtschaftung?

Die Biodiversität beschreibt die Vielfalt. Ursprünglich wurde der Begriff nur auf die Artenanzahl angewandt, später wurde seine Bedeutung erweitert. Mittlerweile versteht man unter Biodiversität die Vielfalt von

- Genen,
- Arten
- und Lebensräumen.

Der Begriff der Biodiversität hat sich u. a. deshalb durchgesetzt, weil gestörte Ökosysteme einen Mangel an Vielfalt aufweisen. So sind die Populationen mancher Tierarten voneinander isoliert, wodurch die genetische Vielfalt gefährdet ist. In Wirtschaftswäldern fehlen einige Baumarten, wodurch die Artenvielfalt geringer ist als in Naturwäldern.

Mit Biodiversität wird also ein gesunder Zustand der Natur gleichgesetzt. Dabei wird aber oft der Fehler gemacht, dass eine hohe Artenvielfalt stets als positiv angesehen wird. Dass dem nicht so ist, zeigt das folgende Beispiel: Buchenwälder sind relativ artenarm, da die konkurrenzstarke Buche keine anderen Baumarten hochkommen lässt. Auch die Bodenvegetation besteht nur aus wenigen krautigen Pflanzen und Moosen, da nur wenige Pflanzen in der Lage sind, mit der Beschattung der Buche zurechtzukommen. Rodet man nun ein Stück des Buchenwaldes und legt stattdessen ein Gemüsebett an, so wird die Artenvielfalt stark zunehmen. Nicht nur mehr Pflanzenarten sind nun zu finden,

Das reichliche Vorkommen von Regenwürmern ist ein guter Indikator für den Zustand des Bodenlebens. In einem Kubikmeter Boden können bis zu 400 Regenwürmer vorkommen.

auch die Vielfalt an Insekten, Vögeln und Säugetieren wird zunehmen. Dabei ist der Gemüsegarten aber im Unterschied zum Buchenwald ein künstlicher, vom Menschen geschaffener Lebensraum. Wenn die Artenvielfalt aber nicht zwangsläufig positiv ist, warum ist dann die Biodiversität so wichtig?

Ökosysteme sind hochkomplex: Viele der darin ablaufenden Vorgänge können noch nicht in Gänze erklärt werden. Auch die Bedeutung vieler Arten ist noch unbekannt. Fest steht aber, dass natürliche Ökosysteme weitaus stabiler sind als künstliche. Vor allem in der Forstwirtschaft hat sich immer wieder gezeigt, dass standortfremde künstliche Monokulturen wesentlich instabiler sind als naturnahe Mischbestände.

Die Biodiversität orientiert sich also am natürlichen Zustand: Wie groß der Unterschied zwischen Naturwald und Wirtschaftswald ist, zeigt sich in der Vielfalt von Genen, Arten und Lebensräumen. Die Biodiversität ist daher kein Selbstzweck, vielmehr ist sie ein Maßstab für die Naturnähe.

Die Bewirtschaftung des Waldes verringert die Biodiversität. Das liegt im Wesen eines vom Menschen genutzten Ökosystem: Ein Wirtschaftswald, in dem Holz genutzt wird, entwickelt sich anders als ein Naturwald, wo Bäume bis zu ihrem natürlichen Tod stehen bleiben und darüber hinaus noch als Totholz eine wichtige Ressource für viele Insekten und Pilze bilden. Doch nicht nur die Holznutzung, sondern auch die Baumartenwahl verringern die Biodiversität. Pilze, Insekten und Vögel sind an ganz bestimmte Baumarten angepasst. Entscheidet sich der Waldbesitzer bewusst, eine Baumart nicht zu fördern, da diese nicht wüchsig genug ist oder keinen guten Holzpreis erzielt, geht damit für einige Arten eine wichtige Ressource verloren.

Die Waldbewirtschaftung schränkt also zweifellos die Biodiversität ein. Mit einigen Maßnahmen können diese negativen Effekte aber minimiert werden. Die Motivation des Waldbesitzers für den Erhalt der Biodiversität liegt darin, dass naturnahe Wälder nicht nur stabiler gegenüber Störungen sind, sondern sich davon auch schneller wieder erholen.

Indikatoren für die Biodiversität

Wer nun feststellen will, wie es um die Biodiversität im eigenen Wald bestellt ist, kann sich an den folgenden Kriterien orientieren:

- Sind alle Baumarten der potenziell natürlichen Waldgesellschaft vorhanden?
- Kommen nichtheimische Pflanzen (Neophyta) vor und verdrängen diese heimischen Arten?
- Ist genügend Totholz (ab 35 fm pro ha) vorhanden?
- Kommen in der Oberschicht alte Bäume vor, die noch Samen bilden und über große Kronen verfügen (Veteranenbäume)?
- Ist Naturverjüngung vorhanden und kann sich diese auch erfolgreich etablieren?

Typische Maßnahmen zur Förderung der Biodiversität sind etwa

- Baumartenwahl, die sich an der potenziell natürlichen Vegetation orientiert,
- Förderung der Baumartenvielfalt durch Belassen von seltenen Arten wie Feldahorn, Speierling, Mehlbeere, Eibe,
- Erhöhung des Totholzanteils durch Belassen von einigen Bäumen pro ha mit schlechter Holzqualität,
- Belassen von 5 bis 10 vorherrschenden Bäumen pro ha mit großen Kronen,
- Belassen von Wohnräumen wie Ameisenhaufen oder Höhlenbäumen,
- Förderung und Nutzung der Naturverjüngung.

Zum Belassen von seltenen Baumarten sei noch hinzugefügt, das in Kapitel 5 nur ausgewählte Baumarten als Ersatz bzw. als Mischbaumart für die Fichte empfohlen werden. Seltene Baumarten wie Eibe, Speierling, Eberesche oder Mehlbeere können aber trotzdem – sofern überhaupt vorhanden – im Wald belassen werden, da sie aufgrund ihrer geringen Konkurrenzkraft keinen negativen Einfluss auf den restlichen Bestand ausüben, gleichzeitig aber mit ihren Blättern, Blüten und ihrem Holz einen Lebensraum für seltene Arten (speziell für Käfer und Schmetterlinge) darstellen. Der Waldbesitzer hat durch das Belassen seltener Baumarten und das Stehenlassen von Totholz die Möglichkeit, aktiv etwas für den Naturschutz zu tun, ohne dass ein wirtschaftlicher Mehraufwand damit verbunden ist. Selbstverständlich kann im bewirtschafteten Wald die Biodiversität nicht in Gänze bewahrt werden. Das ist aber auch nicht Aufgabe des Waldbesitzers, sondern die von Schutzgebieten.

Zusammengefasst kann gesagt werden, dass die naturnahe Waldwirtschaft für den Waldbesitzer zu empfehlen ist. Voraussetzung ist aber, dass die Waldbewirtschaftung dadurch erleichtert wird und sie kein Dogma darstellt. Bei starkem Schädlingsbefall kann auch ein Pestizideinsatz notwendig sein, wie auch bei dringendem Geldbedarf ein

Totholz (neuerdings auch Biotopholz genannt) lebt: Eine große Zahl von Spezialisten, vor allem Pilze und Käfer, besiedeln abgestorbene Bäume. Aus Sicht des Forstschutzes stellen sie keine Bedrohung dar, da lebende Bäume von ihnen nicht angegriffen werden.

Kahlschlag. Trotzdem ist gerade in der Waldbewirtschaftung das Arbeiten mit der Natur und die Nutzung natürlicher Abläufe ratsam. Das entspricht auch dem Grundsatz der biologischen Automation: Natürliche Prozesse sollten vom Waldbesitzer gefördert und genutzt werden, um so wenig wie möglich in die natürliche Waldynamik eingreifen zu müssen und allfällige Pflegemaßnahmen gering zu halten. Dadurch fördert der Waldbesitzer Naturnähe und Stabilität und reduziert gleichzeitig die Kosten für Waldbau und Waldpflege.

2.2 Standortkunde

Bäume sind an ihren Standort fest gebunden. Das Vorkommen von Licht, Temperatur, Wasser und Nährstoffen bestimmt die Standortgüte. Das Gesetz des Standörtlichen besagt, dass diese unveränderlichen Vorgaben der Natur bei der Waldbewirtschaftung beachtet werden müssen. Erkennen und Beurteilen der Standortgüte sind daher für den Waldbesitzer wesentlich.

Die verschiedenen Baumarten besitzen unterschiedliche Standortansprüche. So verträgt etwa die Lärche den Frost gut, während die Erle

Die unterschiedlichen Standortfaktoren im Überblick.

viel Wasser benötigt. Die Standortkunde hat den Zweck, Auskunft über die Ertragskraft des Bodens sowie ein Ratgeber für die Baumartenwahl zu sein. Der Standort wird durch das vorherrschende Klima, die Höhenlage, den Boden sowie die Exposition geprägt. Höhenlage und Exposition sind Zustände, die praktisch unveränderbar sind. Klimaänderungen sind zwar möglich, aber es sind Veränderungen, die Jahrzehnte andauern. Der Boden reagiert am schnellsten auf Einflüsse: Durch das Befahren mit schweren Maschinen kann es etwa zur Bodenverdichtung kommen, durch bestimmte Baumarten wie Kiefer oder Fichte zur Versauerung des Bodens, da die Nadelstreu der beiden Hauptbaumarten nur schwer für das Bodenleben zersetzbar ist. Auch der Wasserhaushalt des Bodens kann durch verschiedene Tätigkeiten beeinflusst werden.

Für Baumarten können drei Arten von Standorten unterschieden werden:

Naturnahe Standorte: Der Standort deckt die Bedürfnisse der Baumart ab, zusätzlich ist die Baumart auf solchen Standorten gegenüber anderen Arten konkurrenzfähig. Es werden stabile, wüchsige Bestände gebildet, die in der Lage sind, sich selbst zu verjüngen.

Artuntypische Standorte: Die Baumart wurde an den Standort künstlich eingebracht. Sie erweist sich als durchaus wüchsig, bildet aber keine stabilen Bestände aus. Die Baumart ist zwar in der Lage, sich zu verjüngen, ist aber weniger vital als die natürlichen Baumarten und fällt daher mittelfristig im Konkurrenzkampf auch zurück.

Ungünstige Standorte: An solchen Standorten kann sich die Baumart nicht entwickeln und stirbt meist schon in der Jugend ab. Das künstliche Einbringen von Baumarten an solchen Standorten ist ein schwerer

Der subalpine Fichtenwald ist durch fast baumlange Kronen und seine Rottenstruktur gekennzeichnet, zudem sind die Baumhöhen nur selten über 20 m.

waldbaulicher Fehler, da die Standorteigenschaften mittelfristig dazu führen, dass die Baumart abstirbt.

Im Fall der Fichte wird nun manch einer argumentieren, dass sich diese auch auf artuntypischen Standorten verjüngt, wüchsig ist und sich auch gegenüber den meisten standorttauglichen Baumarten im Konkurrenzkampf durchzusetzen vermag. Dabei wird aber übersehen, dass die Resistenz gegenüber Schädlingen wie Rüsselkäfer, Fichtenblattwespe und Borkenkäfer auf artuntypischen Standorten wesentlich geringer ist. Das bedeutet, auch wenn sich die Fichte in der Jugend etwa gegenüber der Eiche als wüchsiger erweist, dass sie über eine gesamte Umtriebszeit hinweg nicht konkurrenzkräftiger ist, da ihr früher oder später der Ausfall durch Windwurf oder diverse Insekten droht.

Mit dem folgenden Kapitel soll ermöglicht werden, die wichtigsten Standorteigenschaften zu erkennen und anzusprechen, um so eine Grundlage für die Baumartenwahl zu haben.

2.2.1 Die obere und untere Waldgrenze

Die Artenzusammensetzung und ihr Wachstumspotenzial werden mit den Höhenstufen beschrieben. Mit Ansteigen der Höhenstufen nehmen die Temperatur und die Dauer der Vegetationsperiode ab. In Mitteleuropa liegt die Waldgrenze zwischen 1700 und 2400 m. Oberhalb dieser Höhe sind die Temperaturen zu rau für Waldbestände. Die Baumgrenze liegt etwas höher. Die untere Waldgrenze wird nicht in Höhenmetern angegeben, sondern hängt mit der Verfügbarkeit von Wasser zusammen. Für den Großteil der heimischen Baumarten bedarf es einer jährlichen Niederschlagsmenge von 400 mm.

Die Höhenstufenverteilung zeigt das jeweils mögliche Wachstumsgebiet für die Waldgesellschaften an. Da die Grenzen nicht scharf sind, gibt es Übergangsbereiche. So können bei günstigen Bodeneigenschaften auch Buchen bis zu 1000 m Reinbestände bilden. Es muss zwischen den Standortansprüchen einzelner Baumarten und Individuen und denen einer Waldgesellschaft unterschieden werden, die aus einer Gemeinschaft von Bäumen gebildet wird. Vereinzelte Individuen schaffen es immer wieder, auch außerhalb ihres natürlichen Verbreitungsgebietes Fuß zu fassen. Meist liegt es an kleinstandörtlichen Gegebenheiten, die das Wachstum begünstigen. Von einzelnen Eichen auf über 1000 m darf aber nicht darauf geschlossen werden, dass dies der Lebensraum für einen Eichen-Hainbuchenwald sei. Die Waldgesellschaften haben sich in Jahrtausenden an standörtliche Gegebenheiten etabliert und angepasst und sind daher als Wegweiser zu verstehen. Baumarten wie Birken oder Kiefern sind als Sonderfälle anzusehen, da es ihnen ihre Anpassungsfähigkeit erlaubt, an einer Vielzahl von Standorten zu wachsen. Die Höhenstufenverteilung ist auch vom Großklima abhängig. Während in Nordskandinavien die Waldgrenze weit unter 1000 m liegt, sind im Himalaya Wälder noch auf über 3000 m anzutreffen.

2.2.2 Der Wasserhaushalt

Ohne Wasser gibt es kein Leben, zu viel Wasser kann allerdings auch schädlich sein. Jedem Besitzer von Topfpflanzen ist das heikle Thema der Wasserversorgung bewusst. Der Waldbesitzer hat es da leichter. Gesunde Wälder regulieren ihren Wasserhaushalt selbstständig, und das ist angesichts der Größe des Wasserbedarfs von Bäumen auch nötig. Eine ausgewachsene Buche verbraucht an einem warmen Sommertag 400 l Wasser. Nadelbäume sind sparsamer. Die Nadeln, die mit einer Wachsschicht überzogen sind, hemmen die Verdunstung und erlauben es Koniferen, auch in trockeneren Gebieten zu stocken.

Es gilt, zwischen der potenziell verfügbaren Menge und der tatsächlich verfügbaren Menge an Wasser zu unterscheiden. Liegt das Grundwasser für die Baumwurzeln zu tief (über 5 m Tiefe) oder ist eine undurchdringbare Schicht (Ton) zwischen Wurzeln und Grundwasser, ist die wirklich verfügbare Menge an Wasser weitaus geringer. In Mitteleuropa sind die regionalen Unterschiede der Jahresniederschläge groß: Während sie in Brandenburg lediglich bei 550 mm pro Jahr (und damit nahe der unteren Waldgrenze von 400 mm liegen), betragen sie in Vorarlberg, begünstigt durch die Alpen, rund 2300 mm. Aber auch im Bregenzerwald erreicht nicht jeder Wassertropfen den Waldboden.

Für den Wald gibt es zwei Wasserquellen: den Boden, also das Grundwasser, und den Niederschlag.

Zwischen 30 (Laubwald) und 50 % (Nadelwald) des Regens bleiben in den Kronen hängen und verdunsten.

Generell sind Wälder mit guter Wasserversorgung produktiver, eine Ausnahme bilden Wälder an Moorrändern mit Staunässe. Durch die hohe Speicherkapazität der Waldböden sind Wälder gegenüber trockenen Perioden toleranter. Voraussetzung hierfür ist aber, dass der Boden durch die Baumwurzeln gut erschlossen ist. Einfluss auf den Wasserhaushalt haben das Bodenleben, der Humuszustand, die Streu und die Vegetation. Fehler in der Bewirtschaftung können den Wasserhaushalt stark schädigen. Die Freistellung des Bodens durch Großkahlschläge führt zu einem erhöhten Oberflächenabfluss. Besonders in Steillagen ist dies ein Problem. Bodenverdichtung durch Weidevieh (Rinder) oder Maschinen führt dazu, dass die Pflanzenwurzeln das Grundwasser nicht mehr erreichen und das Niederschlagswasser Staunässe bildet, die zum Absterben von Wurzeln und Baum führen können.

Bäume und ihre Wasseransprüche

- Baumarten, die Staunässe tolerieren: Schwarzerle, Grauerle, Silberpappel, Schwarzpappel, Silberweide.
- Baumarten, die frische Standorte (ganzjährlich gute Wasserversorgung) benötigen: Buche, Tanne, Bergulme, Spitzahorn, Bergahorn, Fichte, Esche, Traubenkirsche, Stieleiche, Winterlinde.
- Baumarten mit hoher Toleranz gegenüber Trockenheit: Birke, Kiefer, Zirbe, Schwarzkiefer, Zerreiche, Hainbuche, Traubeneiche, Robinie.

2.2.3 Die Hanglagen

Die Topografie Mitteleuropas wird maßgeblich durch die Alpen beeinflusst. Die vielen steilen Lagen sind u. a. für den hohen Waldanteil in den Alpen verantwortlich. Die Hanglagen führen aber nicht nur zu einer erschwerten Holzernte, die Ausrichtung und die Neigung des Hanges haben auch direkten Einfluss auf die Standortgüte.

Oft gibt es Verwirrung darüber, was die Exposition aussagt. Die Exposition gibt die Lage eines Hanges bezüglich der Himmelsrichtung an. Dazu ein Beispiel: Steht man auf einem Westhang und blickt in Fallrichtung des Hanges, so sieht man in westliche Richtung. Die Exposition entscheidet über die Menge an Sonneneinstrahlung, die auf einen Hang einwirkt. Südhänge erhalten am meisten Sonne und tendieren daher zur Trockenheit. Nordhänge bekommen weniger Strahlung und werden als Schattenseiten bezeichnet. Ein Osthang wird von der Morgensonne bestrahlt, der Westhang von der Abendsonne. Westhänge sind den Witterungseinflüssen stärker ausgesetzt, da in Mitteleuropa der Wind vornehmlich von West nach Ost weht. Die Hangausrichtung ist in der Gebirgswaldbewirtschaftung bei der Baumartenwahl entscheidend. So sind Tannen auf Nordhängen wüchsig, da die Böden über eine gute Wasserversorgung verfügen. Wechselt die Hangausrichtung gen Süden, wird es zu trocken für Tannen.

Je stärker der Hang geneigt ist, desto größer ist der Einfluss auf den Wasserhaushalt und die Nährstoffversorgung. Da das Grundwasser hangabwärts fließt, werden Wasser und Nährstoffe vom Oberhang zum Unterhang transportiert. Wälder am Unterhang sind daher wüchsiger als am Ober- oder Mittelhang. Ist die Hangneigung in Prozent angegeben, so bedeutet eine Neigung von 30 %, dass auf einer Länge von 100 m die Seehöhe um 30 m ansteigt. Neigungen über 100 % sind übrigens kein Messfehler. Da 90 Grad 200 % Neigung entsprechen, sind auch Hangneigungen weit über 100 % möglich. Allerdings sind das theoretische Werte für die Waldbewirtschaftung, da ab etwa 130 % Neigung die Fortbewegung für Nichtalpinisten kaum mehr möglich ist, geschweige denn die Arbeit mit der Motorsäge.

2.2.4 Der Waldboden

Der Aufbau und die Struktur des Waldbodens entscheiden über die Verfügbarkeit von Wasser und Nährstoffen. Waldböden sind horizontal in drei Schichten aufgebaut: Die oberste Schicht besteht aus dem Humus, danach folgt der Mineralboden und auf diesen das Grundgestein. Der Zustand von Humus und Mineralboden bestimmen über die Standortgüte. Humus besteht aus Streu sowie aus tierischen Ausscheidungsprodukten. Die Dauer der Zersetzung hängt von Faktoren wie dem Klima und der Art der Streu (Nadeln zersetzen sich schlechter als Blätter) ab. Je rascher die Streu abgebaut wird und die darin gebundenen Nährstoffe wieder verfügbar werden, desto besser ist die Standortgüte. Dafür verantwortlich ist das Bodenleben (Edaphon), das aus einer Vielzahl von Organismen wie Würmer, Käfern, Asseln, Pilzen und Bakterien besteht. Man unterscheidet drei verschiedene Humusformen:
Mull: beherbergt viele Regenwürmer, die für einen raschen Abbau der Streu sorgen.
Moder: langsamere Zersetzung, Blätter sind noch erkennbar.
Rohhumus: sehr langsame Zersetzung, bei der sich dichte Auflagen bilden, wodurch der Wasserabfluss sowie die Keimung von Samen beeinträchtigt werden kann.

Der Mineralboden ist eine Mischung aus Humus, der durch Bodenlebewesen tiefer in den Boden und dem bereits verwitterten Grundgestein eingebracht wird. Die Menge an Mineralboden bestimmt die Gründigkeit des Bodens, wobei man zwischen

- flachgründig (unter 30 cm),
- mittelgründig (bis 70 cm),
- und tiefgründig (über 70 cm).

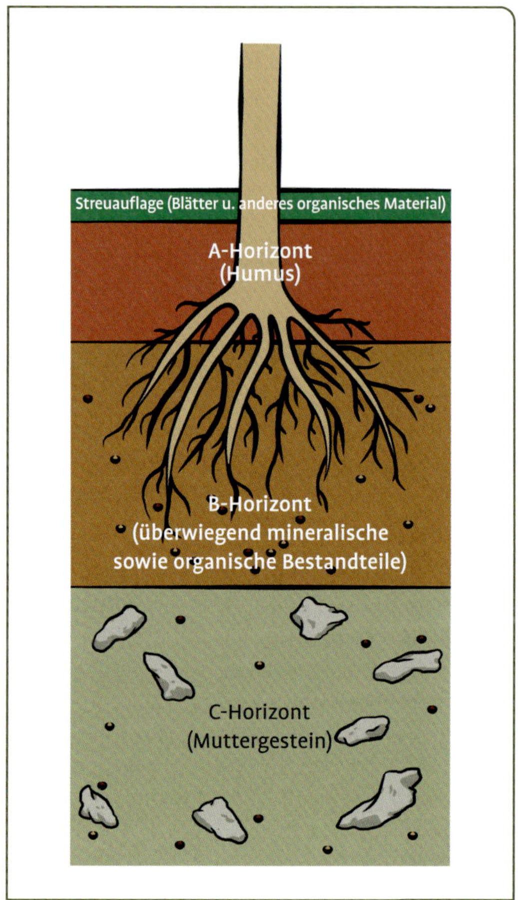

Der Aufbau des Waldbodens.

unterscheidet. Mit zunehmender Gründigkeit steigt auch die Standortgüte an.

Ein guter Waldboden bindet Wasser in einem Maß, da es leicht verfügbar für die Pflanzenwurzeln ist. Er ist gut durchlüftet und bietet Wärme. Die Durchlüftung und die Wärme sind wichtig für das Bodenleben. Die Erhaltung der Bodenkraft ist von besonderer Bedeutung und soll bei der Waldwirtschaft stets berücksichtigt werden. Die Freistellung des Waldbodens durch Großkahlschlag, flächiges Befahren mit schweren Maschinen oder Streunutzung verschlechtern die Bodenfruchtbarkeit. Die Entwicklung von Waldböden dauert Jahrzehnte. Gestörte Waldböden verlieren sehr stark an Produktionskraft. Düngung ist in Sonderfällen möglich (Schutzwald), bringt aber neben den hohen Kosten noch einige Nachteile wie Förderung der Konkurrenzvegetation oder gegenüber Wind und Schnee anfällige Kronenwuchsformen mit sich.

2.2.5 Bodeneigenschaften bestimmen

Mit einfachen Methoden kann der Waldbesitzer die Ertragskraft des Standorts beurteilen. Krautige Pflanzen, Bodentiefe, Bodenart, Wasserhaushalt und Kalkgehalt unterstützen den Waldbesitzer bei der Baumartenwahl. Neben dem Spatenstich geben Straßenböschungen und Wurzelteller von geworfenen Bäumen wertvolle Einblicke in die lokalen Bodenverhältnisse. Bäume nehmen mit ihren Wurzeln Kontakt mit dem Boden auf. Baumarten mit Herzwurzelsystemen wie die Buche können das Potenzial an Wasser und Nährstoffen besser aufnehmen als Flachwurzler. Bei günstigen Bodenverhältnissen wie lockeren und tiefgründigen Böden bilden aber auch flach wurzelnde Baumarten ein üppiges Wurzelsystem aus.

Nicht nur die Pflanzenart, sondern auch deren Wachstum, gibt Auskunft über die herrschenden Standortverhältnisse. Große, saftig wirkende Blätter und Pflanzen zeigen eine gute Nährstoff- und Wasserversorgung. So zeigt die Besenheide *(Calluna vulgaris)* Standorte mit saurer Bodenreaktion an, während der Sanikel *(Sanicula europaea)* Böden mit guter Nährstoffversorgung bevorzugt. Pflanzen zeigen aber auch die Bodenentwicklung an: Das Weißmoos *(Leucobryum glaucum)* oder die Preiselbeere *(Vaccinium vitis-idaea)* sind Verhagerungszeiger und weisen auf einen Verlust der Bodenfruchtbarkeit hin. Die Flatterbinse *(Juncus effusus)* ist ein Verdichtungszeiger und oft auf alten Rückewegen zu finden.

Der mit einem Spaten ausgestochene Bodenziegel gibt einen guten Einblick in die Humusauflage und den darunterliegenden Mineralboden. Ist dieser mit Humus vermischt, so ist das positiv für das Pflanzenwachstum. Eine krümelige Struktur weist auf reges Bodenleben (Edaphon) hin. Je wohler sich die Bodenlebewesen fühlen, desto schneller werden Nährstoffe umgesetzt. Einen Hinweis darauf gibt die Bodenstreu: Sind nur noch Teile von Blättern und Nadeln erkennbar, verarbeitet das Bodenleben die Pflanzenreste rasch. Ganze Nadeln und

Der Waldmeister ist eine Zeigerpflanze für gute Standortverhältnisse.

Blätter zeigen eine verlangsamte Umsetzungsrate an. Eine dichte Humusauflage ist der Hinweis auf vermindertes Bodenleben und sehr langsame Aufschließung der Nährstoffe. Dauert dieser Prozess über mehrere Jahre an, kommt es wegen des Nährstoffmangels zu einer Bodenversauerung. Die Streu der Kiefer ist am schlechtesten abbaubar, auch die Nadeln der Fichte sind schwer abbaubar, wie auch die ledrigen Blätter der Buche. Gut abbaubare Streu liefern Pionierbaumarten wie Birke, Salweide und Eberesche.

Die Bodenart entscheidet darüber, wie sehr ein Boden in der Lage ist, Wasser zu speichern. Tonige und lehmige Böden speichern Wasser sehr gut, sandige Böden neigen zur Trockenheit. Abhängig von der Textur ist aber auch die Verfügbarkeit von Wasser und Nährstoffen für

Tab. 6 Zeigerpflanzen für gute Standorte

Zeigerpflanze	Lateinischer Name
Neunblättrige Zahnwurz	*Cardamine enneaphyllos*
Schattenblümchen	*Maianthemum bifolium*
Lungenkraut	*Pulmonaria officinalis*
Buschwindröschen	*Anemone nemorosa*
Sanikel	*Sanicula europaea*
Haselwurz	*Asarum europaeum*
Bingelkraut	*Mercurialis perennis*
Sauerklee	*Oxalis acetosella*
Waldmeister	*Galium odoratum*

Tab. 7 Zeigerpflanzen für schlechte Standorte

Zeigerpflanze	Lateinischer Name
Preiselbeere	*Vaccinium vitis-idaea*
Heidelbeere	*Vaccinium myrtillus*
Drahtschmiele	*Deschampsia flexuosa*
Besenheide	*Calluna vulgaris*
Schneeheide	*Erica carnea*
Weißmoos	*Leucobryum glaucum*
Rentierflechte	*Leucobryum glaucum*
Waldschachtelhalm	*Equisetum sylvaticum*

die Bäume: In einem schweren tonigen Boden können nicht alle Baumarten wurzeln.

Bodenart

Die Bodenart wird mittels Fingerprobe bestimmt. Dabei wird der erdfeuchte Mineralboden zwischen zwei Finger genommen und geformt. Sandige Bodenarten lassen sich kaum formen, während bindige tonreiche Böden sich gut zu langen dünnen Schnüren ausrollen lassen.
Sand: überhaupt nicht formbar. Sand ist gut durchlüftet, warm und bindet Wasser schlecht.
Schluff: mäßig formbar. Schluff ist warm und bindet Wasser mäßig.
Ton: gut formbar. Tonige Böden speichern Wasser gut, neigen aber dazu, kalt und schlecht durchlüftet zu sein.
Lehm: lässt sich sehr gut formen in den Handflächen und ist ausrolbar. Lehmige Böden sind gut mit Wasser und Nährstoffen versorgt, dafür kalt und schlecht belüftet. Zudem neigen sie dazu sich zu verdichten, wodurch sie von Wurzeln nicht erschlossen werden können.

Bodentiefe

Die Bodentiefe oder Gründigkeit gibt Auskunft, wie tief die Wurzeln in den Boden eindringen können. Seichtgründige Böden sind nur bis 30 cm durchwurzelbar, tiefgründige Böden können bis zu einem Meter Bodentiefe erreichen. Je gründiger der Boden ist, desto besser sind die Standortverhältnisse.

Bodentyp

Der Bodentyp kennzeichnet den Entwicklungszustand des Bodens und wird durch das Bodenprofil bestimmt.
Gley: sind Auböden mit guter Verbindung zum Grundwasser. Sehr produktive Böden.
Ranker/Rendzina: Besteht das Grundmaterial aus Kalk, handelt es sich um Rendzina, bei Ranker um Silikatgrundgestein. Der Mineralboden ist schlecht ausgebildet, daher sind Ranker/Rendzina nur mäßig produktiv.
Braunerden: sind tiefgründige Böden mit guten bis sehr guten Wachstumsbedingungen. Typisches Merkmal ist die braune Färbung.
Podsol: Böden, die durch Auswaschung viele Nährstoffe verloren haben und nur noch mäßig produktiv sind. Als wichtigstes Merkmal gilt der fahle, ausgeblichene Horizont, aus dem die Nährstoffe ausgewaschen wurden.
Pseudogley: Kommt es zu einer Bodenverdichtung, z. B. durch schweren Maschineneinsatz oder auf Almen durch Vieh, wodurch die Bodenstruktur vernichtet wurde und der Niederschlag nicht mehr in den Boden eindringen kann, handelt es sich um Pseudogley. Diese Böden sind nur mäßig produktiv.

Schwarzerden: produktivster Bodentyp, der meist landwirtschaftlich genutzt wird.
Kalkhaltige Böden: sind gut gegen Bodenversauerung geschützt und meist auch nährstoffreich. Der Nachweis von Kalk im Boden erfolgt durch ein paar Tropfen verdünnter Salzsäure. Ist Kalk im Bodenmaterial vorhanden, beginnt der Boden durch Entstehung von Kohlendioxid charakteristisch zu schäumen – der Boden „braust“. Verdünnte Salzsäure ist im Fachhandel erhältlich.

2.3 Waldgesellschaften

Die Waldgesellschaft ist jene Pflanzenformation, die sich am Ende einer Sukzession natürlich bildet. Unter Sukzession versteht man die Aufeinanderfolge verschiedener Pflanzengesellschaften. Flächen, die frei von Vegetation sind, werden nach und nach von verschiedenen Pflanzen besiedelt. Auf Standorten, die das Wachstum von Wald zulassen, wechseln sich verschiedene Pflanzengesellschaften ab, bis es zum

Tab. 8 Groborientierung über Bodeneigenschaften, ihre Merkmale und die Standortgüte

Bodeneigenschaft	**Erkennungsmerkmal**
Bodentiefe	Schlagbohrer, Wurzelteller, Straßenböschungen
Bodenart	Fingerprobe
Nährstoffhaushalt	Zeigerpflanzen, Bodentiefe
Wasserhaushalt	Bodenart, Bodentiefe
Kalkgehalt	Probe mit verdünnter Salzsäure
Bodeneigenschaft	**Merkmal für gute Bodenertragskraft**
Bodentiefe	ab 50 cm Bodentiefe
Bodenart	Schluff und Lehm speichern Wasser und Nährstoffe gut
Nährstoffhaushalt	Sanikel, Buschwindröschen; Bodentiefe ab 50 cm
Wasserhaushalt	Lehm, Schluff
Kalkgehalt	Starkes Brausen
Bodeneigenschaft	**Merkmal für schlechte Ertragskraft**
Bodentiefe	unter 30 cm Bodentiefe
Bodenart	Sandige Böden sind trocken, tonige nicht für alle Baumarten besiedelbar
Nährstoffhaushalt	Besenheide, Preiselbeere; Bodentiefe unter 30 cm
Wasserhaushalt	Tonige und sandige Böden
Kalkgehalt	Schwaches oder fehlendes Brausen

sogenannten Klimax kommt, also der Pflanzengesellschaft, die für den Standort typisch ist und von keiner anderen mehr abgelöst wird, also sozusagen den stabilen Endzustand darstellt. Zu beobachten ist dieses Phänomen u. a. auf Kahlschlägen oder anderen großen Freiflächen, wie etwa auf Waldbrandflächen: Zuerst siedeln sich Gräser und Kräuter an, danach folgen Sträucher und Lichtbaumarten, bis schließlich die Klimaxarten die Fläche wieder erobern. In so einem Fall spricht man von Sekundärsukzession. Landflächen, auf denen sich erstmals Pflanzen ansiedeln, unterliegen einer Primärsukzession, wie etwa auf Inseln oder ehemaligen Gletschergebieten im Hochgebirge. Es kommt aber nicht immer zum kompletten Ablauf der Sukzession: Ist die Freifläche nur von geringer Größe und sind in unmittelbarer Umgebung genügend Samen tragende Bäume der Klimaxgesellschaft, etwa in einem Buchenwald, vorhanden, so wird die Buche diese Freifläche in Form von Keimlingen und jungen Bäumen bald wieder erobern, ohne dass sich Lichtbaumarten ansiedeln können.

Als Waldgesellschaft versteht man einen klar abgrenzbaren Waldtyp, der durch seine Artenkombination geprägt ist. Dabei spielen aber nicht nur die Baumarten eine Rolle, sondern auch die restliche Vegetation. Entscheidend für die Feineinteilung sind insbesondere die krautigen Pflanzen, also die Bestimmung der Assoziation. Die Assoziation ist die kleinste Vegetationseinheit.

Beispiel

Klasse Querco-Fagetea (sommergrüne Laubwälder)
Ordnung Fagetalia (Buchen und Laubmischwälder)
Verband Galio ordati-Fagenion (Waldmeister-Rotbuchenwälder)
Assoziation Hordelymo-Fagetum (Waldgersten-Buchenwald)

Für den forstlichen Praktiker sowie den Privatwaldbesitzer reicht es aber, sich an den Verbänden zu orientieren, da einerseits die Bestimmung der genauen Assoziation für den Laien kaum möglich ist. Zudem sind die Unterschiede innerhalb der verschiedenen Assoziationen für die Vegetationskunde von Bedeutung, für die forstliche Bewirtschaftung aber eher untergeordnet. In der forstlichen Praxis am verbreitetsten und auch am praktikabelsten ist die Einteilung der Waldgesellschaften nach ihrer jeweiligen Hauptbaumart, die auch stellvertretend für die jeweilige Höhenlage steht. So sind eichendominierte Wälder typischerweise Waldgesellschaften der Ebene, während Lärchen-Zirbenwälder im Hochgebirge angesiedelt sind.

Entscheidend für den Waldbesitzer ist, dass er sich bei seiner Baumartenwahl an der jeweils vorhandenen Waldgesellschaft orientiert.

Waldgesellschaften sind sehr unterschiedlich. Im Eichengebiet können durchaus auch Spitzahorn und Esche dominieren und häufiger vorkommen als die Eiche selbst, wenn es sich um einen Standort handelt, der nahe bei einem Fließgewässer liegt und über reichlich Bodenfeuchtigkeit und Nährstoffe verfügt. Möglicherweise glückt die Baumartenwahl nicht immer in Gänze perfekt, die Konsequenz davon ist aber lediglich, dass ein Bestand nicht ganz so wüchsig ist wie es der Standort zulässt. Das Risiko eines kompletten Ausfalls eines Bestandes, wie er beim Anbau von Fichte auf artuntypischen Standorten vorkommt – wobei dies an sich für jede andere Baumart ebenso gilt – besteht jedoch nicht. Die Waldgesellschaft hilft dem Waldbesitzer also, aus einer Reihe von möglichen Baumarten auszuwählen und mit diesen einen stabilen naturnahen Mischbestand zu begründen.

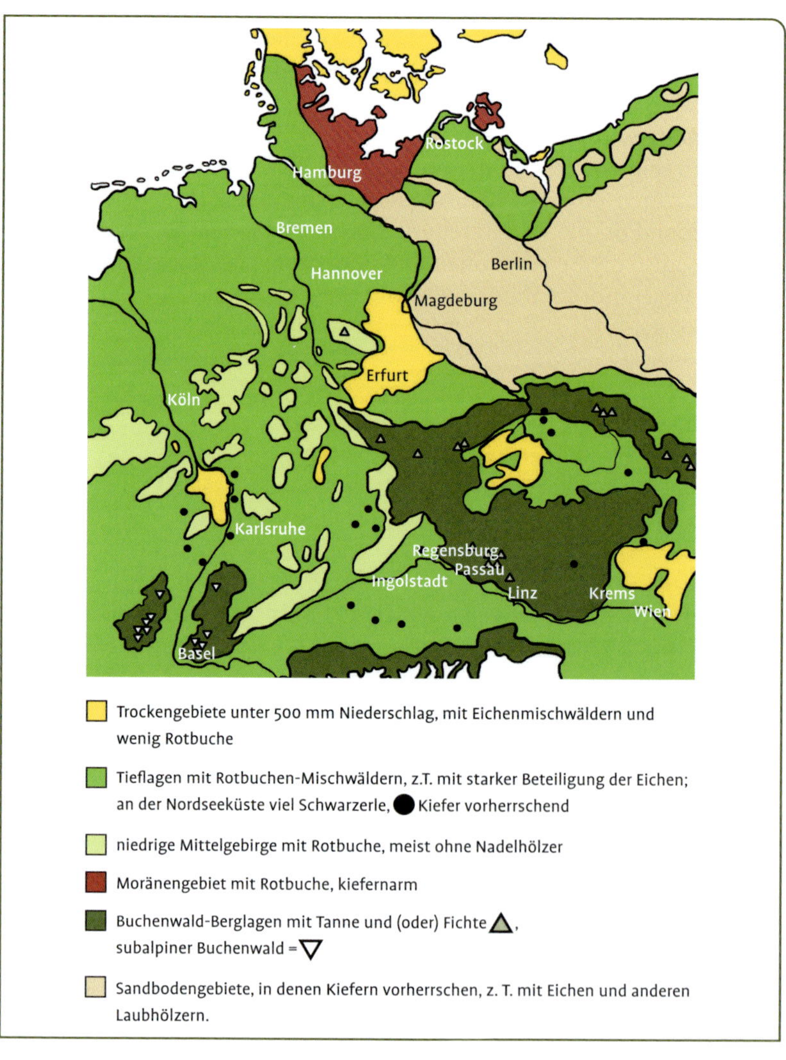

Die wichtigsten Waldgesellschaften in Mitteleuropa.

Der entscheidende Faktor, wo welche Waldgesellschaft wächst, ist die Höhenstufe. Die Grenzen sind nicht ganz klar zu ziehen, denn abhängig von der Großwetterlage (atlantischer oder kontinentaler Einfluss) sowie der geografischen Breite (je weiter nördlich ein Standort liegt, desto niedriger liegt die Waldgrenze) verschieben sich die einzelnen Höhenstufen. Für die Anwendung in der forstlichen Praxis sind jedoch die üblichen Höhenstufengrenzen gut anwendbar.

Die planare Höhenstufe, also die Ebenen, die fast auf Meeresniveau liegen, sind die unterste Stufe. Weite Ebenen eignen sich zur Bildung von Kaltluftseen. Die typische Waldgesellschaft ist der Eichenwald, auf Standorten, die nicht zu trocken oder bodensauer sind, kann aber auch die Rotbuche dominieren.

In der Hügelstufe, also der collinen Höhenstufe, herrscht immer noch eine sehr lange Vegetationsperiode vor. Die Wachstumsbedingungen sind sogar als günstiger einzustufen als in der Ebene, da sich hier keine Kaltluftseen bilden. Daher ist die colline Stufe die wärmebegünstigste Höhenstufe und typischerweise das Gebiet des Eichenwaldes.

Die submontane Stufe umfasst den Fuß der Gebirge. Aufgrund des menschlichen Einflusses sind diese Regionen häufig mit Fichtenwäldern bestockt, von Natur aus aber wären diese Standorte mit der Rotbuche bewachsen, die hier ihr ökologisches Optimum vorfindet. Im Vergleich zu den vorhergehenden Höhenstufen wird das Klima feuchter und kühler und die Vegetationsperiode kürzer, trotzdem ist die submontane Stufe neben der Rotbuche das Wuchsgebiet verschiedener Laubbaumarten wie Bergahorn, Vogelkirsche oder Esche. Auch die Eiche vermag in dieser Höhenstufe noch Bestände auszubilden, sie verliert aber zunehmend an Dominanz.

In der montanen Stufe nehmen die Niederschläge zu, während gleichzeitig Vegetationsdauer und Temperatur abnehmen. Neben der Rotbuche wird hier die Tanne dominant, in dieser Höhenstufe kann die Wüchsigkeit der Tanne sogar die der Fichte überragen, die auch bereits

Tab. 9 Waldgesellschaften und Seehöhen

Bezeichnung	**Stufe**	**Seehöhe**	**Waldgesellschaft**	
			zonal	**azonal**
Planar	Ebene	0–300	Eichenwald	Kiefernwald, Auwald
Collin	Hügelstufe	300–600	Eichenwald, Buchenwald	Kiefernwald, Auwald
Submontan	Gebirgsfuß	600–800	Buchenwald	Kiefernwald, Auwald
Montan	Mittelgebirge	800–1000	Tannenwald	Kiefernwald, Auwald
Hochmontan	Hochgebirge	1100–1500	Fichtenwald	Kiefernwald
Subalpin		1500–1900	Lärchen-Zirbenwald, Fichtenwald	Kiefernwald

in dieser Höhenstufe natürlich vorkommt, aber hier noch nicht mit Buche und vor allem der Tanne konkurrieren kann.

Die hochmontane Stufe schließlich ist die Höhenstufe der Fichte, einzig in den Vogesen herrscht noch die Buche dank des atlantischen Einflusses. Ansonsten bildet die Fichte hier nahezu Reinbestände (montaner Fichtenwald), der sehr wüchsig ist.

Die subalpine Stufe ist die letzte Höhenstufe, in welcher der Wald noch wachsen kann. In dieser für Bäume extremen Zone wächst die Fichte. Die Baumhöhen sind allerdings deutlich niedriger als noch in der montanen Stufe. Der Lärchen-Zirbenwald ist hier ebenfalls anzutreffen, der meist auch die abschließende Waldgesellschaft bildet.

2.3.1 Kieferndominierte Wälder

Kiefernwälder sind Wälder an extremen Standorten. Ebenso wie die Auwälder sind sie sogenannte azonale Waldgesellschaften. Das bedeutet, dass sie unabhängig von der Höhenschicht vorkommen. Wesentlicher als die klimatischen Verhältnisse sind die Standortbedingungen, die so ungünstig sind, dass neben der Kiefer nur noch Pionierbaumarten und eventuell die Stieleiche in der Lage sind, derartige Standorte zu besiedeln. Mit zunehmender Seehöhe kommt die Stieleiche aber nicht mehr vor. Bei Kiefernwäldern kann es sich um bodensaure Standorte in der Tiefebene ebenso wie um flachgründige südexponierte Trockenstandorte im Gebirge handeln. Einzigartig im Vergleich zu anderen Waldgesellschaften ist die treibende Kraft der Verjüngung: Es ist nämlich der Waldbrand. Kiefernsamen keimen bevorzugt auf frischen

Natürliche Kiefernwälder wachsen an nährstoffarmen, trockenen Standorten.

Waldbrandflächen, die einerseits von der konkurrierenden Bodenvegetation frei sind und gleichzeitig ein ausgezeichnetes Keimbett darstellen, da die Asche nährstoffreich ist. Kiefernbestände sind auch die Wälder, die am meisten von Waldbränden bedroht sind, da sie einerseits durch ihr lichtes Kronendach einen üppigen Grasbewuchs zulassen, der in heißen Sommerwochen als verdorrte Vegetation ein guter Ausgangspunkt für Feuer ist. Außerdem enthält das Kiefernholz – wie auch andere Nadelbaumarten – Harze und ätherische Öle, die ihrerseits den Waldbrand begünstigen. Alte Kiefern bilden jedoch eine feuerfeste Borke aus. Diese Bäume dienen dann als Samenbäume für die Feuerflächen. Bereits in den letzten Jahren haben die Waldbrände in Mitteleuropa markant zugenommen. Es ist davon auszugehen, dass der Waldbrand in Zukunft noch viel häufiger in Mitteleuropa vorkommt als es bisher der Fall war. Aufgrund ihrer Anspruchslosigkeit und der Fähigkeit, nahezu jeden Standort zu besiedeln, gehört die Kiefer ganz klar zu den Pionierbaumarten. Interessanterweise ist sie aber extrem langlebig: Es wurden schon Kiefern mit einem Alter von bis zu 600 Jahren beschrieben. In diesem Zusammenhang sei erwähnt, dass das älteste bisher entdeckte Lebewesen eine Kiefer (*Pinus longaleva*, Langlebige Kiefer) in Kalifornien mit einem Alter von über 5000 Jahren ist.

Baumartenspektrum Kiefernwälder: Waldkiefer, Birke, Stieleiche, Flaumeiche, Eberesche, Salweide und Mehlbeere.

Es mag überraschen, dass in den extremen Standorten, die für Kiefernwälder typisch sind, das Baumartenspektrum so zahlreich ist. Allerdings handelt es, bis auf die Stieleiche, bei allen genannten Arten um reine Pionierbaumarten, die ähnlich anspruchslos sind wie die Kiefer. Auf den schlechtesten (sehr nährstoffarmen und trockenen) Standorten ist aber nur noch die Birke in der Lage, sich mit der Kiefer zu vergesellschaften. Auf Standorten in Nordwestdeutschland, die vom milden ozeanischen Klima geprägt sind, ist die Stieleiche sogar konkurrenzkräftiger als die Kiefer. Zur Vermeidung der Waldbrandgefährdung sowie zur Standortverbesserung können diese Pionierbaumarten künstlich (am besten durch die kostengünstige Saat) eingebracht werden, sofern sich diese nicht ohnehin natürlich verjüngen.

2.3.2 Eichendominierte Wälder

Neben der Rotbuche sind die Eichen die wichtigsten bestandsbildenden Laubbäume. In Mitteleuropa kommen insgesamt vier Eichenarten vor, neben den forstlich bedeutenden Stiel- und Traubeneichen noch die Zerreiche sowie die Flaumeiche. Letztere ist ebenso wie die Zerreiche wirtschaftlich bedeutungslos, hat aber eine wichtige ökologische Rolle, da sie an der unteren Waldgrenze gemeinsam mit der Kiefer Bestände bildet, die allmählich in eine halboffene Steppenlandschaft übergehen.

Vor allem der Nordwesten Mitteleuropas war und ist der eigentliche Eichenschwerpunkt. Diese benötigen bereits in der Jugend reichlich Licht, das in Eichenwäldern auch vorhanden ist. Deshalb ist die Eiche gegenüber der Rotbuche nur an solchen Standorten konkurrenzfähig, die der Entwicklung der Rotbuche abträglich sind. Eichenwälder verfügen über einen gut entwickelten Unterwuchs von Sträuchern und jungen Mischbaumarten, die allesamt vom lichten Kronendach, welches die Eichen bilden, profitieren. Reine Eichenbestände sind ein Hinweis für arme Standorte. Was die Eichen in ihrer Konkurrenz zu anderen Baumarten begünstigt, ist ihre enorme Lebensdauer. So werden Hainbuchen und Spitzahorn selten über 100 Jahre alt, auch die Esche ist mit 200 Jahren eher kurzlebig. Die Eiche hingegen wird deutlich über 400 Jahre alt. Während andere Baumarten bereits an ihr natürliches Lebensende stoßen, befindet sich die Eiche noch in ihrer Blüte. Diese Langlebigkeit, mit der auch ein langsames Wachstum verbunden ist, macht auch die Eichenbewirtschaftung zur Herausforderung, mit Umtriebszeiten von mindestens 120 Jahren, meist muss eher mit 150 Jahren im Eichenbetrieb gerechnet werden. Entschädigt wird der Waldbesitzer aber durch äußerst attraktive Holzpreise.

Gegenüber der Buche, unter deren Schirm sich die Eiche kaum verjüngt, ist diese nur an bestimmten Standorten konkurrenzfähig. Es handelt sich dabei um

- warmtrockene Standorte, an der die wärmeliebende Eiche ihre Dominanz ausspielen kann. Allenfalls gesellt sich die Waldkiefer dazu.
- nährstoffarme und versäuerte Böden, die für die meisten anderen Baumarten nicht besiedelbar sind.
- feuchte bis nasse Standorte, die periodisch überschwemmt werden (harte Au).

Die wichtigste Begleitbaumart ist hier die Hainbuche, die auch eine waldbauliche wichtige Rolle spielt: Sie beschattet die Stämme der Eichen und sorgt so dafür, dass sich keine neuen Äste (Wasserreißer) ausbilden und den Stamm entwerten. Ein häufiger Begleiter der Eichen sind auch die Linden, die mit der Hainbuche Mischwälder bildet. Beide Baumarten verfügen auch über eine ausgeprägte Fähigkeit zur vegetativen Vermehrung (Stockausschlag), das bedeutet, dass sich, ausgehend vom Stock, neue Triebe bilden.

Baumartenspektrum Eichenwälder: Stieleiche, Traubeneiche, Flaumeiche, Hainbuche, Rotbuche, Winter- und Sommerlinde, Spitzahorn, Esche, Eberesche, Birke, Waldkiefer und Kirsche.

In Eichenwäldern steht dem Waldbesitzer eine ganze Reihe von Baumarten zur Bestandsgründung zur Auswahl. Am wirtschaftlich interessantesten sind neben Stiel- und Traubeneiche die Edellaubhölzer Esche

Die Eiche wächst langsam, aber kontinuierlich, weshalb starke Stämme keine Seltenheit sind.

und Spitzahorn. Die Hainbuche ist wirtschaftlich weniger interessant, aber hat eine wichtige Rolle als dienende Baumart Zudem verfügt ihr Holz über einen ausgezeichneten Brennwert. Eichenwälder wachsen aber auch an extremen Standorten, die zu trocken, zu feucht oder zu bodensauer für viele Baumarten sind. Je ärmer diese Standorte sind, desto mehr steigt die Bedeutung von Birke und Waldkiefer. Die Rotbuche vermag zwar in die Eichenwälder einzudringen, sie sollte aber nicht künstlich eingebracht werden.

2.3.3 Buchendominierte Wälder

Buchenwälder werden in der Literatur häufig so beschrieben, dass sie an sogenannten mittleren Standorten wachsen. Darunter werden Standorte verstanden, die weder zu trocken oder zu feucht sind und über eine durchschnittliche Nährstoffversorgung verfügen. In diesen Gebieten ist die Rotbuche absolut vorherrschend, und ohne menschlichen Eingriff würde der Großteil Mitteleuropas von Buchenwäldern beherrscht werden. Die Buche ist dabei so dominierend, dass sie häufig Reinbestände ausbildet, in denen sie keinerlei Konkurrenz duldet. Ihre Konkurrenzfähigkeit gegenüber anderen Baumarten verdankt die Buche ihrer Toleranz, Schatten zu ertragen, einzig Tanne und Eibe (die in freier Natur kaum noch zu finden ist) können mit ihr konkurrieren. Dementsprechend dunkel sind auch Buchenwälder: Es handelt sich um einschichtige Bestände mit wenig oder gar keiner Bodenvegetation. Dafür findet man in Buchenwäldern eine große Streuschicht. Es wurde bereits mehrfach davon gesprochen, dass Reinbestände instabile Waldbestände ausbilden. Dies muss im Fall der Rotbuche relativiert werden:

Obwohl die Rotbuche großflächige Reinbestände ausbildet, sind keine Schädlinge bekannt, die zur Massenvermehrung tendieren und den gesamten Bestand bedrohen. Daher sollte an den mittleren Standorten auch nicht zwangsweise versucht werden, die Reinbestände mit anderen Baumarten zu durchmischen: Einerseits gibt es aus Sicht der Stabilität keinerlei Veranlassung dafür, andererseits müssen solche Mischbaumarten gegenüber der Rotbuche permanent freigestellt und gefördert werden, weshalb es sinnvoller erscheint, die Reinbestände zu belassen. An sehr nährstoffreichen Standorten, in denen Esche und Bergahorn wüchsige Individuen ausbilden, sowie mit ansteigender Höhenstufe und einer steigenden Konkurrenz der Tanne, macht der Mischbestand mit der Buche aber durchweg Sinn. Auch an trockenen Südhängen kann eine Vermischung mit der Eiche eine Option darstellen.

Baumartenspektrum Buchenwälder: Rotbuche, Hainbuche, Stieleiche, Traubeneiche, Spitzahorn, Bergahorn, Vogelkirsche, Esche und Tanne.

Das Baumartenspektrum ähnelt zwar dem der Eichenwälder, allerdings sind die Wachstumsbedingungen gänzlich anders: Da im Buchenwald viel weniger Licht durch die Kronen gelangt, sind Lichtbaumarten wie

Buchenwälder bilden häufig einschichtige Bestände. Durch das dichte Kronendach kommt nur sehr wenig Licht, entsprechend artenarm ist die Bodenvegetation.

die Eichen, Ahorn, Vogelkirsche und Esche freizustellen. Am geeignetsten erscheint hierfür ein Femelschlag (s. Kapitel 4.4), indem dann die Edellaubbaumarten in einem Klumpen gepflanzt werden. Die Buche selbst wird traditionell über den Schirmschlag verjüngt, für begleitende Mischbaumarten ist diese Verjüngungsmethode im Buchenwald aber nicht anwendbar, da die Voraussetzung für das Gelingen ein großer Bestand an Samenbäumen ist. Mischbestände im Buchenwaldgebiet sollten aber nur dort angestrebt werden, wo die Standorte besonders nährstoffreich sind, und somit von Baumarten, die wertvolles Holz ausbilden wie Vogelkirsche und Esche, bewachsen werden.

2.3.4 Tannendominierte Wälder

Tannenwälder sind eine Übergangsform zwischen den submontanen Buchenwäldern und den hochmontanen Fichtenwäldern. Aufgrund ihrer vergleichsweise hohen Standortansprüche bildet die Tanne viel seltener als Buche und Fichte Reinbestände aus, sondern kommt vermischt mit den beiden anderen Baumarten vor. Welche der drei Bauchmarten dominiert, hängt meist von den standörtlichen Gegebenheiten ab. Nur wenn die Wuchskraft der Buche erheblich durch scharfe Winterfröste, Trockenheit oder kurze Vegetationsperiode eingeschränkt ist, bildet die Tanne auch Reinbestände aus. Die Tanne ist jedenfalls in der Lage, sowohl mit Buche als auch mit der Fichte zu konkurrieren: In der Jugend ist sie sogar noch Schatten ertragender als die Buche, beim Höhenwachstum kann sie die Fichte überragen. Diese in der Literatur und forstlichen Praxis häufig als Fichten-Tannen-Buchenwald bezeichnete Waldgesellschaft wird auch für den Plenterwaldbetrieb als ideal angesehen. Das natürliche Verbreitungsgebiet von tannendominierten Wäldern reicht von der ostdeutschen Lausitz über das gesamte Alpengebiet bis in die Karpaten. Durch die forstliche Bewirtschaftung hat die Waldgesellschaft aber sehr stark an Areal verloren. Nur im Allgäu, im Vorarlberg und in der Nordschweiz sind diese Mischwälder noch häufig anzutreffen. Neben der Kahlschlagwirtschaft hat vor allem die Empfindlichkeit der Tanne gegenüber Wildverbiss dazu geführt, dass sie zu einer seltenen Baumart wurde. Tannendominierte Wälder sind auch dadurch geprägt – im Gegensatz zu den Hallenbeständen der Buche – dass die Bestände mehrschichtig aufgebaut sind und praktisch vom Waldboden bis in die Kronen Nadeln und Blätter zu finden sind, die Fotosynthese betreiben. Den Großteil der Bodenvegetation bildet die Verjüngung aus, krautige Bodenvegetation kommt nur untergeordnet vor. Waldböden in tannendominierten Wäldern bilden meist Mullhumus aus, da die Tannennadeln im Vergleich zu Fichte und Kiefer relativ leicht zersetzbar und nährstoffreich sind – was auch ein Grund ist, warum das Wild so gerne die Tanne verbeißt. Die konsequente Bejagung und Regulierung des Wildes ist einer der elementarsten Aufgaben, um mit der Tanne erfolgreichen Waldbau zu betreiben.

Baumartenspektrum Tannenwälder: Weißtanne, Rotbuche, Fichte, Bergahorn und Lärche.

Das Baumartenspektrum in tannendominierten Wäldern ist viel geringer als noch in den Buchenwäldern. Dies liegt zum einen an den kürzeren Vegetationsperioden in der Bergstufe, zum anderen auch daran, dass es sich bei Tanne, Buche und Fichte um drei äußerst wüchsige und konkurrenzkräftige Baumarten handelt, gegen deren Wuchskraft die meisten anderen Baumarten nicht bestehen können. Als wirtschaftlich interessante Baumart ist der Bergahorn zu nennen. Die Lärche als Lichtbaumart kann sich nur auf Freiflächen durchsetzen und sollte daher nicht künstlich eingebracht werden.

2.3.5 Fichtendominierte Wälder

Die Ökologie von Fichtenwäldern wurde bereits in Kapitel 1 ausführlich besprochen.

2.3.6 Lärchen-Arven-Wälder

Gemeinsam mit der Fichte bilden die Lärchen-Arven-Wälder die obere Waldgrenze. Die meisten privaten Waldbesitzer werden kaum mit dieser Waldgesellschaft zu tun haben, da sie hauptsächlich in einer Seehöhe über 1500 m vorkommt und somit eine Pflanzengesellschaft des

Obwohl die Tanne zu einer reichen Naturverjüngung neigt, wachsen durch den hohen Wilddruck in vielen Regionen nur wenige Keimlinge unbeschadet in die Höhe. Auch diese Tanne zeigt Verbissspuren. Der aktuelle Leittrieb ist ein Ersatztrieb.

Arvenholz ist sehr begehrt, sodass sich in Einzelfällen sogar der Holztransport per Hubschrauber lohnt.

Hochgebirges ist. Die Grundlage für ein Wachstum in solchen Höhen ist eine ausgeprägte Frosthärte, in den Wintermonaten kann es zu Temperaturen bis minus 30 °C kommen. Die Lärche passt sich an diese Kälte u. a. darin an, indem sie ihre Nadeln abwirft, was einzigartig unter den heimischen Nadelgewächsen ist. Neben den starken Winterfrösten müssen beide Baumarten auch noch mit der kurzen Vegetationsperiode zurechtkommen. Beide Baumarten keimen auf Rohböden, wobei die Lärche meist den Pioniercharakter übernimmt und zuerst neue Standorte besiedelt, die Schatten ertragende Arve folgt nach. Bezüglich den Nährstoffverhältnissen sind beide Arten sehr tolerant, die Lärche braucht aber eine gleichmäßige Wasserversorgung für ihr Wachstum, während die Arve auch bei trockenen Bodenverhältnissen wachsen kann. Im Zuge des Klimawandels wird diese Waldgesellschaft weiter nach oben wandern, sie wird aber auch in den unteren subalpinen Bereichen Areal an die Fichte verlieren.

Baumartenspektrum: Lärche, Arve, Fichte und Eberesche.

Das Baumartenspektrum ist aufgrund der extremen Wachstumsbedingungen sehr begrenzt, lediglich die Fichte und die Eberesche – und diese oft nur in Strauchform – sind in der Lage, derart hoch zu wachsen.

2.3.7 Auwälder

Zum Schluss sollten noch der Vollständigkeit halber die Auwälder besprochen werden, doch nur die wenigsten Waldbesitzer werden mit ihnen konfrontiert. Nur noch 1 % der Waldfläche in Mitteleuropa wird von Auwäldern bewachsen: Erschließung von Siedlungsraum, Flussbegradigungen und die Intensivierung der Landwirtschaft führten dazu, dass große Teile der Auwälder verschwanden. Auwälder stocken entlang von Fluss- und Bachläufen. Im Gegensatz zu anderen Waldgesellschaften sind Auwälder an Hochwasser angepasst. Zwischen Auwäldern und Fließgewässer besteht eine enge Verbindung und gegenseitige Abhängigkeit. Fehlt dem Auwald etwa durch wasserwirtschaftliche Bautätigkeiten der Zugang zum Fließgewässer, verändert sich mittelfristig die Vegetation stark. Abhängig von der Häufigkeit von Hochwasserereignissen unterscheidet man zwischen Weichholz- und Hartholzauen. In Weichholzauen treten Überschwemmungen mehrmals im Jahr auf. Hier gedeihen Baumarten, die gegenüber Staunässe hohe

Auwälder sind äußerst fruchtbare und auch sehr dynamische Wälder. Treibende Kraft sind dabei die Fließgewässer, die laufend Nährstoffe heranschaffen, aber auch in Form von Überschwemmungen gestalterisch eingreifen.

Toleranz besitzen. Dazu gehören Pappeln, Weiden und Erlen. Tritt Hochwasser seltener ein, bildet sich die Hartholzau mit Eiche, Ulme, Ahorn und Esche. An großen Fließgewässern, wie etwa Donau oder Inn, findet man eine Abfolge von Weichholzau zu Hartholzau. Flüsse versorgen Auwälder nicht nur mit Wasser, sondern auch mit reichlich Nährstoffen. Deshalb zählen Auwälder zu den produktivsten und artenreichsten Waldstandorten. Doch nicht nur die Vegetation wächst in den Auen üppiger, auch die Tierwelt entwickelt sich prächtig: So ist das Gewicht von Auwaldhirschen deutlich höher als das von Rothirschen, die in Gebirgslagen leben. Auwälder liefern auch wertvolle Beiträge für den Hochwasserschutz. Mit ihrer Strukturvielfalt senken sie die Fließgeschwindigkeit von Flüssen und stellen Räume dar, in denen sich Überschwemmungen ausbreiten können, ohne Schäden zu verursachen (Retentionsflächen).

Baumartenspektrum:
Weiche Au: Silberpappel, Schwarzpappel, Silberweide und Schwarzerle.
Harte Au: Esche, Spitzahorn, Bergahorn, Stieleiche, Winterlinde und Hainbuche.

Aufgrund der ausgezeichneten Wuchsbedingungen ergibt sich in Auwäldern auch ein reiches Baumartenspektrum. Wesentlich für den Waldbesitzer ist es aber, die Grenze zwischen harter und weicher Au zu erkennen, da die Arten der weichen Au die Überschwemmungen, die bis zu mehreren Wochen andauern können, überleben können, während die Arten der Hartholzau bei längeren Überschwemmungen absterben. Insgesamt ist der Auwald aber eine stabile ertragsreiche Waldgesellschaft, in der die Edelbaumarten Esche und Spitzahorn sowie die Eiche hochwertiges Holz produzieren.

3 Waldbauliche Analyse: Den Ist-Zustand bestimmen

Wir haben nun über die verschiedenen Standortbedingungen sowie die einzelnen Waldgesellschaften gehört, die sich je nach Höhenlage und Standort ausbilden. Als nächsten Schritt muss der Waldbesitzer seinen eigenen Wald analysieren, um den Ist-Zustand festzustellen. Besonders wichtig ist hierbei die Baumartenzusammensetzung und der Grad, wie weit der aktuelle Bestand von einer potenziell natürlichen Waldgesellschaft entfernt ist. Davon abhängig wird dann der Bestandsumbau gestaltet. Weitere Einflussgrößen sind auch das Bestandsalter bzw. das Bestandsstadium. Sehr junge Bestände wie Aufforstungen lassen sich ebenso verhältnismäßig leicht umbauen wie auch sehr alte Bestände, in denen das Kronendach eine üppige Naturverjüngung zulässt – idealerweise gebildet von Arten der natürlichen Waldgesellschaft. Mittelalte Bestände wie dunkle Stangenhölzer oder wüchsige Baumhölzer, die von der Fichte dominiert werden, sind hingegen schwieriger umzubauen. Doch zunächst wollen wir uns noch damit beschäftigen, wie man den eigenen Wald hinsichtlich seiner wichtigsten waldbaulichen Eigenschaften charakterisieren kann – und aus den Ergebnissen Rückschlüsse ziehen.

Die waldbauliche Analyse wird von den klassischen vier Grundfragen beherrscht:

Wer bist du? Welche Arten dominieren den Bestand, welche sind unterrepräsentiert oder fehlen vollständig?

Woher kommst du? Diese Frage ist nicht immer leicht zu beantworten, da es sich hierbei um die Bestandsgeschichte dreht, die vor allem bei Privatwaldbesitzern häufig nicht dokumentiert ist.

Wohin gehst du? Wie wird sich der Bestand in Zukunft entwickeln, welche Tendenzen sind erkennbar? Nimmt eine Baumart deutlich an Fläche zu, während andere nicht in die Oberschicht dringen können? Wirkt der Bestand insgesamt vital und wird von Bäumen mit kräftig ausgeprägten Kronen gebildet oder sind diese verkümmert und viele Bäume erwecken einen kränklichen, dahinkümmernden Eindruck?

Wohin will ich dich haben? Der Waldbesitzer gibt vor, wie sich der Bestand in Zukunft entwickeln soll. Dementsprechend muss die Bewirtschaftung (Stammzahlreduktion, Förderung diverser Baumarten) so gestaltet sein, dass sie es ermöglicht, diese Ziele zu erreichen. In den meisten Fällen wird das Ziel ein stabiler Bestand sein, der wertvolles Stammholz produziert.

Wälder sind komplizierte Gebilde, die sich mit der Zeit stark verändern. Aus einer Kultur mit weit über 5000 jungen Bäumchen wächst ein Bestand heran, in dem bis zur Endnutzung mehr als 80 % aller Bäume ausfallen. Als Waldbesitzer will man den Bestand so lenken, dass er die gewünschten Ziele auch erreicht. Dafür bedarf es aber regulierender Eingriffe in Form von Durchforstungen.

Bevor man aber reguliert, ist es zuerst erforderlich, sich einen Bestand genau anzuschauen – und die Beobachtungen richtig zu beurteilen.

Man führt also eine waldbauliche Analyse durch.

Die Auszeige darf nicht mit der waldbaulichen Analyse verwechselt werden. Sinn der Auszeige ist es, vor einer Schlägerung die Bäume zu bestimmen, die genutzt werden sollen. Die waldbauliche Analyse hingegen soll diese unterstützen. Im Gegensatz zur Auszeige muss sie auch nicht vor jeder Nutzung durchgeführt werden. Wälder sind zwar dynamisch, aber sie entwickeln sich gemächlich. Deshalb reicht es, eine waldbauliche Analyse alle drei bis fünf Jahre durchzuführen. In jungen wüchsigen Beständen ist sie häufiger notwendig als in älteren, wenig dynamischen. Sinnvoll ist es auch, die Ergebnisse zu notieren. Somit kann langfristig die Bestandsentwicklung nachvollzogen werden.

Bei der waldbaulichen Analyse wird der Bestand untersucht. Als Bestand sind alle Waldflächen zu sehen, die sich von Nachbarflächen deutlich unterscheiden. Ein Stangenholz mit einer Oberhöhe von 15 m grenzt sich von einem aufgelichteten Altbestand deutlich ab. Für die Analyse muss mit mehreren Stunden Arbeit gerechnet werden. Unterstützende Hilfsmittel können Luftbilder und topografische Karten, sofern vorhanden, sein. Mithilfe der waldbaulichen Analyse wird der aktuelle Zustand und die weitere Bestandsentwicklung bestimmt. Für ein aussagekräftiges Ergebnis sollten folgende Elemente beobachtet und miteinander kombiniert werden:

- Allgemeine Standortdaten (Seehöhe, Hanglage, Bodenzustand),
- Baumartenanteile,
- vorhandene Schichten und die vorkommenden Arten,
- Bestandsstadium und Bestandsalter,
- Zustand und Artenanteil der Bodenvegetation,
- Kronenzustand,
- durchschnittliche Stabilität und Vitalität der Mehrzahl der Bäume.

Standortdaten: Schon im 19. Jahrhundert hat Wilhelm Pfeil das „eiserne Gesetz des Örtlichen“ definiert. Der Standort und seine Eigenschaften sind die absolute Grundlage für jedes waldbauliche Handeln. So macht es etwa wenig Sinn, eine Erlenaufforstung konsequent zu pflegen, wenn nicht reichlich Grundwasser vorhanden ist, das die Erle für ihr Wachstum benötigt. Über die Methode der Standortkunde haben wir bereits am Anfang dieses Kapitel gelesen. Sie ist auch ein wesentlicher Teil der waldbaulichen Analyse.

Wer mit wem: Das Mischungsverhältnis gibt die Baumartenanteile an. Dabei ist es aber nicht notwendig, dieses bis auf die zweite Kommastelle zu bestimmen. Als Ergebnis reicht auch, dass ein Bestand zu zwei Drittel von Fichte sowie einem Drittel Lärche und einzelnen Bergahornbäumen bewachsen wird. Die Mischungsverhältnisse lassen sich auch gut auf Luftbildern oder vom Gegenhang beobachten, und sie geben darüber Auskunft, ob waldbauliche Ziele erreicht werden oder nicht: Dominiert in einem Bestand, der als Eichenbestand geplant war, mittlerweile die Kiefer, ist es Zeit zu handeln. Mischbestände haben den Vorteil, stabiler gegenüber Störungen zu sein, was aber im Umkehrschluss nicht bedeutet, dass alle Reinbestände instabil sind. Ein Buchenreinbestand im Mittelgebirge ist aber ebenso naturnah und stabil wie ein Kiefernreinbestand auf sandigem Boden. Lediglich künstliche Fichtenmonokulturen in Tieflagen sind als kritisch zu betrachten. Ob eine oder mehrere Baumarten den Bestand bilden sollen, hängt neben den standörtlichen Möglichkeiten auch von der Entscheidung des Waldbesitzers ab.

Schichten: In der Theorie kommen im Wald bis zu fünf verschiedene Schichten vor: Dies sind die Moosschicht, die Krautschicht, die Strauchschicht sowie die untere und obere Baumschicht. Ob die einzelnen Schichten vorhanden sind, hängt aber stark vom jeweiligen Bestandsstadium ab. In lichten Eichenbeständen in sommerwarmen Gebieten fehlt die Moosschicht häufig. In dichten dunklen Beständen wie dem Stangenholz fehlen meist Kraut- und Strauchschicht komplett. Und auf einem aufgeforsteten Windwurf fehlt die Baumschicht. Der Waldbesitzer muss also keine Sorge haben, wenn eine oder mehrere Schichten fehlen. Trotzdem lohnt es sich, die verschiedenen Schichten und deren Bewohner genauer zu betrachten. Zum Beispiel für die Verjüngung: Wachsen in der Krautschicht viele Keimlinge heran oder sind diese überhaupt nicht zu finden, da hier ausschließlich Gräser dominieren? Ähnlich verhält es sich mit der Strauchschicht: Besteht diese aus jungen Bäumen oder doch aus Hochstauden wie Tollkirsche und Brombeere? Gleiches gilt für die Baumschicht: Wachsen unter dem Kronendach der Eiche wie geplant Hainbuchen als dienende Baumart, die für die Astreinigung hilfreich sind, oder besteht die untere Baumschicht aus wüchsigen Fichten, die in einigen Jahren die Eichen bedrängen werden?

Es werde Licht: Der Überschirmungsgrad gibt an, wie viel der Bodenfläche von den Kronen beschattet wird. Oder anders formuliert: Er soll darüber Auskunft geben, wie es um die Lichtverhältnisse im Bestand bestellt ist. Kurioserweise schaut man aber nach oben und nicht auf den Boden, um den Überschirmungsgrad zu bestimmen. Anhand der Lückigkeit des Kronendachs wird dann der Überschirmungsgrad bestimmt. In der Praxis fällt dies aber häufig schwer, und es braucht einiges an Übung. Für wissenschaftliche Zwecke gibt es auch verschiedene Methoden der Fotografie, um den Überschirmungsgrad exakt zu bestimmen. Der private Waldbesitzer kann es sich da leichter

Äußerst instabile Fichtenmonokultur. Der Bestand ist aufgrund der schlechten h/d-Werte und der kurzen Kronen stark von Windwurf bedroht. Zudem ist in diesem Reinbestand die Gefahr einer Massenvermehrung von Schadinsekten groß.

machen, da ihn weniger die Frage nach dem exakten Wert interessiert, sondern vielmehr wie viel Licht tatsächlich auf den Boden fällt. Daher reicht es auch, Vorkommen und Verteilung von Bodenpflanzen zu beobachten, um die Lichtverhältnisse im Bestand einschätzen zu können. Die Lichtverhältnisse sind von verschiedenen Faktoren abhängig: So lassen Lichtbaumarten mehr Licht durch ihre Blätter als Schattenbaumarten. Je dichter ein Bestand ist, desto weniger Licht gelangt auf den Boden. Wichtig ist dieser Wert vor allem, wenn die Verjüngung gefördert werden soll. Dabei ist aber weniger mehr: Keimlingen und jungen Bäumen reichen für ihr Wachstum sehr wenig Licht, wird das Bestandsdach zu stark geöffnet, werden dadurch Gras und Kräuter und nicht die nächste Baumgeneration gefördert.

Das Kronendach: Der Blick nach oben ins Kronendach ist aber trotzdem nicht unnötig: So lassen sich nämlich die Konkurrenzverhältnisse im Bestand bestimmen. Anhand der Stellung der Äste lässt sich erkennen, ob die Bäume in direkter Konkurrenz um das Licht stehen oder ob ausreichend Wuchsraum für den Einzelbaum vorhanden ist. Mit dem Blick in das Kronendach lässt sich also feststellen, ob eine Durchforstung notwendig ist. Außerdem gibt das Kronendach auch Auskunft darüber, welche Baumarten bzw. Bäume im Bestand vorherrschend sind und welche unterdrückt werden. Um die Stellung der einzelnen Bäume zu klassifizieren, wurde lange Zeit das System nach Kraft angewandt. Jeder Baum wird dabei quasi mit Schulnoten beurteilt und somit sein weiteres Schicksal im Bestand bestimmt. In der Praxis ist es aber nicht notwendig, jeden einzelnen Baum zu benoten. Auch muss nicht jeder unterdrückte Baum aus dem Bestand entfernt werden. Unterdrückte Schattenbaumarten wie Buche und Tanne zeigen noch starkes Wachstumspotenzial, wenn der vorherrschende Baum entfernt wird.

Alter und Stadien: Das Bestandsalter ist zwar eine wichtige Information, hat aber nur eine bedingte Aussagekraft, da das Wachstum von den standörtlichen und bestandsinternen Gegebenheiten abhängig ist. Vor allem Schattenbaumarten wie Buche und Tanne haben die Fähigkeit, lange Zeit unterdrückt unter dem Schirm von Altbeständen zu wachsen und erst dann in die Höhe zu sprießen, wenn ausreichend Licht vorhanden ist. Umgekehrt können besonders fruchtbare Bestände auch dazu führen, dass Bestände wesentlich jünger sind, als es die Baumhöhen vermuten lassen. Die Bestandsstadien geben darüber Auskunft, wie stammzahlreich der Bestand und wie groß die Konkurrenz ist. **Stabilität der Einzelbäume:** Die Stabilität der einzelnen Baumindividuen ist nicht nur bei der Auszeige ein wichtiger Indikator. Im Gegensatz zur ihr muss auch nicht jeder einzelne Baum bei der waldbaulichen Analyse darauf angesprochen werden, vielmehr soll der Waldbesitzer einen Eindruck über die Situation im Bestand bekommen. Ein Stangenholz, bei dem nahezu jeder Baum einen Schälschaden durch Rotwild aufweist oder ein Kiefernbestand mit Kronenlängen von weniger als 20 %, zeigt, dass dringend gehandelt werden muss. Ein guter Indikator für die Stabilität des Einzelbaums ist der h/d-Wert. Ein weiterer guter Indikator für die Stabilität ist die Kronenlänge, diese sollte zwischen 30 und 50 % der Gesamthöhe ausmachen.

Der h/d-Wert

Der h/d Wert wird berechnet, indem man die Höhe in cm durch den Durchmesser in cm dividiert.

Beispiel: Baum mit 35 m Höhe und 28 cm Durchmesser.

h/d Wert: 3500/28 = 125, der Baum ist instabil.

- Werte bis 80: stabiler Baum.
- Werte von 80 bis 120: Tendenz zur Instabilität, durch Freistellung (höherer Zuwachs durch weniger Konkurrenz) kann der Wert aber noch verbessert werden.
- Werte über 120: instabiler Baum, der aus dem Bestand ausscheiden muss.

Beispielbestand: Analyse eines Bergmischwaldes in der montanen Zone im Bayerischen Wald nähe Haselbach, Bayern

Allgemeine Standortdaten:
- Seehöhe: 800 m laut GPS
- Hanglage: mäßig geneigte Nordosthänge, Hangneigung zwischen 25 und 45 %, Mittelhang
- Bodenzustand: Moderhumus, in dem vor allem die Nadeln von Fichte und Tanne noch deutlich erkennbar sind. Bei der Fingerprobe lässt sich der Boden kaum formen, es handelt sich um Schluff. Der Boden zeigt keine Spuren von Bodenverdichtung an und hat eine Bodentiefe von etwa 45 cm.
- Klimadaten (von der nächsten Wetterstation Landkreis Straubing-Bogen): In den Sommermonaten liegt die mittlere Temperatur bei 18,4 °C, der Niederschlag bei 320 mm, im Winter bei 2,4 °C, der Niederschlag bei 138 mm
- Baumartenanteile: ca. 50 % Fichte, 30 % Tanne, 20 % Buche, vereinzelt Bergahorn und Esche

Schichten:
- Obere Baumschicht: Tanne und Buche dominierend, einzelne Fichten sind in der Oberschicht zu finden.
- Untere Baumschicht: Besteht nahezu nur aus Fichten sowie einige Bergahorn und Buchen.
- Strauchschicht: Fichten, Bergahorn, einzelne flächig verteilte Buchen, keine Tanne.
- Krautschicht: Keimlinge von Fichte, Tanne, Buche und Bergahorn nur vereinzelt zu finden und mit deutlichen Verbissschäden.
- Moosschicht: üppig ausgebildet sowohl am Waldboden als auch an vielen Baumwurzeln.
- Überschirmungsgrad: geschlossenes Kronendach, nur wenig Licht dringt auf den Waldboden. Abgesehen von den Baumkeimlingen sind kaum Gräser oder Kräuter am Waldboden zu finden.
- Kronenzustand: gut ausgebildete Kronen bei Tannen und Buchen, die meisten Kronen haben eine Länge zwischen 30 und 40 % der Baumlänge. Viele Fichten in der Unterschicht sind kurzkronig, Kronenlänge bei unter 30 %. Die wenigen Fichten in der Oberschicht haben aber gut ausgebildete Kronen.
- Stabilität: Der Großteil der Bäume verfügt über einen guten h/d-Wert um 80, einige Fichten aber weisen einen Wert von 100 auf. Entlang der Rückegasse sind an einigen Bäume Rückeschäden zu finden, sonstige Schäden sind nicht auszumachen.
- Bestandsalter: laut Forstkarte 90-jähriger Tannenbestand. Das Alter lässt sich anhand von Stöcken bestätigen, die Fichten sind wesentlich jünger mit einem Alter von etwa 60 Jahren.
- Natürliche Waldgesellschaft: Tannenwald mit Buche und Fichte.

Merke: Das Ziel der Baumartenwahl ist, für den jeweiligen Standort Arten zu wählen, die an die standörtlichen Bedingungen angepasst sind und in ihrem ökologischen Optimum liegen. Gänzlich soll vermieden werden, Baumarten zu kultivieren, die standortfremd sind und somit die Stabilität und Resistenz des Waldes vermindern bzw. gänzlich gefährden.

– Resultat der Analyse: standortgerechter Tannen-Buchenwald, der in der Oberschicht der natürlichen Waldgesellschaft entspricht. In der Unterschicht ist allerdings der Fichtenanteil zu hoch, ebenso fehlt die Verjüngung von Tanne und Buche aufgrund des Wildverbisses. Es ist kein grober Umbau notwendig, es sollte aber die Naturverjüngung von Tanne und Buche gefördert werden. Wahrscheinlich sind begleitende jagdliche Maßnahmen für eine erfolgreiche Etablierung der Naturverjüngung nötig. In der Unterschicht müssen die Fichten mit kurzen, instabilen Kronen entnommen werden. Ohne Eingriffe wird sich der Bestand langfristig in einen Fichtenreinbestand umwandeln. Wo Bergahorn und Esche auftreten, sind diese zu fördern und von Konkurrenten zu befreien.

3.1 Baumartenwahl

Die Wahl der richtigen Baumarten ergibt sich aus dem möglichen Baumartenspektrum der natürlichen Waldgesellschaft und dem Standort. Im Baumartenspektrum sind die Baumarten enthalten, die für die jeweilige Höhenstufe und Klimalage passend sind. Die Ergebnisse der Standortkunde geben eine Orientierung, welche Baumarten aus dem Baumartenspektrum am geeignetsten passen, um einen stabilen Wald aufzubauen. Die Grenzen und Übergänge werden dabei oft fließend sein. Zudem darf nicht vergessen werden, dass Bäume als große und langlebige Lebewesen einen vergleichsweise großen Toleranzbereich hinsichtlich ihrer Umgebung haben. Um einen stabilen Bestand aufzubauen, ist es also nicht nötig, die perfekte Baumartenwahl zu treffen, es soll aber vermieden werden, eine gänzlich falsche Auswahl zu treffen.

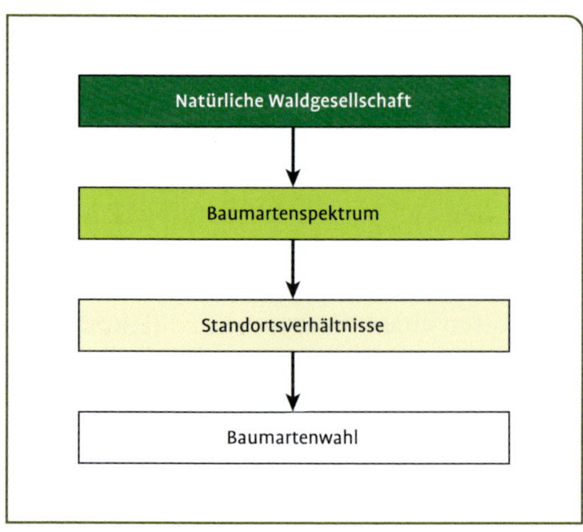

Der Ablauf der Baumartenwahl.

3.2 Von der Monokultur zum naturnahen Mischwald

3.2.1 Idealer Mischwald?

Vom Mischwald hört man nur das Beste und auch in der öffentlichen Meinung werden ihm nur die besten Eigenschaften zugesprochen. Aber handelt es sich hierbei nur um ein Klischee oder stellt der Mischwald tatsächlich die ideale Bestandsform dar, die jeder Waldbesitzer versuchen sollte zu erreichen?

Aus Sicht der Holzproduktion trifft das nicht zu. In vielen Studien konnte nachgewiesen werden, dass Mischwälder weniger Holz produzieren als Reinbestände – was u. a. ein Grund ist, warum sich Monokulturen in der forstlichen Praxis so stark durchgesetzt haben. Aber woran liegt es, dass zwei wüchsige Baumarten weniger Holz erzeugen als ein Reinbestand? Der Grund hierfür liegt in der interspezifischen Konkurrenz, also der Konkurrenz verschiedener Arten. Diese führt dazu, dass die vorhandenen Ressourcen von den einzelnen Baumarten unterschiedlich genutzt werden. Ist eine der beteiligten Baumarten in der Lage, eine Ressource wie Nährstoffe oder Wasser effektiver zu nutzen, hat sie einen Konkurrenzvorteil, dementsprechend bleibt die andere Baumart in ihrem Wachstum zurück. Aber auch wenn Mischbestände weniger Holz produzieren als Monokulturen, ist das kein echtes Argu-

Von der Baumartenwahl hängt wesentlich ab, ob sich langfristig ein stabiler, wüchsiger Bestand ausbildet oder nicht.

Gelungener Waldumbau: Die Fichten wurden durch naturnahe Baumarten ersetzt, nur noch die stabilsten und vitalsten Fichten sind im Bestand vorhanden.

ment für Letztere. Die Zeiten, in denen die Maximierung der Holzproduktion im Vordergrund standen, sind vorbei. Stabilität und Qualität des Bestandes sind mindestens ebenso bedeutend geworden wie die pure Masse an Holz. Selbstverständlich soll auch der Mischwald wüchsig sein, aber eine Maximierung des Holzwachstums um jeden Preis hat nichts mit einer naturnahen Waldwirtschaft zu tun.

Mischwälder sind stabiler als Reinbestände. Vielfalt führt in der Natur immer dazu, dass Lebensgemeinschaften flexibler auf allfällige Störungen reagieren. Dabei unterscheidet man Resistenz und Resilienz. Die Resistenz beschreibt die Widerstandsfähigkeit, die Resilienz die Fähigkeit, nach einer Störung wieder in den ursprünglichen Zustand zurückzukehren. Ein Beispiel soll helfen, diesen eher trockenen und theoretischen Begriffen etwas Leben einzuhauchen:

Stellen wir uns einen buchendominierten Wald auf einer Seehöhe von 500 m vor. Neben der Buche dringen noch vereinzelt Eichen, Kirschen und einige Eschen in die Kronenschicht ein, der Großteil der Bestandsmitglieder ist gesund und verfügt über eine kräftig ausgebildete Krone. Doch im aktuellen Sommer kommt es zu einer katastrophalen Dürre, von Mai bis in den September fällt kein Regen. Die schwächsten Buchen verlieren bereits im August ihre Blätter, ebenso wie auch Kirsche und Eschen von der Trockenheit stark in Mitleidenschaft gezogen werden. Lediglich die Eichen tolerieren diese trockenen Sommermonate. Und das Klima meint es nicht gut mit diesem Bestand, auch die folgenden Sommer sind zwar nicht ähnlich trocken, aber der Niederschlag reicht nicht aus, um den Wasserbedarf der Buchen zu decken. Im fünften Jahr sterben schließlich über ein Drittel der Buchen ab, und in den Bestandslücken wächst üppig das Gras. Der einst dunkle Wald ähnelt immer mehr einer Baumsavanne, in der einzelne Eichen dominieren.

Die Resistenz des Bestands besteht darin, wie lange der Wald in der Lage ist, die Dürre zu ertragen. In unserem fiktiven Beispiel dauerte es fünf Jahre, bis die Störung so groß wurde, dass die Resistenz des Waldes nicht mehr ausreichte. Aber nach diesen harten Zeiten sind die darauf folgenden Jahre wesentlich freundlicher: Bereits im Winter des fünften Jahres fällt viel Schnee und im kommenden Frühjahr ist der Boden reichlich mit Wasser versorgt. Und auch die nächsten Sommermonate sind kühler und reicher an Niederschlag. Die noch verbliebenen Buchen bilden daraufhin nicht nur neues Blattwerk aus, sondern produzieren auch eine große Menge an Samen, sodass überall auf dem Waldboden Buchenkeimlinge zu finden sind. Die Resilienz des Waldes besteht darin, sich von der Dürre zu erholen und die Bestandslücken von den Gräsern wieder zurückzuerobern. Sowohl Resistenz als auch Resilienz wären noch höher gewesen, wenn neben den Eichen noch andere trockenresistente Baumarten wie Linde oder Kiefer vorhanden gewesen wären.

Mit diesem Beispiel soll veranschaulicht werden, warum Vielfalt gleichzeitig Stabilität bedeutet. Das trifft aber nicht nur auf abiotische

Durch die Strukturvielfalt ist ein Mischbestand wesentlich stabiler als eine Monokultur.

Schäden zu, dasselbe Prinzip gilt auch für die meisten biotischen Schäden wie Insekten oder Pilze. Die Mehrzahl dieser Arten ist sehr wirtsspezifisch, das bedeutet, sie fressen bzw. besiedeln nur eine bestimmte Baumart. Ein Wald, der aus drei, vier oder mehr Baumarten gebildet wird, ist für Schadinsekten zwar eine Futterquelle, die Gefahr einer Massenvermehrung, wie sie immer wieder in Fichtenreinbeständen durch Borkenkäfer auftritt, besteht aber nicht, da für die Insekten nicht ausreichend viel Nahrung, bestehend aus Blättern, Knospen oder Rinde, für eine Massenvermehrung zur Verfügung steht.

Mischungen von Baumarten sind besonders dann stabilitätsfördernd, wenn sie durch Arten gebildet werden, die sich ökologisch ergänzen wie

- Nadel- und Laubbäume,
- Tief- und Flachwurzler,
- Schatten- und Lichtbaumarten,
- Pionier- und Klimaxbaumarten.

Grundlage ist und bleibt aber die natürliche Waldgesellschaft, weshalb die obigen Vorgaben nicht auf jedem Standort erreichbar sind. Wo immer es aber Waldgesellschaft und Standort zulassen, sollen diese Mischungsergebnisse eingehalten werden. Ein Mischwald definiert sich daher nicht rein über die Anzahl der Baumarten, die vorkommen, sondern vielmehr über die Ausnutzung des ökologischen Potentials.

Bei der Bewirtschaftung von Mischbeständen liegt ein wesentliches Problem in den verschiedenen Eigenschaften der Baumarten, insbesondere was Höhenwachstum, Lichtansprüche und Lebensdauer angeht. Pionierbaumarten sind in der Jugend raschwüchsig, brauchen viel Licht und werden kaum über 100 Jahre alt, während hingegen Schattbaumarten wie Tanne und Fichte langsamwüchsig sind in der Jugend, lange Zeit Beschattung ertragen und ein Lebensalter von mehreren hundert Jahren erreichen können. Dadurch scheiden konkurrenzbedingt in vielen Mischbeständen Baumarten bereits in relativ jungen Altersphasen wieder aus. Je weniger schattentolerant eine Baumart ist, desto weniger erträgt sie ein Nebeneinander mit anderen Baumarten. Wird der Bestand falsch begründet, d. h. wird den Lichtbaumarten von Beginn weg zuwenig Raum zur Entwicklung gegeben, steigt zusätzlich die Gefahr das lichtbedürftige Baumarten ausfallen. Spätestens im Bestandesstadium der Dickung, aber auch im Stangenholz ist die innerartliche Konkurrenz so hoch, das Lichtbaumarten nach und nach ausfallen. Dies ist daher bei der Begründung von Mischbeständen unbedingt zu berücksichtigen. Während die Konkurrenz im Reinbestand in seiner Gesamtwirkung durchaus positiv sein kann, das sich die stärksten Indivdiuen und damit die vitalsten durchsetzen, kann die Konkurrenz im Mischbestand zum Ausscheiden von Arten führen. Die Konkurrenzsituation wird neben den Lichtverhältnissen auch noch vom

Wasser- und Nährstoffhaushalt beeinflußt. Die Eiche zum Beispiel kann sich auf gut mit Wasser und Nährstoffen versorgten Standorten kaum gegen die Konkurrenzkraft der Buche durchsetzen.

Bei der Dauermischung sollen alle Baumarten im Bestand an der Holzproduktion teilnehmen. Die Mischung soll auch während des gesamten Bestandesleben erhalten bleiben, bzw. sich auch idealerweise in der Naturverjüngung des Bestandes widerspiegeln. Die verschiedenen Baumarten können einzeln oder in Gruppen auftreten. Nicht anzuraten ist die Einzelmischung bei konkurrenzschwachen Arten. Konkurrenzschwache Baumarten wie Eiche, Kirsche oder Esche sollten daher nicht in Einzelmischung sondern in Gruppen eingebracht werden, so das nur die am Bäume am Rande der Konkurrez eine stärkeren Art ausgesetzt sind. Ansonsten droht die Gefahr, das diese Baumarten überwachsen werden.

Der Gegensatz der Dauermischung ist die Zeitmischung: bei ihr bleiben eine oder mehre Baumarten nur für eine gewisse Dauer an der Bestandesdynamik beteilgt. Die Fichte in einem Buchen- oder Eichen-Grundbestand oder die Miteinbeziehung von Pionierbaumarten können als Beispiele angeführt werden. Speziell bei Kulturen auf Kahlschlägen können Pionierbaumarten eine Schirmfunktionen übernehmen und bei entsprechendem Wachstum auch als Zeitmischung im Bestand verbleiben. Diese Baumarten können bereits geerntet werden, bevor die Hauptbaumarten ihren entsprechenden Zieldurchmesser erreicht haben. Von untergeordneter Mischung spricht man, wenn Baumarten eine dienende Aufgabe zukommt und deren eigene Holzproduktion zweitrangig ist. Dies trifft vor allem auf die Hainbuche und Linde in Eichenwäldern zu, deren Schattentoleranz dazu genutzt wird, die Stämme der Eichen zu beschatten und so die Bildung von Knospen und Ästen zu verhindern und die Verminderung der Holzqualität zu vermeiden. Ein anderes Bespiel für eine untergeordnete Mischung ist das Einbringen von Baumarten mit leicht zersetzbarer Streu in Nadelholzmonokulturen mit fortgeschrittener Bodenversauerung.

Mischwälder werden normalerweise als solche begründet, das heißt bereits in der Jugend sind alle Baumarten, die zukünftig an der Bestandesentwicklung teilnehmen sollen, in einem bestimmten Ausmaß vorhanden. Beim Waldumbau von standortsfremden fichtendominierten Wäldern ist es aber so, dass die Fichte in der Oberschicht dominiert und andere Baumarten kaum oder nur untergeordnet vorkommen. Je nach Standort und Waldgesellschaft soll mittelfristig die Fichte auf ihren natürlichen Anteil zurückgedrängt werden, in einigen Waldgesellschaften bedeutet, dass die Fichte komplett aus dem Bestand ausscheidet.

Vielfalt im Wald bedeutet aber nicht nur mehrere Baumarten. Ein vielfältiger, strukturreicher Wald zeichnet sich durch folgende Eigenschaften aus:

- Vorkommen von mehreren Kronenschichten
- Ungleichaltriger Baumbestand
- Spreitung von Durchmessern und Bestandesstadien auf kleinem Raum
- Flächige Verjüngung

Fichtenmonokulturen sind auch durch Strukturarmut gekennzeichnet. Da die meisten Fichtenwälder als Aufforstung eines Kahlschlages begründet wurden, sind alle Baumarten im Bestand ungefähr gleich alt und der gesamte Bestand befindet sich lediglich in einem Bestandesstadium, was die Stabilität ebenfalls herabsetzt.

Reichlich strukturierte Wälder mit geeigneten Laubbaumarten werden aus ökologischen Gründen präferiert. Sie sind stabile Ökosysteme mit hoher Artenvielfalt, sie nutzen das Nährstoff- und Wasserangebot des Bodens tiefgründig aus, sie bieten verschiedene Lebensräume und sie sind attraktive Landschaftselemente. Die Laubstreu bewirkt eine rasche Zirkulation der Nährstoffe.

Laubbäume haben in der Regel ein engeres, günstigeres Kohlenstoff-/Stickstoffverhältnis in der Streuauflage als Nadelbäume.

Im Zuge des Waldumbaus wird auch die Strukturvielfalt gefördert. Insbesondere durch Schirmschlag und Femelschlag wird der Bestand ungleichaltriger. Das ist allerdings nur in älteren Bestandesstadien möglich, in jungen Beständen wie Dickungen und Stangenholz ist ein mehr an Struktur nur im Laufe der Zeit zu etablieren. Umso wichtiger ist in diesen Beständen daher eine konsequente laufende Pflege, um die individuelle Stabilität der Einzelbäume (gesunder Stamm, lange, wüchsige Kronen) zu garantieren.

Mischwaldbewirtschaftung

Wo es möglich ist, also Standort und Waldgesellschaft es zulassen, sollen mehrere Baumarten am Bestandesaufbau teilnehmen.

Konkurrenzschwache (lichtbedürftige) Baumarten benötigen eine besondere Pflege, indem sie entweder in Gruppen in den Bestand eingebracht werden oder immer wieder von Bedrängern freigestellt werden.

Mischwäler sind reich an Strukturen (Baumhöhen, Alter, Naturverjüngung), diese sind zu fördern.

Beim Waldumbau werden der Fichte die standortstauglichen Baumarten beigefügt, je nach Waldgesellschaft scheidet die Fichte langfristig aus dem Mischwald aus (Zeitmischung).

Baumarten in ihrem ökologischem Optimum (Buche im Hügelland, Fichte im Gebirge) haben die Tendenz Reinbestände auszubilden, Mischbaumarten sollen auch hier gefördert werden aber nicht zwangsweise in den Bestand eingebracht werden.

3.3 Herausforderung Waldumbau

Das Ziel des Waldumbaus ist es, den Fichtenanteil auf eine verträgliche, den standörtlichen Gegebenheiten entsprechenden Höhe zu senken und gleichzeitig die standorttauglichen Baumarten als Ersatzbaumarten zu fördern und zu etablieren.

Eine Fichtenmonokultur im Stangenholzstadium, die auf einem Eichenstandort gepflanzt wurde, ist wesentlich schwieriger umzubauen, als das Baumholz eines Fichten-Tannen-Buchenbestandes im Mittelgebirge.

Je jünger der Bestand und desto größer der Fichtenanteil ist, desto größer ist die Herausforderung des Waldumbaus.

Im Falle eines Stangenholzreinbestandes mag es auch unter größten Anstrengungen kaum gelingen, diesen in einen Mischbestand umzuwandeln. Es liegt der Entschluss nahe, den gesamten Bestand sofort zu schlägern und eine neue Bestandsbegründung mit standorttauglichen naturnahen Baumarten zu fördern. In der waldbaulichen Praxis verbietet sich dieser Radikaleingriff aber aus mehreren Gründen:

- Laut dem Forstgesetz diverser deutscher Bundesländer sowie dem österreichischen Forstgesetz muss ein Bestand erst ein Mindestalter erreichen, bevor er gänzlich genutzt werden darf.
- Vor allem bei Kulturen und Dickungen, wo noch nicht viel Nutzholz vorhanden ist, ist eine radikale Nutzung aus wirtschaftlichen Gründen nicht zu empfehlen, da einerseits die Kosten der Bestandsbegründung umsonst ausgegeben wurden und zugleich erneut Kosten für eine neuerliche Bestandsbegründung (wenn auch mit standorttauglichen Baumarten) anfallen, während der Holzanfall kaum groß genug sein wird, um diese Kosten zu decken.
- Eine Reihe von Baumarten wie Buche und Tanne verjüngen sich im Schatten eines Altbestandes besser als auf einer Kahlfläche. Auf mittleren bis sehr guten Standorten droht auf der Kahlfläche die Gefahr der Verkrautung und Vergrasung, was zusätzlich Zeit und Kosten verursacht und den Waldumbau verzögert und erschwert. Deshalb ist es in den meisten Fällen praktikabler, die neue Generation aus standorttauglichen Baumarten unter dem Schirm des Fichtenbestandes zu etablieren. Ein Wald mit standortfremden Bäumen ist immer noch günstiger einzustufen als eine Kahlfläche.

Dem Waldbesitzer muss bewusst sein, dass der Waldumbau Jahrzehnte in Anspruch nehmen kann, bis er erfolgreich umgesetzt werden kann. Auf diesem langen Weg einer Fichtenmonokultur bis zum Mischwald aus standortnahen Baumarten zählen aber die langfristigen Erfolge. Zudem sind die Alternativen zum langjährigen Waldumbau wenig attraktiv: Statt eines Bestandsumbaus kann der Waldbesitzer den Bestand per Kahlschlag sofort räumen. Dies ist aber nur, wie bereits erwähnt, möglich, wenn der Bestand über ein gewisses Alter verfügt und auch eine gewisse Größe nicht überschreitet. Vor allem für Privatwaldbesitzer, die in Eigenregie die Holzernte betreiben, kann ein Kahlschlag über mehrere Hektar eine außerordentliche Arbeitsbelastung bedeuten. So muss bei mittleren bis guten Holzvorräten von einer Holzernte ausgegangen werden, die mehrere Wochen andauert. Selbst geübte Motorsägenführer produzieren in der Stunde nur 1,5 fm Holz, bei einem durchschnittlichen Holzvorrat von 300 fm würden alleine für die Schlägerungsarbeiten weit über 200 Arbeitsstunden (oder 5 Arbeitswochen) anfallen. Aber selbst nach Abschluss der Holzernte kommen mit der Bestandsbegründung erneut Kosten und Zeitaufwand auf den Waldbesitzer zu. Auf größeren Flächen kann es notwendig sein, die Naturverjüngung durch Pflanzung oder Saat zu unterstützen. Auch kann es aufgrund eines hohen Wildstandes notwendig werden, die Verjüngung durch Zaun oder diverse Einzelschutzmaßnahmen (Verbisskappen, Streichmittel) zu schützen.

Wird der Waldumbau nicht durchgeführt, ist das Risiko einer Kalamität durch Windwurf, Schneebruch oder Borkenkäfer sehr groß. In diesem Fall gilt es, das Holz ebenfalls schnell zu ernten, damit sich die Schadinsekten nicht großflächig ausbreiten. Dies macht es meist notwendig, einen forstlichen Lohnunternehmer zu beauftragen, wodurch wiederum Zusatzkosten entstehen bei gleichzeitig sinkenden Holzpreisen. Nach der Aufarbeitung der Schadenfläche ist diese ebenfalls neu zu begründen.

Die Kahlschlagwirtschaft bringt einige Nachteile mit sich: Auf der vegetationslosen Bodenoberfläche droht Erosion und die Vermehrung von Konkurrenzvegetation wie die Brombeere. Der verbleibende Bestand ist Wind und Sonne ausgesetzt.

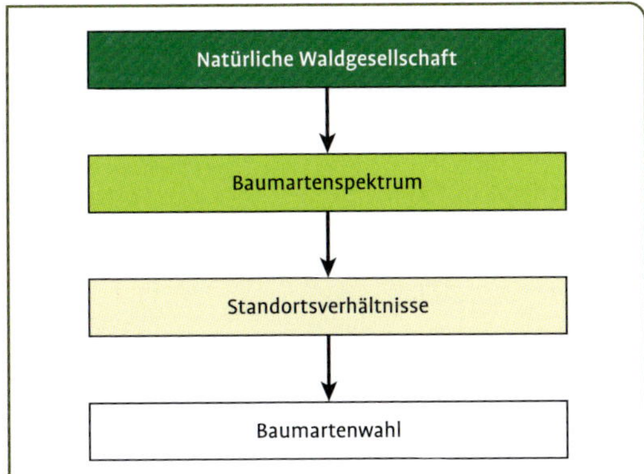

Der Ablauf des Waldumbaus.

Der langfristige, gezielte und geplante Waldumbau ist daher die einzig geeignete Methode, um den standortfremden Fichtenbestand unter gleichzeitiger Schonung der Ressourcen des Waldeigentümers, insbesondere was Geld und Arbeitszeit angeht, in einen stabilen wüchsigen Mischbestand umzuwandeln.

3.3.1 Entscheidungsbaum

Anhand von Standortanalyse, Waldgesellschaft und waldbaulicher Analyse ergibt sich ein Sollzustand (natürliche Waldgesellschaft) sowie ein Ist-Zustand, der den aktuellen Bestandsaufbau, insbesondere die Baumartenanteile und den Anteil der Fichte, beschreibt. Abhängig von der jeweiligen Waldgesellschaft und dem Anteil der Fichte ergeben sich für den Waldbesitzer verschiedene Möglichkeiten, den Bestand in einen naturnahen Mischbestand umzubauen.

Als Orientierungshilfe dient hierbei der folgende Entscheidungsbaum: In ihm sind die natürliche Waldgesellschaft, der Fichtenanteil, das Bestandsrisiko sowie Vorschläge für die jeweilige waldbauliche Technik zum Bestandsaufbau enthalten.

Die Bestandsrisiken

Hoch – Der Bestand wird zum Großteil oder ausschließlich von standortfremden Baumarten gebildet. Es muss damit gerechnet werden, dass innerhalb der nächsten 10 Jahre ein Schaden im Bestand auftritt, der mehr als ein Drittel der Bäume schädigt. Insgesamt ist es mehr als fraglich, ob der Bestand ohne eine größere Kalamität das Ende der Umtriebszeit erreicht.
Gegeben – Der Anteil an standortfremden Baumarten ist zu hoch. Der Bestand ist bei mittleren bis starken Schadereignissen wie Sturm oder trockenen Sommern gefährdet. Eine unmittelbare Bedrohung besteht

nicht. Es kann aber nicht ausgeschlossen werden, dass der Bestand noch vor Erreichen der Umtriebszeit eine starke Kalamität erleidet.

Niedrig – Der Bestand ist stabil und überwiegend (mehr als 80 %) aus standorttauglichen Baumarten aufgebaut. Sofern keine Extremereignisse auftreten, ist mit keinen unmittelbaren Schäden zu rechnen.

Tab. 10 Waldbauliche Maßnahme abhängig von der natürlichen Waldgesellschaft, dem Fichtenanteil und dem Bestandsrisiko.

Waldgesellschaft	Bestandesstadium	Fichtenanteil	Bestandesrisiko	Waldbauliche Maßnahme
Auwaldgesellschaft	Kultur, Aufforstung	Reinbestand	hoch	Naturverjüngung + Saat
	Dickung		hoch	Konkurrenzregulierung, Auslesedurchforstung
	Stangenholz		hoch	Auslesedurchforstung
	Baumholz		hoch	Femelschlag
	Altholz		hoch	Femelschlag
	Kultur, Aufforstung	über 50 %	hoch	Naturverjüngung + Saat
	Dickung		hoch	Konkurrenzregulierung, Auslesedurchforstung
	Stangenholz		hoch	Auslesedurchforstung
	Baumholz		hoch	Femelschlag
	Altholz		hoch	Femelschlag
	Kultur, Aufforstung	über 30 %	hoch	Naturverjüngung + Saat
	Dickung		hoch	Konkurrenzregulierung, Auslesedurchforstung
	Stangenholz		hoch	Auslesedurchforstung
	Baumholz		hoch	Femelschlag
	Altholz		hoch	Femelschlag
Eichengesellschaft	Kultur, Aufforstung	Reinbestand	hoch	Naturverjüngung + Pflanzung
	Dickung		hoch	Konkurrenzregulierung, Auslesedurchforstung
	Stangenholz		hoch	Auslesedurchforstung
	Baumholz		hoch	Femelschlag
	Altholz		hoch	Femelschlag

Waldgesellschaft	Bestandesstadium	Fichtenanteil	Bestandesrisiko	Waldbauliche Maßnahme
	Kultur, Aufforstung	über 50 %	hoch	Naturverjüngung
	Dickung		hoch	Konkurrenzregulierung, Auslesedurchforstung
	Stangenholz		hoch	Auslesedurchforstung
	Baumholz		hoch	Femelschlag
	Altholz		gegeben	Femelschlag
	Kultur, Aufforstung	über 30 %	gegeben	Naturverjüngung
	Dickung		gegeben	Konkurrenzregulierung, Auslesedurchforstung
	Stangenholz		gegeben	Auslesedurchforstung
	Baumholz		gegeben	Femelschlag
	Altholz		niedrig	Femelschlag
Buchengesellschaft	Kultur, Aufforstung	Reinbestand	hoch	Naturverjüngung, Saat
	Dickung		hoch	Konkurrenzregulierung, Auslesedurchforstung
	Stangenholz		hoch	Auslesedurchforstung
	Baumholz		hoch	Femelschlag
	Altholz		gegeben	Schirmschlag, Femelschlag
	Kultur, Aufforstung	über 50 %	hoch	Naturverjüngung
	Dickung		hoch	Konkurrenzregulierung, Auslesedurchforstung
	Stangenholz		hoch	Auslesedurchforstung
	Baumholz		gegeben	Schirmschlag
	Altholz		gegeben	Schirmschlag
	Kultur, Aufforstung	über 30 %	hoch	Naturverjüngung
	Dickung		hoch	Konkurrenzregulierung, Auslesedurchforstung
	Stangenholz		hoch	Auslesedurchforstung
	Baumholz		gegeben	Schirmschlag
	Altholz		gegeben	Schirmschlag

Waldgesellschaft	Bestandesstadium	Fichtenanteil	Bestandesrisiko	Waldbauliche Maßnahme
Tannengesellschaft	Kultur, Aufforstung	Reinbestand	gegeben	Naturverjüngung + Saat
	Dickung		gegeben	Konkurrenzregulierung, Auslesedurchforstung
	Stangenholz		gegeben	Auslesedurchforstung
	Baumholz		gegeben	Femelschlag
	Altholz		gegeben	Femelschlag
	Kultur, Aufforstung	über 50 %	gegeben	Naturverjüngung
	Dickung		gegeben	Konkurrenzregulierung, Auslesedurchforstung
	Stangenholz		gegeben	Auslesedurchforstung
	Baumholz		gegeben	Femelschlag
	Altholz		gegeben	Femelschlag
	Kultur, Aufforstung	über 30 %	gegeben	keine Maßnahme
	Dickung		gegeben	Konkurrenzregulierung, Auslesedurchforstung
	Stangenholz		gegeben	Auslesedurchforstung
	Baumholz		niedrig	keine Maßnahme
	Altholz		niedrig	keine Maßnahme
Fichtengesellschaft	Kultur, Aufforstung	Reinbestand	gegeben	Naturverjüngung
	Dickung		gegeben	Konkurrenzregulierung, Auslesedurchforstung
	Stangenholz		gegeben	Auslesedurchforstung
	Baumholz		niedrig	Femelschlag
	Altholz		niedrig	Femelschlag
	Kultur, Aufforstung	über 50 %	niedrig	keine Maßnahme
	Dickung		niedrig	keine Maßnahme
	Stangenholz		niedrig	keine Maßnahme
	Baumholz		niedrig	keine Maßnahme
	Altholz		niedrig	keine Maßnahme
	Kultur, Aufforstung	über 30 %	niedrig	keine Maßnahme
	Dickung		niedrig	keine Maßnahme
	Stangenholz		niedrig	keine Maßnahme
	Baumholz		niedrig	keine Maßnahme
	Altholz		niedrig	keine Maßnahme

Waldgesellschaft	Bestandesstadium	Fichtenanteil	Bestandesrisiko	Waldbauliche Maßnahme
Lärchen-Zirben-gesellschaft	Kultur, Aufforstung	Reinbestand	gegeben	Naturverjüngung + Pflanzung
	Dickung		gegeben	Konkurrenzregulierung, Auslesedurchforstung
	Stangenholz		gegeben	Auslesedurchforstung
	Baumholz		niedrig	Femelschlag
	Altholz		niedrig	Femelschlag
	Kultur, Aufforstung	über 50 %	niedrig	keine Maßnahme
	Dickung		niedrig	keine Maßnahme
	Stangenholz		niedrig	keine Maßnahme
	Baumholz		niedrig	keine Maßnahme
	Altholz		niedrig	keine Maßnahme
	Kultur, Aufforstung	über 30 %	niedrig	keine Maßnahme
	Dickung		niedrig	keine Maßnahme
	Stangenholz		niedrig	keine Maßnahme
	Baumholz		niedrig	keine Maßnahme
	Altholz		niedrig	keine Maßnahme

3.3.2 Waldbau im Klumpen: Die QD-Strategie

Der Waldumbau besteht einerseits aus dem geplanten, sorgsamen Ausscheiden der Fichte und gleichzeitig durch die Etablierung der standorttauglichen Baumarten. Diese sind durch eine der drei vorgestellten Verjüngungstechniken in den Bestand einzubringen und in weiterer Folge zu pflegen, um aus ihnen stabile und wüchsige Holzproduzenten werden zu lassen. Um das zu erreichen, eignet sich die QD-Strategie.

Ein Waldbauprofessor beschrieb einst scherzhaft den idealen Bestand: ein einziger großer dicker Stamm. Leider hält sich die Natur nicht an solche Idealvorstellungen. Das Holzwachstum ist auf viele Bäume verteilt. Das Ziel des Waldbaus ist es, dass nur die qualitativ besten Bäume wachsen. Dabei wird oft die Bedeutung der Baumkrone vergessen. Je größer und kräftiger die Krone ausgebildet ist, desto größer ist das Baumwachstum. Die Landesforstungen Rheinland-Pfalz haben hierfür die QD-Strategie entwickelt. QD steht für Qualifizieren und Dimensionieren. Der Waldbesitzer beeinflusst lediglich auf Kleinflächen, sogenannten Klumpen, die Bestandsentwicklung. Außerhalb der Klumpen wird der Natur freien Lauf gelassen. Die sehr arbeitsintensive Pflege wird also auf einige wenige Punkte konzentriert. Das macht diese Waldbaustrategie auch für den privaten Waldbesitzer interessant. Die Bestandsentwicklung teilt sich in verschiedene Phasen auf. Jede Phase ist genau definiert und hat ein Ziel.

Die Entwicklungsphasen der QD-Strategie

Etablieren: Der Bestand wird begründet, und die jungen Bäume sollten sich gegen die Konkurrenzvegetation durchsetzen.

Qualifizieren: Im Dichtstand sollen zukünftig wertvolle Bäume heranwachsen. In dieser Phase wird ein astfreier Stammabschnitt gebildet.

Dimensionieren: Die Krone wächst in Höhe und Breite. Durch eine kräftige Krone erzeugen die Auslesebäume Wertholz.

Reife: Die Auslesebäume werden geerntet, die neue Waldgeneration ist bereits in neuen Klumpen etabliert.

Erfolgreiche Laubholzbewirtschaftung benötigt eine große Zahl an jungen Pflanzen. Nur wenn die jungen Bäume dicht an dicht stehen, können gute Qualitäten erzeugt werden. Der Dichtstand bewirkt einerseits, dass gerade Schäfte entstehen. Junge Bäume verlieren nur dann ihre Äste, wenn sie von der Seite beschattet werden. Die hohen Stammzahlen bringen viel Arbeitsaufwand mit sich. Um die Pflegekosten klein zu halten, wird die Laubholzpflege nur auf Kleinflächen durchgeführt – den Klumpen. Ein Klumpen hat einen Durchmesser zwischen 5 und 7 m. Der nächste Klumpen ist mindestens 12 m entfernt, also mindestens eine halbe Baumlänge. Die Pflanzzahl im Klumpen liegt bei Schattenbaumarten bei 40 Stück. Wird ein Mischbestand aus Licht- und Schattenbaumarten begründet, dann befinden sich im Inneren des Klumpens 20 Lichtbäume und außen 10 Schattenbäume. Diese Etablierungsphase dauert solange an, bis sich die jungen Bäume gegenüber Konkurrenzpflanzen (Gräser, Hochstauden) und dem Wildverbiss durchgesetzt haben, also etwa ab einer Baumhöhe von 1,3 m.

Es folgen die Qualifizierungs- und Dimensionierungsphase. Einfacher gesagt: Die Bäume sollen zuerst in die Höhe wachsen und anschließend in die Breite, um Wertholz zu erzeugen. In der Qualifizierungsphase gibt es einen intensiven Verdrängungswettbewerb zwischen den jungen Bäumen. Die Bäume wachsen nun immer rascher empor, und das natürliche Aststerben setzt ein. Aber nicht nur Äste sterben ab, es verringert sich auch die Stammzahl, da die schwächsten Bäume im Konkurrenzkampf unterliegen. Besonderes Augenmerk gilt in dieser Phase vorwüchsigen Bäumen. Da diese eine schlechte Qualität produzieren, sind sie aus dem Bestand auszuscheiden. Bis zu einem Durchmesser von 3 cm kann das passieren, indem man die Krone per Hand umknickt. Bei stärkeren Durchmessern kann geringelt oder der Baum per Motorsäge entfernt werden. Ist der Durchmesser bereits über 12 cm, so muss der Baum aus Gründen der Arbeitssicherheit mit der

In kleinen Bestandslücken, den Klumpen, soll die Verjüngung der natürlichen Waldgesellschaft heranwachsen und mittelfristig die Fichten ersetzen.

Motorsäge gefällt werden. Absterbende geringelte Bäume über 12 cm können schwere Unfälle verursachen.

Durch das Absterben der Äste soll ein astfreier Stammabschnitt entstehen, der etwa 25 % der Endhöhe umfasst. Bei einem Baum, der eine Höhe von 25 m erreicht, liegt die gewünschte astfreie Zone bei 8 m. Damit beginnt die Dimensionierungsphase: Die Bäume sollen in die Breite wachsen, und das Wachstumspotenzial des Bestandes ideal ausgenutzt werden. Während dieser Phase wächst aber auch die Krone weiter, da der Baum immer auch noch in die Höhe wächst, wenn auch langsamer. Neben der Höhe der Krone ist auch die Breite wichtig. Dafür muss der Baum von möglichen Bedrängern befreit werden, welche die Kronenbildung behindern und somit das Baumwachstum beeinträchtigen. Solche Auslesebäume werden aufgrund ihrer Vitalität und Qualität ausgewählt und freigestellt. Bedränger sind alle Bäume, die in Kontakt mit den Kronenspitzen des Auslesebaums treten. Sie werden zwingend entnommen, wenn ihr Beschattungsvermögen die Schattentoleranz des Auslesebaumes überfordert. Somit sollten große Kronen mit einem Kronenanteil von 75 % der Baumhöhe heranwachsen. Derart große kräftige Kronen sorgen nicht nur für ein starkes Wachstum, Bäume mit

Merke: Der Waldumbau erfolgt auf der gesamten Fläche nicht sofort, sondern konzentriert sich auf kleine Teilflächen (Klumpen). In diesen kleinen Teilflächen werden die standorttauglichen Baumarten eingebracht und gepflegt, während die Fichte ausscheidet. Durch Vergrößern der Teilflächen sowie einer stetigen Zunahme ihrer Anzahl soll mittelfristig der Waldumbau auf der gesamten Fläche durchgeführt werden.

großen Kronen sind auch stabiler und weniger anfällig gegenüber Windwurf.

Die Reifephase beginnt, wenn der Baum 80 % seiner Endhöhe überschritten hat. In der Erntephase sollte auch bereits die neue Waldgeneration etabliert sein. Das bedeutet, dass die neuen Klumpen bereits in die Qualifizierungsphase eintreten. Bei der Ernte ist besonders sorgfältig zu arbeiten: Ernte- und Rückeschäden sollten unbedingt verhindert werden, da sonst die Pflegearbeit von Jahrzehnten vernichtet wird. War die Q/D-Methode erfolgreich, so hat man wertvolle, dicke Stämme erzeugt. Eine Einzelstammnutzung rechnet sich bei solchen Stämmen.

Die Entwicklung eines Verjüngungsklumpens. Die standorttauglichen Baumarten, wie etwa die Tanne, lösen die Fichte ab.

3.4 Waldbautechniken

Durch die vorgestellten Waldbautechniken wird der eigentliche Waldumbau durchgeführt. Durch die Eingriffe entstehen Bestandslücken, in denen sich die standorttauglichen Baumarten durch künstliche und natürliche Verjüngung ansiedeln sollten.

3.4.1 Der Vorwald

Eine Kahlfläche wird durch eine Abfolge von Pflanzengesellschaften wieder besiedelt. Diesen Vorgang nennt man Sukzession. Auf der Freifläche wachsen zunächst Gräser, Kräuter und Sträucher. Pionierbaumarten wie Birke, Eberesche und Salweide siedeln sich als erste Baumarten an. Unter dem sehr lichten Schirm der Pionierbaumarten verjüngen sich in weiterer Folge Baumarten, die mehr Schatten vertragen. Baut der Waldbesitzer den Vorwald an, nutzt er die natürlichen Vorgänge der Sukzession aus. Der Vorwald dient aber nicht nur dazu, die Konkurrenzvegetation zu bekämpfen, in ihm herrscht auch ein milderes Klima. Durch den Schirm der Baumkronen sinkt die Sonneneinstrahlung, und es wird tagsüber kühler. In der Nacht verhindert die Kronenschicht, dass Wärme abgestrahlt wird. Zudem verbessern Pionierbaumarten den Humuszustand. Die leicht zu zersetzende Streu von Birke und Aspe wird vom Bodenleben gern angenommen.

Die typischen Vorwaldbaumarten sind Birke, Aspe, Salweide, Grauerle und Eberesche. All diese Arten verfügen über ein sehr rasches Jugendwachstum. Durch das schnelle Wachstum in der Jugend können sich diese Baumarten gegenüber Gräsern und Kräutern durchsetzen. Pionierbaumarten sind lichtbedürftig und frosthart. Sie durchwurzeln mit ihrem intensiven Herzwurzelsystem den Boden und werden selten über 100 Jahre alt. Die Pionierbaumart ist die Birke schlechthin, da sie nahezu alle Standorte besiedelt. Ob Trockenheit oder Frost, die Birke kommt mit allen Standortbedingungen zurecht. Sie kommt sowohl in Reinbeständen, als auch in Mischbeständen mit Aspe und Salweide vor. Obwohl die Aspe zu den Pappeln zählt, siedelt sie sich an trockenen Standorten an. Die Salweide nutzt wie die Birke eine Vielzahl von Standorten, allerdings wächst sie langsamer und kommt oft nur in Strauchform vor. Die Grauerle wächst in montanen Regionen zwischen 500 und 1400 m Seehöhe. Mit ihrem starken Wurzeln eignet sie sich auch zur Böschungssicherung. Sie wirkt bodenverbessernd, da sie eine Symbiose mit Wurzelknöllchenbakterien eingeht, die Stickstoff im Boden fixieren. Die Eberesche hat unter den Pionierbaumarten das wertvollste Holz. Sie verträgt Beschattung besser als die anderen Pionierbaumarten und steigt bis ins Hochgebirge. Die Früchte der Eberesche werden von vielen Tieren gefressen. Sie wird auch gern vom Wild verbissen und geschält, wogegen sie sehr tolerant ist.

Durch den Vorwald sollen sich die Zielbaumarten wie Fichte, Eiche oder Buche leichter verjüngen. Pionierbäume siedeln sich überall dort an, wo reichlich Licht zur Verfügung steht, von der Straßenböschung bis zum Großkahlschlag. Ein Vorwald ist aber erst ab einer Schlagfläche größer 0,5 ha nötig. Kleinere Freiflächen werden vom benachbarten Bestand beeinflusst, das milde Waldinnenklima bleibt größtenteils erhalten. Den Vorwald begründet man aus einem Mix von Naturverjüngung und Saat, wobei die Saat nur unterstützend wirken sollte. Bevor der Waldbesitzer sät, sollte er sich durch Begehen der Fläche über das Vorkommen der Pionierbaumarten einen Überblick schaffen. Sind auf der Fläche überhaupt keine Pionierbaumarten zu finden, ist das ein Zeichen für eine Bodenstörung. In den meisten Fällen handelt es sich dabei um einen stark verdichteten Boden. Für die Saat soll eine Samenmenge von etwa 10 – 15 kg/ha per Hand ausgebracht werden. Welche Pionierbaumart gesät wird, ist zweitrangig. Den größten Erfolg verspricht eine Saatmischung mehrerer Arten.

Nach etwa fünf Jahren kann damit begonnen werden, die Zielbaumarten in den Vorwald einzubringen. Ausgehend von den Lichtbedürfnissen der Zielbaumart, entscheidet der Waldbesitzer, wie stark er in den Vorwald eingreift, um die Zielbaumarten zu fördern. Vor allem bei Eichenpflanzungen empfiehlt es sich, in unmittelbarer Nähe der jungen Eichen das Bestandsdach zu öffnen. Schatten ertragende Baumarten wie Fichte, Tanne, Douglasie oder Buche brauchen jedoch kaum Unterstützung. Wenn die Verjüngung der Zielbaumarten gesichert ist (Baum-

Birkenwälder halten die Konkurrenzvegetation zurück, lassen aber ausreichend Licht für junge Bäume durch.

höhen über 1,3 m), kann der Vorwald in Gänze geschlägert werden. Notwendig ist die Räumung aber aus waldbaulicher Sicht nicht. Pionierbaumarten sind gegenüber anderen Baumarten kaum konkurrenzfähig, zudem sind sie kurzlebig. Ein Argument dafür, den Vorwald zu belassen, ist die Astreinigung. Vor allem bei Laubbäumen verbessert sich dadurch die Holzqualität entscheidend.

Der Vorwald ist vor allem für Kahlflächen oder größere Schadflächen in Fichtenmonokulturen eine Möglichkeit, den Waldumbau zu starten. Wesentlich hierbei ist, dass unter dem Schirm die Baumarten der natürlichen Waldgesellschaft heranwachsen und die Fichtenverjüngung zurückgehalten wird.

3.4.2 Verjüngungsmethoden

Für den Baumartenwechsel müssen die standorttauglichen, der Waldgesellschaft entsprechenden Baumarten in den Bestand eingebracht werden. Dazu stehen drei Methoden zur Verfügung: die Naturverjüngung, die Saat und die Pflanzung. Welche Maßnahme am geeignetsten ist, hängt von den Bedingungen vor Ort ab, denn jede der drei Verjüngungsmethoden hat ihre Vor- und Nachteile.

Wald wächst dem Walde zu, sagt ein alter Försterspruch. Soll heißen: Bäume entwickeln sich immer besser im Beisein anderer Bäume. Will man mit Naturverjüngung arbeiten, so ist festzustellen ob Samenbäume der gewünschten Zielbaumarten in der Umgebung vorhanden sind. Dabei müssen diese aber nicht unbedingt am Nachbargrundstück vorkommen, denn Vögel verbreiten auch schwere Samen wie Eichel oder Bucheckern über viele Kilometer. Sollte es aber im näheren Umfeld nur einige wenige Eichen geben, so wird eine Naturverjüngung der Eiche kaum erfolgreich sein. Bevor man die Verjüngung einleitet, sollte man die Verjüngungsfläche vorbereiten. Dabei werden Reisig und andere Reste der letzten Nutzung entfernt, um die Fläche besser bearbeiten zu können. Dies ist speziell bei der Pflanzung notwendig. Sollte Rohhumus vorhanden sein, reißt man diesen stellenweise auf, damit die Samen Kontakt zum Mineralboden haben. Für die meisten Baumarten ist die Keimung nur im Mineralboden möglich. Vor der Einleitung der Verjüngung ist abzuklären, ob diverse Verjüngungshemmnisse vorhanden sind.

Verjüngungshemmnisse

Es gibt eine Reihe von Faktoren, die eine erfolgreiche Verjüngung verhindern können:

Rohhumus: hindert die Samen der meisten Baumarten daran, den Mineralboden zu erreichen und zu keimen. Ein stellenweises Aufreißen des verfilzten Pflanzenmaterials kann hier helfen.

Konkurrenzvegetation: Gräser, Hochstauden und einige krautige Arten können eine Gefahr für die erfolgreiche Verjüngung darstellen, indem sie jungen Bäumchen Konkurrenz um Nährstoffe und Wasser bereiten. Dies kann eine Mahd notwendig machen.
Fehlen von Samenbäumen: Sind keine Samenbäume vorhanden oder entwickeln diese keine ausreichende Menge an Samen, verzögert sich die Naturverjüngung.
Schadinsekten: Beim Fichtenanbau kann der Rüsselkäfer ganze Aufforstungen gefährden, da er die Rinde der Bäumchen abfrisst. Andere Insekten, wie Blatthornkäfer oder Blattkäfer, fressen Blätter.
Witterungsverhältnisse: Jungpflanzen sind gegen Trockenheit empfindlich, da das Wurzelsystem noch nicht ganz ausgereift ist. Spätfrost, vor allem in Geländemulden, führt ebenfalls bei einigen Arten (Tanne und Eiche) zu großen Verlusten.
Schneedruck und Schneeschub: kommt vor allem bei Hochlagenaufforstungen vor. Die Bäumchen werden niedergedrückt und die empfindlichen Wurzelballen aus dem Boden herausgehoben.
Nager: Feldhasen, Wildkaninchen und verschiedene Mäusearten benagen die Wurzeln und die Stämmchen. Die Schäden enden durch Pilzinfektionen meist tödlich für den Einzelbaum.
Wild: Der Wildverbiss ist in vielen Verjüngungsflächen das wichtigste Hemmnis, neben jagdlichen Maßnahmen können Flächenschutz (Zaun) oder Einzelschutz (Verbissschutz, chemische Abwehrstoffe) Abhilfe leisten.

Wie soll der Kleinwaldbesitzer nun aber die Waldentwicklung fördern und unterstützen? Sollen kleine Bäumchen gepflanzt werden oder doch Samen im Wald verstreut werden. Oder verlässt man sich besser ganz auf die Natur und vertraut darauf, dass der Wald für sich selbst sorgt und sich die Naturverjüngung erfolgreich etabliert? Die richtige Verjüngungsmethode ergibt sie aus den standörtlichen Gegebenheiten:

- Zustand des Bodens und des Humus (Rohhumus, Bodenverdichtung),
- Nähe zu Samenbäumen und anderen Waldbeständen,
- Verjüngungshemmnisse,
- gewünschte Dauer, bis die Verjüngung gesichert ist,
- kleinklimatische Verhältnisse (z. B. Mulden mit Frostgefährdung),
- Kosten und Zeitaufwand.

Ob künstliche oder natürliche Verjüngung, der Waldbesitzer ist in jedem Fall auf die natürliche Bildung von Samen der Waldbäume angewiesen. Deshalb soll hier kurz erläutert werden, unter welchen Umständen die Samenproduktion passiert und auf welche Art und Weise Bäume ihre Samen verbreiten. Insbesondere für die Nutzung der Naturverjüngung ist es wichtig, dass man als Waldbesitzer ein Gefühl dafür hat, bis zu welchen Entfernungen Samen transportiert werden.

Der Großteil der heimischen Baumarten wird durch windbewegte Pollen, Linden, Ahorn und Ulmen werden hingegen von Insekten bestäubt. Dies trifft auch auf die meisten Sträucher zu. Für die Windbestäubung muss eine große Menge an Samen erzeugt werden, da die Wahrscheinlichkeit relativ gering ist, dass die Keimung tatsächlich erfolgreich ist. Der Baum verbraucht daher eine große Menge an Energie für seine Fortpflanzung. Da dieser Prozess aber enorme Energie verbraucht, findet er, abhängig von Baumart, Alter und Vitalität, unregelmäßig statt. Bei Baumarten mit großen Samen wie Eiche oder Buche kann der jährliche Holzzuwachs um bis zu 40 % zurückgehen.

Baumarten mit leichten Samen fruktifizieren öfter und produzieren auch größere Samenmengen als Baumarten mit schweren Samen. Ob Blüten und Früchte gebildet werden, hängt maßgeblich von der Witterung zu bestimmten Zeitpunkten ab: Warme und trockene Sommermonate fördern die Bildung von Blütenknospen. Ist das nächste Frühjahr allerdings feucht und kühl, behindert die Witterung die Bildung von Samen. Ist das Wetter zu heiß und trocken, so kann die Blütenbildung gänzlich ausfallen. Für den Baum stellt ein Sommer ohne Blütenbildung kein Problem dar, da Bäume langlebig sind. In Jahren mit wenig Blütenproduktion kann der Fraß von Insekten und Vögeln die Samenproduktion erheblich einschränken. Das Samenangebot der meisten Baumarten schwankt daher von Jahr zu Jahr stark, da wie erwähnt,

Tab. 11 Frühester Zeitpunkt der Samenproduktion, Wahrscheinlichkeit einer Vollmast sowie Tausendkorngewicht[1] in Gramm heimischer Baumarten.

Baumart	Alter, in dem Samen produziert wird	Häufigkeit von Vollmasten innerhalb von 10 Jahren	Samenabfall	Tausendkorngewicht in g
Kiefer	30–40	1	März/April	6
Lärche	30–40	1	März/April	6
Douglasie	30–50	0	März–Juni	10
Fichte	50–60	1	Februar–April	8
Tanne	60–80	2	Oktober	44
Hainbuche	30–50	3	Nov./Dez.	33
Esche	40–50	3	Okt.–März	59
Ahorn	30–50	1	Okt.–Dez.	125
Buche	50–80	1	Oktober	192
Eiche	50–80	1	Oktober	3030

[1]Das Tausendkorngewicht gibt das Gewicht von 1000 Körnern einer bestimmten Baumart an. Innerhalb von Baumarten kann das Tausendkorngewicht aber schwanken, abhängig von Herkunft, Witterung und Wassergehalt.

eine große Menge von Faktoren mitspielen. Man unterscheidet zwischen Vollmast, wo alle Bäume im Bestand reichlich Früchte tragen, Halbmast, wo etwa die Hälfte der Bäume Samen tragend sind, sowie der Sprengmast, wo gerade einmal 30 % der Bäume Samen produzieren.

Herrschende Bäume, die in der Oberschicht dominieren, erhalten mehr Licht, weshalb sie auch mehr Samen produzieren als unterständige und beherrschte Bäume.

Die unterschiedliche Samenproduktion ist für die Auswahl von Samenbäumen zu beachten: Deshalb sollten vorherrschende Bäume gewählt werden, da diese nicht nur eine größere Menge an Samen produzieren, sondern sich bereits erfolgreich gegen die Konkurrenz durchgesetzt haben und somit gute genetische Eigenschaften mitbringen.

Sind die Samen erst einmal gebildet, so geht es darum, den Samen an ein geeignetes Keimbett zu transportieren. Bäume können sich nicht bewegen. Ein Baumsamen muss aber, soll er gedeihen, ein gutes Keimbett finden. Das ist ganz schön schwierig: Der Baum weiß nicht, wo geeignete Stellen für die Keimung seiner Samen zu finden sind. Im Laufe seines Lebens produziert ein Baum daher Millionen von Samen, um die Wahrscheinlichkeit zu erhöhen, dass die Samen am richtigen Ort landen und den Fortbestand der Art sichern. Und dann gibt es noch das Problem, dass die Samen an diese Stellen transportiert werden müssen. Für die Transportfrage, also die Samenverbreitung, gibt es je nach Baumart ganz verschiedene Lösungen.

Eine Variante der Samenverbreitung ist die Windverbreitung (Anemochorie). Damit der Wind die Samen transportieren kann, dürfen die Samen nur wenig Gewicht haben und daher so gebaut, dass sie flugfähig sind. Die Natur war dabei sehr einfallsreich: Pappeln und Weiden besitzen Haarkränze. An den meisten Samen von Nadelbäumen befinden sich seitlich Flügel, die den Luftwiderstand erhöhen. Noch spezialisierter sind Esche, Ahorn und Ulme. Bei diesen Arten bilden die Samen sogar Flugorgane aus, die einen langen Transport ermöglichen sollten. Damit werden die Samen mehrere Baumlängen weit transportiert. Noch weiter fliegen die sehr leichten Samen der Pionierbaumarten Pappel, Birke und Weide.

Als Baumart, die am Wasser lebt, vertraut die Erle dem Wasser auch ihre Samen an. Erlensamen verfügen über luftgefüllte Schwimmkissen, die ihnen den Wassertransport erlauben. Der Fachbegriff lautet hierfür Hydrochorie. Dank der Schwimmfähigkeit können Erlensamen viele Kilometer Flussstrecke zurücklegen, falls nicht ein hungriger Fisch die Reise abrupt beendet.

Eine unerfreuliche Form der Samenverbreitung, die viele Waldbesucher schon über sich ergehen lassen mussten, sind Kletten. Die gleichnamigen Pflanzen bilden Früchte, die sich mit Widerhaken an Fell – und manchmal auch an menschlicher Haut – anheften. Diesen Transport durch Tiere nennt man Zoochorie. Bäume sind bei der Samenverbreitung durch Tiere weniger aufdringlich, in manchen Fällen belohnen sie den Samentransport sogar mit nahrhaftem Fruchtfleisch. Vor

Der Eichelhäher trägt aktiv zur Verbreitung von Baumsamen über lange Distanzen bei.

allem Vögel verbreiten Samen. Der bekannteste heimische Vertreter ist der Tannenhäher, der, anders als sein Name vermuten lässt, Arvensamen sammelt und hortet. Jüngste Untersuchungen haben gezeigt, dass dies nicht immer im Sinne der Arve ist: Der Tannenhäher vergräbt die Samen nämlich an trockenen Stellen, die für die Keimung ungünstig sind. Für den Vogel bleiben die Samen so länger als Nahrung verfügbar. Nichtsdestotrotz ist die Bedeutung des Tannenhähers für die Dynamik von Arvenwäldern immens: In natürlichen Arvenwäldern entstehen neun von zehn Arven aus dem Versteck eines Tannenhähers. Eichhörnchen sind die besseren Samenverbreiter: Sie sind nicht auf eine Art spezialisiert, sondern sammeln und vergraben alle Arten von Samen, denen sie habhaft werden können. Das Erinnerungsvermögen eines Eichhörnchens ist aber sehr beschränkt. Nach dem Zufallsprinzip werden die Verstecke mit den Samen im Winter aufgesucht – viele werden dabei aber vergessen.

Die Fähigkeit, Samen über lange Distanzen zu transportieren, ermöglicht Bäumen, lebensfeindliche Zeiten an andern Orten zu überdauern und diese später wieder zu besiedeln. Während der letzten Eiszeit in Mitteleuropa war das Klima für Bäume zu rau. Als das Klima wieder milder wurde, sind der Reihe nach Hasel, Kiefer, Birke, Fichte, Tanne, Buche und Eiche wieder eingewandert. Aber nicht allen Arten gelang das: Thuja, Douglasie und Rosskastanie wurden Opfer der Eiszeit, und erst der Mensch hat sie wieder angesiedelt.

Während des Samentransports geht eine große Menge an Samen verloren: Sie werden gefressen oder einfach an Orte geweht, die sich als Keimbett nicht eignen. Doch auch wenn der Samen auf geeignetem Boden ankommt, drohen ihm noch eine Menge Gefahren: Insekten, Vögel und Säuger können den Samen fressen, Pilze können ihn parasitieren sowie ungünstige Witterung den Samen austrocknen oder im Falle von Spätfrost erfrieren lassen. Die günstigsten Überlebenschancen hat der Samen daher auf Stellen mit freigelegtem Mineralboden. Solche „Bodenverwundungen“ können auf vielfältige Art und Weise entstehen: durch menschlichen Einfluss wie etwa durch Holzrücken, das Herausheben von Wurzeltellern bei Stürmen, und auch Wildschweine „pflügen“ den Waldboden bei ihrer Suche nach Nahrung um.

Hat ein Samen all diese Gefahren überwunden, kommt es zur Keimung. Damit er keimt, muss es ausreichend feucht und warm sein. Dann beginnt der Samen zu quellen. Dieser Vorgang ist unabhängig vom Lichtzustand, er findet daher sowohl auf Freiflächen als auch in dichten Beständen statt. Beim Quellen treibt die Keimwurzel aus, und versucht sich im Substrat zu verankern und den Wasserbedarf des Keimlings zu decken. Sind die Böden verdichtet, haben die Keimlinge vieler Baumarten Probleme, sich anzuwurzeln. Auch dicke Humusauflagen können die erfolgreiche Keimung behindern, die Keimlinge vertrocknen meist. Nur in niederschlagsreichen Gegenden wie im Gebirge verläuft die Keimung auf solchen Unterlagen problemlos. Abgeschlossen wird der Keimvorgang durch das Aufrichten des untersten Teils der Sprossachse (Hypokotyl) und dem Ausbreiten der Keimblätter (Kotyledonen). Neben der Wasserversorgung ist die Verfügbarkeit von Licht entscheidend für die weitere Entwicklung des Keimlings. Dabei ist aber zu betonen, dass alle heimischen Baumarten im Keimlingsstadium schattentolerant sind, erst mit zunehmender Entwicklung steigt der Lichtbedarf an. Aber auch als Keimling ist der junge Baum immer noch biotischen und abiotischen Gefahren ausgesetzt: Insekten, Pilze, Säugetiere, Konkurrenzvegetation, Frost, Trockenheit, ja selbst Steinschlag und Lawinen können dem kleinen Baum den Garaus bereiten. Daraus wird ersichtlich, warum Bäume jedes Jahr große Mengen von Samen produzieren. Im Übrigen begleiten die vorher genannten Gefahren einen Baum sein Leben lang. Doch je älter und vor allem größer er wird, desto widerstandsfähiger ist er. Ein Baum, der einige Tonnen an Biomasse umfasst, widersteht dem Befall eines Insekts mit Leichtigkeit, während das für einen Keimling bereits den Tod bedeuten kann.

Tab. 12 Verbreitungsmedium und mögliche Entfernungen

Samengewicht	**Verbreitung durch**	**Baumarten**	**Zurückgelegte Entfernung**
sehr leicht	Wind	Pappel, Weide, Birke	bis mehrere km
leicht	Wind	Ulme, Esche, Ahorn, Linde, Fichte, Kiefer, Tanne, Douglasie, Lärche	mehrere Baumlängen
leicht	Wasser	Erle	mehrere km
mittelschwer	Vögel	Kirsche, Vogelbeere, Elsbeere, Mehlbeere	Kronenbereich bis mehrere km
schwer	Vögel	Eiche, Buche, Zirbe	im Kronenbereich

Naturverjüngung

Wer sich im Wald oder in unmittelbarer Nähe von Wäldern umblickt, kann überall Naturverjüngung in Form von Keimlingen entdecken. Auch wenn der Verlust an Samen sehr hoch ist, werden in Wäldern derart große Mengen an Samen erzeugt, dass die Ansiedlung von Bäumen auf geeigneten Keimbetten nur eine Frage der Zeit ist. Natürlich kann es vorkommen, dass die Naturverjüngung fehlt oder fast gar nicht aufzufinden ist. Ursachen dafür können sein:

- **Fehlen von Samenbäumen:** Die angrenzenden Bestände sind noch zu jung, um Samen auszubilden oder nicht ausreichend vital.
- **Fehlen von geeigneten Keimbetten:** Die Samen finden keinen passendes Keimbett, in dem die Keimung stattfinden könnte. Ursache hierfür können Bestände (Stangenholz und Dickungen) sein, die kaum Licht auf den Waldboden lassen, wodurch die Keimlinge eingehen, oder es gibt eine Störung des Bodens. Verdichtete Böden bereiten vielen Samen Probleme. Auf Böden, die Umweltgiften ausgesetzt waren, entwickeln sich ebenfalls keine Bäume.
- **Wildverbiss:** In Wäldern mit sehr hohen Wilddichten kann der Verbissdruck derart hoch sein, dass kein Keimling es schafft, sich weiterzuentwickeln. Auf solchen Waldböden ist keine Verjüngung anzutreffen. Häufig ist auch ein selektiver Verbiss zu beobachten, denn gerade die Fichte wird vom Wild nicht sehr geschätzt, während andere Baumarten gerne angenommen werden. In solchen Beständen ist in der Naturverjüngung nur die Fichte anzutreffen.

Der Wald verjüngt sich also natürlich und wo es geht, soll der Waldbesitzer dieses natürliche Potenzial auch ausnutzen. Das bedeutet aber nicht, dass keine Fälle auftreten können, wo die künstliche Verjüngung nicht notwendig wäre.

Auf großen Kahlflächen etwa kann nicht immer mit dem Erfolg der Naturverjüngung gerechnet werden, und zwar aus mehreren Gründen: Das Angebot an Samen der angrenzenden Beständen reicht nicht aus,

Die natürliche Waldverjüngung hat viele Vorteile, die der Waldbesitzer nutzen sollte.

damit sich die gesamte Kahlfläche verjüngt. Ebenso kann das Wild – gerade auf Rehe wirken Kahlflächen äußerst attraktiv, weil sie Äsung und gleichzeitig den Schutz der angrenzenden Bestände bieten – die erfolgreiche natürliche Verjüngung behindern, und natürlich ist die Konkurrenzvegetation zu nennen, die vor allem auf Standorten mit guter Nährstoff- und Wasserversorgung schnell heranwächst. Von der Naturverjüngung sind Bestände auszuschließen, die mit standortfremden Baumarten bestockt sind. In der Mehrzahl der Fälle betrifft dies Fichten. Doch das ist leichter geschrieben als getan. Dass Fichtensamen keimen und heranwachsen, ist nicht zu verhindern, insbesondere in Gegenden, wo die Fichte nahezu als einzige Baumart vorkommt. Was der Waldbesitzer tun kann, ist, im Zuge der Jungwuchspflege die unerwünschten Baumarten zu entfernen. Dabei muss aber nicht dogmatisch vorgegangen und nicht jede naturverjüngte Fichte vernichtet werden: Als Mischbaumart mit einem Anteil von bis zu 10 % kann man auch Fichten in Regionen belassen, in denen sie standortfremd sind.

Überhaupt ist die Standorttauglichkeit einer der größten Vorteile der Naturverjüngung. Die Samen, die es geschafft haben zu keimen, beweisen damit, dass sie mit den kleinstandörtlichen Bedingungen zurechtkommen. Dies trifft vor allem zu, wenn sich mehrere Baumarten an der Naturverjüngung beteiligen. Auch unterliegen naturverjüngte Pflanzen nicht der Gefahr eines Pflanzschadens. Bei Pflanzungen stellt dies einer der Hauptgründe für das Absterben der Jungpflanzen dar. Das wichtigste Argument für den Kleinwaldbesitzer, dessen Ressourcen begrenzt sind, ist die Möglichkeit, das Gratisangebot der Natur zu nutzen.

Doch es gibt auch einige Nachteile der Naturverjüngung: Der Waldbesitzer ist abhängig vom Samenertrag. Dies kann etwa bei Kahlschlägen ein Problem geben, wenn es nur Sprengmasten gibt und sich die Kahlfläche deshalb nicht naturverjüngen lässt. Auch ist die Naturverjüngung ungleichmäßiger verteilt als jede künstliche Verjüngung durch den Menschen. Wind und Tiere halten sich nicht an menschliche Wunschvorstellungen. Deshalb können neben Flächen, die sich naturverjüngen, auch Lücken entstehen, in der keine junge Pflanze wächst. Bei Nutzung der Naturverjüngung erspart man sich normalerweise eine Bodenbearbeitung, gleichzeitig tritt dadurch aber eine höhere Gefährdung durch Konkurrenzvegetation für die Naturverjüngung auf.

Naturverjüngung passiert laufend und kann daher vom Waldbesitzer nicht aktiv beeinflusst, sondern nur gefördert werden. Der Waldbesitzer hat jedoch die Möglichkeit, die Naturverjüngung unterstützen, und zwar indem er den Altbestand auflichtet. Je nach Baumart kommen verschiedene waldbauliche Methoden infrage, mit denen sich der Lichtbedarf der Jungpflanzen steuern lässt. Das muss aber mit Vorsicht geschehen, da zu starke Eingriffe die Bodenvegetation wie Gräser, Kräuter und Hochstauden fördert. Frostempfindliche Baumarten wie

Buche oder Tanne sind für die natürliche Verjüngung besonders dankbar. Wo immer möglich, sollte das Potenzial der Naturverjüngung ausgenutzt werden. Naturverjüngung ist sowohl auf Freiflächen als auch unter dichtem Schirm möglich. Bei Buche ist sie im Zuge des Schirmschlags die wichtigste Verjüngungsart, auch kann sie als Ergänzung zu Saat und Pflanzung genutzt werden.

Für die Naturverjüngung sprechen der nicht vorhandene Arbeitsaufwand sowie das Aufkommen standortangepasster Pflanzen. In Beständen, in denen standortfremde Baumarten stark dominieren, kann es aber aus Mangel an anderen Samen dazu kommen, dass sich auch standortfremde Baumarten vermehren. Fehlende Naturverjüngung ist meist auf starken Wildverbiss zurückzuführen.

Saat

Die Saat ist die Verjüngungsmethode, für die auch einiges zutrifft, was bereits über die Naturverjüngung zu lesen war, allerdings gibt es hier bereits einen deutlichen menschlichen Eingriff durch die Auswahl des Saatgutes und des Aussäens.

Bereits im 14. Jahrhundert wurden erstmals gezielt Samen ausgestreut, um Wald zu kultivieren. Die Saat erlebte ihren Höhepunkt um das 17. Jahrhundert, danach verlor sie zusehends an Bedeutung, da sie vor allem von der Pflanzung ersetzt wurde. Auch wenn in großen Forstbetrieben kaum noch gesät wird, ist diese Verjüngungsmethode gerade für den Kleinwaldbesitzer eine praktikable und einfache Methode der Waldverjüngung.

Die Saat bietet Vorteile, die denen der Naturverjüngung ähneln: Von Beginn an kann die junge Pflanze ungestört ihre Wurzeln entwickeln, und die kleinstandörtlichen Verschiedenheiten werden ausgenutzt. Die Saat bietet sich auch als Ergänzung an: In Naturverjüngungen, in denen eine oder mehrere Baumarten fehlen, können diese durch die Saat auf einfache Weise eingebracht werden. Wenn sorgfältig gesät wird, kann auf der Verjüngungsfläche eine homogene Bestockung erreicht werden. Diese wiederum garantiert geringe Astigkeit und gute Auslesemöglichkeiten. Besonders bei Laubholzkulturen ist das entscheidend. Überhaupt ist die Saat neben der Naturverjüngung die Verjüngungsart, um Laubholzbestände zu begründen. Da Laubholz sehr hohe Pflanzzahlen benötigt, liegt es auf der Hand, dass hier eher die Saat als eine Aufforstung infrage kommt. Vor allem bei größeren Verjüngungsflächen trifft dies zu.

Insgesamt ist die Saat als weitaus kostengünstiger als die Pflanzung zu sehen. Außerdem ist die Arbeit weniger zeitaufwendig und kann auch von ungeschultem Personal durchgeführt werden.

Die Saat hat aber auch einige Nachteile: Bei großen Flächen kann der Bedarf an Saatgut ein Problem werden. Bevor mit der Saat begonnen wird, sollte vorsorglich geklärt werden, woher man als Waldbesitzer den benötigten Samen bezieht und ob der Lieferant auch in der Lage ist, die benötigte Menge zu liefern. Eine erfolgreiche Saat ist auch von der Witterung abhängig: Unerwartete Trockenperioden können das Auflaufen der Samen und die Entwicklung der Keimlinge stark beeinträchtigen.

Besonders auf flachgründigen und sehr steinigen Flächen eignet sich die Saat, da die Pflanzung auf solchen Fläche meist unmöglich ist. Die Saat kann sowohl auf Kahlschlägen als auch unter Schirm im Altbestand erfolgen. Bei Saaten auf Kahlflächen müssen die Samen vor Vogelfraß geschützt werden. Dies kann etwa durch Abdecken mit Reisig geschehen. Die Saat ist billiger und wesentlich weniger zeitaufwendig als die Pflanzung. Im Vergleich zur Naturverjüngung kann das Aufkommen der Zielbaumarten gewährleistet werden. Das Wurzelwerk der Jungpflanzen passt sich an die gegebenen Bodenverhältnisse an. Allerdings birgt die Saat gegenüber der Pflanzung eine größere Unsicherheit. Starker Vogel- oder Mäusefraß können die erfolgreiche Verjüngung beeinträchtigen. Auf Kahlschlägen müssen die Bäumchen mit der Schlagvegetation (Himbeere, Tollkirsche, Gräser) konkurrieren.

Pflanzung

Die Pflanzung ist die Verjüngungsmethode, bei der der menschliche Eingriff am stärksten ist, wodurch auch der Arbeitseinsatz und die Kosten höher als bei der Naturverjüngung bzw. der Saat sind. Dafür bringt die Pflanzung aber einige Vorteile mit sich, die sie deutlich von den anderen beiden Methoden unterscheiden.

Als wesentlichstes Argument der Pflanzung wird oft der größere Verjüngungserfolg im Vergleich zur Naturverjüngung und zur Saat genannt. Es ist richtig, dass bei Pflanzungen die Bäume gegenüber der Konkurrenzvegetation einen gewissen Vorsprung mit sich bringen. Deshalb kann aber nicht grundsätzlich davon ausgegangen werden, dass sich die Verjüngung bei Aufforstungen erfolgreich etabliert. Fehler bei der Pflanzung, speziell im Privatwald, wo Ungeübte die Pflanzung durchführen, schlechte Witterung, Schäden durch Wild und Insekten sowie die falsche Baumartenwahl können auch bei der Aufforstung auftreten. Zudem ist die Aufforstung mit erheblich höheren Kosten verbunden, Arbeits- und Zeitaufwand sind ebenfalls höher.

Vor allem der Kostenfaktor war ein Grund dafür, dass sich vermehrt auch große Forstbetriebe zunehmend dazu entschlossen haben, die Naturverjüngung zu nutzen. Hierzu ein Rechenbeispiel: Der durchschnittliche Preis einer Pflanze liegt je nach Baumart bei etwa einem 1 Euro. Will man nun 1 ha Fichte mit einer Stammzahl von 2500 Stück aufforsten, sind damit schon Fixkosten von 2500 Euro angefallen, ohne Berücksichtigung der Kosten für den Transport und die Pflanzung selbst sowie eventuelle Schutzmaßnahmen (Zaun). Laubholzaufforstungen, wo die Stückzahlen bei 6000 und mehr Pflanzen liegen, kommen noch teurer.

Die Pflanzung ist eine aufwendige Art der Kulturbegründung. Zudem droht die Gefahr des Ausfalls (Pflanzschock), wenn das Pflanzenmaterial nicht sorgsam transportiert, gelagert und gepflanzt wird.

Ein weiterer Grund, der gegen die Pflanzung spricht, ist die Bestandsentwicklung: Wie bereits besprochen, nimmt die Stammzahl im Laufe der Zeit stark ab, von einigen tausend Bäumen bei der Bestandsbegründung erreichen nur einige wenige den Endbestand. Die meisten Bäume sterben dabei in sehr jungen Jahren ab. Das bedeutet für Pflanzungen aber, dass ein Großteil der gesetzten Bäume in einigen Jahren durch die Konkurrenz abstirbt. Angesichts der Kosten und des Aufwandes an Zeit und Geld ist daher die Pflanzung als äußerst ineffiziente Verjüngungsmethode zu sehen.

Das bedeutet aber nicht, dass die Pflanzung keine Berichtigung in der modernen Waldwirtschaft hat. Den oben genannten Nachteilen stehen auch einige Vorteile gegenüber:

- Unabhängigkeit von Vorbestand und Verjüngungsbereitschaft des Bodens. Auf größeren Kahlschlägen oder Beständen, die durch Kalamitäten wie Windwurf oder Borkenkäfer geschädigt wurden, ist die Pflanzung oft die beste Methode der Bestandsbegründung.
- Das raschere Überwinden der Jugendgefahren. Da die Pflanzen einen Altersvorsprung mit sich bringen, entwachsen sie schneller der Gefahrenzone.

Für den Privatwaldbesitzer mit kleinen Waldflächen und begrenzten Ressourcen ist das Bewusstsein wichtig, dass die Pflanzung Kosten und Aufwand verursacht und das Risiko des Pflanzschocks birgt. Sollte sich der Waldbesitzer für diese Verjüngungsmethode entschließen bzw. keine Alternative vorhanden sein, so ist es auch notwendig, das gesamte Projekt Aufforstung zu planen und folgende Fragen abzuklären:

- Wie groß ist die Fläche und wie viele Pflanzen werden benötigt?
- Ist es notwendig, die gesamte Fläche aufzuforsten oder Naturverjüngung oder Saat stellenweise anzuwenden?
- Woher beziehe ich meine Pflanzen?
- Wann werde ich pflanzen?
- Wie schütze ich die Pflanzen beim Transport vor dem Austrocknen?
- Welche Pflanztechnik kommt zum Einsatz und bin ich darüber ausreichend informiert und in der Lage, diese umzusetzen?

Die Pflanzung erfolgt vor allem auf Schlägen, kann aber auch unter lichtem Schirm eines Altbestands durchgeführt werden, was allerdings selten passiert. Sie eignet sich auch als stellenweise Nachbesserung von Naturverjüngungen oder Saaten, wenn diese nicht erfolgreich waren. Die Pflanzung hat den Vorteil, dass sie im Vergleich zu Naturverjüngung und Saat sicherer ist. Die bereits entwickelten Jungpflanzen sind konkurrenzfähiger gegenüber Gräsern und Kräutern. Früher wurden als wesentlicher Vorteil der Pflanzung der Altersvorsprung und die damit verbundene Zeitersparnis gegenüber der Saat angeführt. Bei Produktionszeiträumen von oft über 100 Jahren kann dies aber – speziell im Kleinwald, der nicht laufend genutzt wird – nicht mehr als Argument für die Pflanzung gesehen werden. Als wichtigste Nachteile sind die hohen Kosten und der große Arbeitsaufwand zu nennen, ebenso die Gefahr, dass die Pflanzen beim Setzen beschädigt werden und sich nicht entwickeln.

3.4.3 Konkurrenzregulierung

Die Konkurrenzregulierung ist eine Maßnahme, die vor allem in sehr jungen Beständen, also Dickungen und Stangenholz, Anwendung findet. Mit ihrer Hilfe soll die Mischung in Beständen aufrechterhalten bleiben. Baumarten stehen miteinander unter Konkurrenz. Neben den Standortbedingungen ist es vor allem die Toleranz, Schatten zu ertragen, die Eigenschaft, die entscheidend für die Konkurrenzfähigkeit einer Baumart ist. Tanne, Buche und auch die Fichte sind Schattenbaumarten, die nicht nur in der Jugend, sondern auch im höheren Alter Beschattung gut vertragen, da sie weniger lichtbedürftig sind als Lichtbaumarten wie Eiche, Kiefer oder Lärche. Neben der Schattentoleranz ist es aber auch die eigentliche Wuchskraft der jeweiligen Baumart, die für die Mischungsverhältnisse entscheidend sind. So stellen Hainbuchen in der Jugend für Eichen eine Konkurrenz dar, da sie schattentoleranter als die Eichen sind. Mit zunehmendem Alter setzt sich aber die Eiche aufgrund ihrer Wuchskraft durch und dringt in die Oberschicht des Bestandes ein, während die Hainbuche, die weniger wüchsig ist, nicht in die Oberschicht hochkommt. Wie sich die Konkurrenzverhältnisse in einem Mischbestand entwickeln, ist nicht immer vorherzusagen, weil auch noch andere Faktoren wie etwa die Witterung entscheidend sein können. Buche und Tanne sind frostempfindlicher, was in einem Mischbestand wiederrum den Bergahorn fördern kann, da dieser mit dem Frost besser zurechtkommt. Das ist aber nur ein Beispiel für die vielfältigen Einflüsse und Prozesse, die den Konkurrenzkampf verschiedener Baumarten beeinflussen. Für den Waldbesitzer ist es daher notwendig, den Bestand laufend zu beobachten und zu erkennen, wie sich die einzelnen Baumarten entwickeln. Wie bereits angesprochen, ist es das Ziel eines Mischbestandes, durch Vorhandensein mehrerer Baumarten das Bestandsrisiko zu minimieren. Das bedeutet aber nicht, dass jeder Mischbaum gefördert werden muss: Ist ein Baum klar weniger wüchsig als der restliche Bestand und hängt im Wachstum nicht nur anderen Baumarten, sondern auch den Individuen der eigenen Art nach, so macht es keinen Sinn, diesen zu fördern, nur um einen einzelnen Mischbaum zu retten. Denn auch ein Mischbaum soll wüchsig, vital und gesund sein. Einen kümmernden Bergahorn in einem Buchenbergwald zu fördern, ist waldbaulicher Unfug. Bildet der Bergahorn dagegen eine kräftige Krone aus und zeigt die Tendenz, in die Oberschicht vorzudringen, wird aber von den schattentoleranteren Buchen daran gehindert, so ist es vernünftig, diesen freizustellen und zu fördern. Bei der Konkurrenzregulierung muss auch unterschieden werden, ob man sich bei der Bestandsbegründung für einen Hauptbestand mit mehreren Baumarten oder einen Hauptbestand mit Nebenbestand entschieden hat.

Hauptbestand mit mehreren Baumarten: Es gibt keine klare Zielbaumart. Alle Baumarten im Bestand sind geeignet, Wertholz zu produzieren. Eine Konkurrenzregulierung ist dann notwendig, wenn einer der Baumarten dominanter wird und beginnt, die anderen Baumarten zu unterdrücken bzw. gänzlich aus dem Bestand ausscheiden zu lassen. Beispiel ist etwa ein Buchenmischwald mit Edellaubbaumarten wie Esche, Kirsche und Bergahorn, in der die Buche ihre Konkurrenzkraft ausnutzt und die anderen Baumarten verdrängt.

Hauptbestand mit Nebenbestand: Die Erzeugung von Wertholz wird nur von einer oder zwei Baumarten angestrebt. Der Nebenbestand hat eine dienende Aufgabe, wie etwa die Beschattung der Stämme oder die Verbesserung des Bodens. Ein Beispiel hierfür ist ein Eichen-Kiefern-Mischbestand auf einem nährstoffarmen Standort. Der Hauptbestand besteht aus Eichen und Kiefern, während der Nebenbestand aus Hainbuchen, Birken und Linden besteht.

In dichten Jungwüchsen sind nur einige wenige Bäume zu entnehmen. Aufgrund der schlechten Sichtverhältnisse ist eine schematische und geplante Arbeitsweise zielführend.

Bei der erfolgreichen Konkurrenzregulierung gilt: wenig aber oft. Die Eingriffe sollten extensiv ausfallen, dafür aber häufig wiederholt werden. Der Grund dafür liegt in der Bestandsstabilität. Die Stabilität in jungen Beständen, in denen die Bäume noch über schlechte h/d-Verhältnisse und eher kurze Kronen verfügen – bedingt durch die hohe Konkurrenz – hängt viel stärker vom Kollektiv ab als in älteren Beständen, wo die einzelnen Individuen mit langen Kronen und guten h/d-Verhältnissen wesentlich stabiler sind. Begeht man als Waldbesitzer den waldbaulichen Fehler, zu stark in den jungen Bestand einzugreifen, und öffnet somit das Bestandsdach stark, so ist das Risiko von Schneebruch und Windwurf groß. Zudem war der Pflegeeingriff kontraproduktiv, denn Ziel der Durchforstung ist ja die Bestandsstabilität zu erhöhen und nicht zu gefährden. Daher gilt der Grundsatz in Dickungen: pro 100 m^2 Bestandsfläche sollten maximal zwei Bäume entfernt werden. Hochgerechnet auf einen ha ergibt das immer noch eine stattliche Anzahl von bis zu 200 Bäumen pro Eingriff.

Die Astreinigung, die über die Holzqualität des Baumes entscheidet, passiert nur, wenn die Bäume dicht an dicht nebeneinander wachsen.

In Laubholzbeständen ist es vor allem wichtig, den Dichtstand zu erhalten.

Bei der Astreinigung gilt: Dickung muss Dickung bleiben. Daher wird auch die Stammzahl nicht reduziert, sondern nur einzelne Stämme entnommen. Aus dem Bestand sollten vorwüchsige Grobformen (Protzen) sowie beschädigte Bäume und Zwiesel ausscheiden. Ist die Qualität bei vielen Bäumen schlecht, sollte vorsichtig begonnen werden, die Stämme mit zufriedenstellender Qualität zu fördern.

Ein Grund, warum Nadelholz sich bei Waldbesitzern über große Beliebtheit erfreut, ist der im Vergleich geringere Pflegeaufwand in Dickungen. In der Regel ist es nicht notwendig einzugreifen. Gefördert werden sollten aber Laubholz sowie Tannen, falls vorhanden. Auch wenn der Pflegebedarf im Dickungsalter gering ist, muss die Erstdurchforstung rasch und konsequent erfolgen. Im Gegensatz zu Laubbäumen sind die heimischen Nadelbäume nicht in der Lage, abgestorbene Äste zu ersetzen. Das Resultat mangelnder Pflege sind zu kurze Kronen. Eine ausreichende Kronenlänge (mind. ⅓ der Baumhöhe) ist aber für Stabilität und Zuwachs notwendig. Erreicht der Bestand das Stangenholzstadium, ist umgehend die Erstdurchforstung durchzuführen.

Bevor mit dem Eingriff begonnen wird, ist zu entscheiden, ob das anfallende Holz aufgearbeitet und aus dem Bestand gerückt werden soll. Ist man als Waldbesitzer in der Lage, das Holz selbst als Brennholz zu verwenden, spricht nichts gegen die Aufarbeitung. Will man das anfallende Holz als Biomasse oder Brennholz verkaufen, wird dies nur bei größeren Beständen wirtschaftlich sein (etwa ab 0,5 ha Bestandsfläche). In größeren Beständen ist dann auch die Anlage einer Rückegasse notwendig. Durch die Anlage einer Rückegasse erhöht sich die Holzmenge insgesamt. Der übliche Gassenabstand liegt bei 30 m, die Gassenbreite bei 4 m.

Da innerhalb der Dickung die Sicht sehr beschränkt ist, ist eine schematische Vorgehensweise nötig.

Man beginnt mit der Auszeige an der Bestandsgrenze und bewegt sich entlang dieser.

Ist man an der oberen Bestandsgrenze angekommen, bewegt man sich etwa 5 m in das Bestandsinnere und geht in Richtung der unteren Bestandsgrenze. Dieses Schema setzt man für den gesamten Bestand fort.

Pro ha bleibt man an bis zu 100 Punkten stehen und kontrolliert den Bestand hinsichtlich Vitalität, Qualität und Mischungsverhältnisse. Bäume, die nicht den Pflegezielen entsprechen, werden ausgezeigt. Am besten eignet sich die Markierung durch Papierfarbbänder.

Für die Auszeige muss mit drei bis fünf Stunden Arbeitszeit pro ha gerechnet werden.

Umgang mit der Fichte bei der Konkurrenzregulierung:
Die Stammzahl der standortfremden Fichte ist in jedem Eingriff zu minimieren, allerdings vorsichtig und mäßig. Besonders Fichten in direkter Umgebung von Zielbaumarten sind zu entnehmen, sodass sich die standortheimischen Baumarten gegenüber der Fichte durchsetzen können.

3.4.4 Extensive Durchforstung: Knicken und Ringeln

Natürlicherweise – das heißt ohne menschlichen Eingriffe – nimmt die Stammzahl in einem Jungbestand laufend ab, und zwar in dem Maße, wie die dominanten Bäume weniger vitale Individuen zum Absterben bringen. In diesem Konkurrenzkampf übernehmen die Gewinner laufend den Raum, der von den Verlierern freigegeben wird. Ein abrupter Wandel des Bestands findet nicht statt. Die toten Bäume bleiben noch eine Weile stehen und üben während dieser Zeit einen vorteilhaften Einfluss auf die Erziehung und die Stabilität aus.

Beim Knicken soll die Entmischung verhindert werden, ohne die positiven Wirkungen der maximalen Stammzahl zu vermindern. Das Knicken soll den Baum schwächen, aber nicht zum Absterben bringen. Die beiden Teile des gebrochenen Stammes müssen verbunden bleiben, damit der nach unten gebogene Teil noch von den Wurzeln versorgt wird, was nur während der Vegetationsperiode gelingt. Die Monate Juli und August eigenen sich am besten. Während dieser Periode ist die Bildung von neuen Trieben (aus schlafenden Knospen) am geringsten. Es wird nur der Leittrieb gebrochen, um das Höhenwachstum zu stoppen. Die seitlichen Äste bleiben erhalten, um weiterhin Boden und Stämme der Nachbarbäume zu beschatten.

Knicken kann angewendet werden, sobald die Bäumchen Hüfthöhe erreicht haben und der Durchmesser nicht mehr als 6 cm beträgt. Bei größerem Durchmesser sind die Bäumchen zu ringeln. Knicken macht nur in Mischbeständen Sinn (z. B. Freistellen von jungen Eichen in einer Buchen-Dickung), in Reinbeständen wie etwa in Buchendickungen sind solche Eingriffe nicht sinnvoll.

Die Vorteile der Methode liegen darin, dass sich im Gegensatz zum Zurückschneiden keine neuen Triebe bilden, da der abgeknickte Stammteil immer noch über grüne Blattmasse verfügt, die Wasser benötigt. Außerdem beschattet der geknickte Konkurrent nach wie vor den freigestellten Baum und unterstützt so dessen Erziehung (natürliche Astreinigung) und Stabilität (Stützeneffekt). Bei dieser Pflegemaßnahme wird keine Maschine benötigt, was bedeutet, dass kein Lärm, keine Abgase und kaum Verletzungsgefahr entstehen. Vor allem in den Sommermonaten ist der Waldbesitzer dankbar dafür, wenn er nicht auf die persönliche Schutzausrüstung angewiesen ist. Pro ha werden sechs bis zehn Stunden an Arbeitszeit benötigt.

Sind die Bäumchen dicker als 6 cm und/oder handelt es sich bei der Pflegemaßnahme nicht nur um eine Mischungsregulierung, eignet sich die Methode des Ringelns. Wie beim Knicken soll der Baum langsam absterben und noch bis zum Zeitpunkt des Todes dem Bestand dienen. Im Gegensatz zum Knicken wird beim Ringeln die Rinde abgeschabt und somit der absteigende Saftfluss von den Blättern zu den Wurzeln unterbrochen, sodass die Bäume nach einigen Jahren absterben. Im Vergleich zur Fällung mit der Motorsäge stirbt der Baum langsamer ab, stellt für seine Nachbarn keine echte Konkurrenz mehr dar, beschattet aber weiter Nachbarstämme und Boden.

Damit das Ringeln erfolgreich ist, muss ein Rindenstreifen von 5–10 cm am gesamten Stammumfang entfernt werden. Am besten hierfür ist ein Ziehmesser geeignet. Wichtig ist auch der Einsatz einer Stahlbürste, mit der das Kambium entfernt wird. Unterlässt man dies, so ist der Baum in der Lage zu überleben, indem er eine neue Rinde ausbildet. Beim Abschaben der Rinde muss auch darauf geachtet werden, dass das Holz selbst nicht beschädigt wird, da sonst die Holzfäule droht und der Baum schneller abstirbt als gewünscht. Sollte das Holz beim Ringeln beschädigt werden, ist der Eingriff an diesem Baum einzustellen, da der Baum ohnehin an Holzfäule absterben wird. Wenn die natürliche Astreinigung auf der Höhe des Erdblochs, also auf den untersten 6–8 m des Stammes, abgeschlossen ist, geht man vom Ringeln des Konkurrenten zur Kronenfreistellung des Z-Baumes über.

Die Monate Juli und August sind am besten geeignet: Die Reserven der Bäume sind bereits in die neuen Triebe investiert, und die Wurzeln haben die ihren noch nicht wiederhergestellt. Während dieser Zeit ist der Baum geschwächt und das Ringeln entsprechend am wirkungsvollsten. Der Vorteil der Methode liegt u. a. darin, dass die Bestandsstabilität durch den langsam absterbenden Baum im Vergleich zur Fällung mit der Motorsäge nicht gestört wird, bei der die Bäume sofort ausfallen. Ansonsten gelten für das Ringeln dieselben Vorteile wie beim Knicken. Damit das Ringeln erfolgreich ist, ist neben einer korrekten Ausführung auch wichtig, rechtzeitig, also so früh wie möglich, einzugreifen, sobald die Bäume die Oberhöhe von 2 m überschritten haben. Da ein geringelter Baum zwischen zwei und fünf Jahren weiterlebt, soll damit also nicht zu lange gewartet werden. Eine saubere Arbeitsausführung ist deshalb wichtig, denn sollte der schlecht geringelte Baum in der Lage sein, eine neue Rinde auszubilden, wird er zwar weiterleben, bleibt aber trotzdem ein geschwächtes Bestandsmitglied mit schlechter Holzqualität und einer Anfälligkeit gegenüber Schädlingen und Krankheiten – also das genaue Gegenteil eines Z-Baums.

Weniger ist mehr beim Ringeln: Es geht es nicht darum, alle Individuen einer konkurrenzschwachen, in der Mischung zu erhaltenden Baumart zu begünstigen. Der Eingriff beschränkt sich auf die Unterstützung der vitalsten Bäume! Der Aufwand beträgt pro ha etwa acht Stunden.

Knicken und Ringeln sind Methoden der Jungbestandspflege, die einige Vorteile mit sich bringen: Durch ihr langsames Absterben beschatten die Bäume weiterhin Boden und Nachbarstämme, gleichzeitig stellen sie aber keine Konkurrenz mehr dar. Wer in den Sommermonaten keine Lust hat, in die Schutzausrüstung zu schlüpfen, kann ohne Schnittschutzhose, Lärm und Abgase den Jungbestand pflegen. Und noch ein Vorteil haben diese beiden Methoden: Angesichts der praktisch nicht vorhandenen Unfallgefahr kann sich die gesamte Familie des Waldbesitzers an der Waldpflege beteiligen. Das bedeutet aber kein generelles Verbot der Motorsäge in Jungbeständen: In manchen Fällen kann die Kombination von Motorsäge, Knicken und Ringeln sogar die effektivste Art der Jungbestandspflege darstellen.

3.4.5 Auslesedurchforstung

Mit zunehmendem Alter differenzieren sich die Eigenschaften der einzelnen Bäume im Bestand immer deutlicher heraus. Ist es in dem enorm stammzahlreichen Bestandsstadium der Dickung (mit weit mehr als 1000 Individuen pro ha) schwierig, sich auf die Eigenschaft des Einzelbaumes zu konzentrieren, fällt dies mit zunehmendem Alter leichter. Im Stangenholzstadium (ab einer Bestandshöhe von 2 m und einem Durchmesser von 7 cm) sind so früh wie möglich die besten Bestandsmitglieder, sogenannte Zukunftsbäume oder auch Z-Bäume, in ihrem Wachstum zu fördern, und zwar indem

- Bäume mit schlechten Eigenschaften wie kurzen Kronen, Schäden an Wurzeln oder Stamm und Zwiesel
- und Bäume, die Z-Bäume bedrängen,

aus dem Bestand ausscheiden.

Als Bedränger von Z-Bäumen kommen aber nur solche in Betracht, die direkter Nachbar zu einem Z-Baum sind und dessen Krone mit ihrem eigenen Blattwerk bedrängen. Neben den Z-Bäumen sind auch noch sogenannte Intermediäre oder Z2-Bäume zu nennen, die nicht die ausgezeichneten Eigenschaften eines Z-Baumes haben, aber keinen Z-Baum bedrängen und auch keine negativen Eigenschaften aufweisen. Der Bestand besteht also aus

- Z-Bäumen, die über gute bis sehr gute Wuchseigenschaften verfügen.
- Bedrängern, welche die Entwicklung der Z-Bäume behindern.
- Z2-Bäumen, die über durchschnittliche Wachstumseigenschaften verfügen.
- Negativbäume, die aufgrund diverser Eigenschaften (Schäden, Kronenverlichtung ausscheiden müssen.

Die typischen Merkmale eines Z-Baumes sind:

- Stamm ohne Fehler wie Astigkeit, Drehwuchs, Zwiesel,
- keine Wurzelbeschädigungen,
- keine Rindenschäden,
- gut ausgebildete Krone (mind. 30 % der Baumlänge),
- vorherrschende Stellung im Bestand.

In stammzahlreichen Stangenholzbeständen ist der Einsatz von Harvestern wesentlich produktiver als die Holzernte mit der Motorsäge. Die schweren Forstmaschinen dürfen dabei aber nicht die Erntegassen verlassen.

Um diese Bäume zu fördern, sollten mögliche Konkurrenten entfernt werden. Allerdings ist nicht jeder Baum, der in der Nähe eines Z-Baums steht, ein tatsächlicher Konkurrent. Bäume, die nicht in die Krone oder nur bis in den unteren Teil der Krone eines Z-Baums drängen, stellen keine Konkurrenz dar und können daher im Bestand verbleiben. Der Zweck der Auslesedurchforstung liegt darin, das vorhandene potenzielle Bestandswachstum auf die besten Bäume zu konzentrieren. Gleichzeitig soll durch die laufende Pflege die Bestandsstabilität hoch gehalten werden, indem einerseits kränkliche und schwache Bestandsmitglieder ausscheiden und vielversprechende wüchsige Bäume in ihrem Wachstum noch gefördert werden, indem mögliche Bedränger entfernt werden und sich somit der Konkurrenzdruck verringert.

Ähnlich wie bei der Konkurrenzregulierung sollten die Eingriffe häufig aber mit nur mäßiger Intensität erfolgen. Zu starke Eingriffe bringen die Gefahr mit sich, dass das milde Waldinnenklima zerstört wird und ein Freiflächenklima mit all seinen Nachteilen (starker Temperaturwechsel zwischen Tag und Nacht, Gefahr des Sonnenbrandes, wuchernde Bodenvegetation) entsteht. Als Faustregel gilt eine Obergrenze von 30 % der Stammzahl, die pro Eingriff maximal entnommen werden darf, idealerweise sollte die Anzahl pro Eingriff darunterliegen. Wie bereits erwähnt, soll die Frequenz der Eingriffe häufig, dafür aber nur in geringer Intensität erfolgen. Je jünger der Bestand ist, desto häufiger sollen die Eingriffe erfolgen, da die Bäume in jungen Jahren rascher die Bestandslücken schließen. Mit zunehmenden Alter sinkt auch die Wuchskraft und die Fähigkeit, offene Bestandslücken zu schließen – diese werden nach wie vor zwar genutzt, aber weitaus langsamer als in Jungbeständen.

Lange Zeit war es üblich, nur die Z-Bäume im Bestand auszuzeigen. Der Nachteil dieser Methode ist aber der hohe Arbeitsaufwand, da nahezu jeder Baum auf seine Tauglichkeit als Z-Baum überprüft werden muss. Oft ist man bei der Auszeige auch zu zögerlich, einem Baum tatsächlich den Rang eines Z-Baums zu verleihen. Der größte Nachteil der Z-Baum-Methode ist aber, das man kommende Ereignisse nicht vorher-

Die Baumklassen nach Kraft von 1–5.

sehen kann und nicht weiß, ob der auserwählte Z-Baum in den kommenden Jahrzehnten nicht doch Opfer von Wind, Käfer, Schnee oder Blitzschlag wird.

Daher erscheint es praktikabler, die Bäume auszuwählen, die aus dem Bestand ausscheiden sollen, da sie über eine schlechte Qualität verfügen. Eine schlechte Qualität äußert sich durch:

- Kleine oder unvollständig ausgebildete Kronen (weniger als 20 % der Baumlänge),
- Fehler wie Drehwuchs, Astigkeit, Zwieselbildung,
- offene Verletzungen von Rinde oder Wurzeln,
- schlechtes Verhältnis von Höhe/Durchmesser.

Gerade bei der Erstdurchforstung sollte man sich auf die Negativauslese konzentrieren, in späteren Folgedurchforstungen kann dann vermehrt der Fokus auf die Förderung von Z-Bäumen gelegt werden. Bei der Auszeige orientiert man sich nicht an starren Vorgaben. Es ist nicht förderlich, eine Mindestanzahl von Z-Bäumen zu definieren noch eine bestimmte Mischungsregulierung verschiedener Baumarten vorzugeben. In stark ungepflegten Beständen kann es durchaus passieren, dass nur noch 50 Z-Bäume pro ha verbleiben. Ebenso sind die Mischungsverhältnisse im Naturwald von vielen verschiedenen Faktoren (Kleinklima, Samenverfügbarkeit verschiedener Baumarten, Vorhandensein von Parasiten und Schädlingen, Witterung) abhängig. Eine fixe Vorgabe, dass ein Bestand z. B. zu 50 % aus Fichte, zu 30 % aus Tanne und zu 20 % aus Buche bestehen muss, ist eine gedankliche Vorwegnahme der Realität. In der modernen Waldwirtschaft werden Bestände nicht mehr „erzogen“, vielmehr wird das Potenzial der Natur erkannt und genutzt.

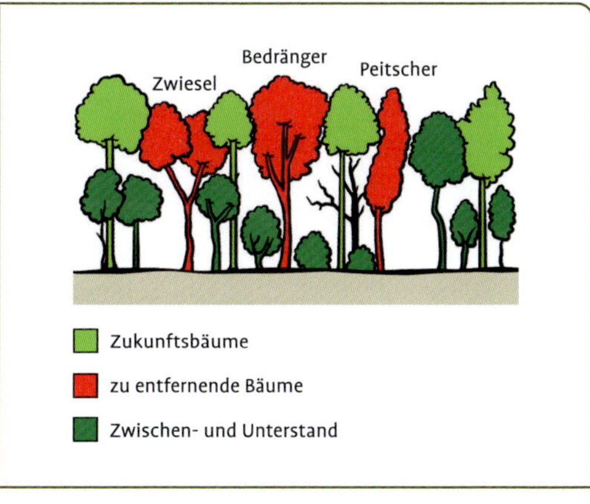

Anleitung zur Auslesedurchforstung.

Umgang mit der Fichte bei der Auslesedurchforstung
Da die Fichten standortfremd sind, müssen sie aus dem Bestand ausscheiden. Zu berücksichtigen ist aber, dass dies ein Prozess ist, der sich über Jahrzehnte hinziehen kann, vor allem bei Beständen mit 50 % und mehr Fichtenanteil. In Reinbeständen sollten die Fichten mit den schlechtesten Holzqualitäten als erstes entnommen werden sowie alle Fichten, die eingesprengte, vereinzelte standorttaugliche Baumarten bedrängen. In Reinbeständen ist es nicht möglich, einen Mischbestand zu etablieren, vielmehr sollten die wenigen standorttauglichen vorkommenden Baumarten maximal gefördert werden, um als Samenbäume für die Naturverjüngung zur Verfügung zu stehen. Durch konsequente Pflege sollten die verbleibenden Fichten ein Maximum an Stabilität erlangen, um so das Risiko einer Schadens zu minimieren. Durch laufende Stammzahlreduktion sollte auch den Fichten ermöglicht werden, lange (bis zu 50 % der Baumlänge) Kronen auszubilden.

3.4.6 Femelschlag

Beim Femelschlag werden, konzentriert auf kleiner Fläche, Lücken in den Bestand geschlagen. Innerhalb dieser Lücken sollte sich die Verjüngung der standorttauglichen Baumarten etablieren. Die Größe dieser Lücken kann eine bis mehrere Baumlängen umfassen. Je kleiner die Lücke ist, desto günstiger ist sie einzustufen, da mit zunehmender Größe das milde Waldinnenklima abnimmt. Ein Erfolgsfaktor beim Femelschlag liegt darin, die Bestandslücken flächig über den Bestand zu verteilen: Viele kleine Lücken sind daher günstiger einzustufen als wenige große. Um die QD-Strategie umsetzen zu können, sollten die Bestandslücken einen maximalen Durchmesser von 7 m haben und etwa eine halbe Baumlänge voneinander entfernt sein.

Der Vorteil des Femelschlags liegt darin, das auf kleiner Fläche genügend Holz anfällt, um die Holzerntekosten zu decken. Dies spielt vor allem im Bergwald, wo man auf kostenintensive Seilkrannutzungen angewiesen ist, eine große Rolle. Gleichzeitig werden die Bestandslücken aber noch von den angrenzenden Bäumen beschattet, wodurch die Bodenvegetation unter Kontrolle gehalten wird.

Der Femelschlag ist ein Kahlschlag im Kleinen. Der Femelschlag eignet sich vor allem für eine Mischung aus Schatten- und Halbschattenbaumarten. Diese Verjüngungsmethode ist daher ideal für den Fichten-Tannen-Buchenwald im montanen Bereich. Die Tanne verjüngt sich sehr oft schon bei geschlossenem Schirm, und daher findet man meist Verjüngungskegel, obwohl nur wenig Licht durch das Bestandsdach dringt. Diese kleinen Gruppen, die Klumpen, werden als Ausgangspunkt für die Bestandsverjüngung verwendet. Über diese Verjüngungskegel erfolgt eine Auflichtung im Abstand von zwei Baumlängen. Nach fünf bis zehn Jahren erweitert der Waldbesitzer den Verjüngungskegel,

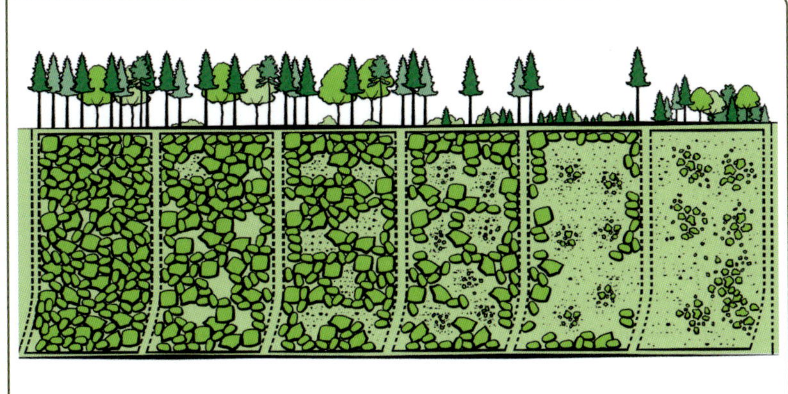

Bestandsentwicklung bei Anwendung des Femelschlages.

indem die Randbäume genutzt werden, sodass Lichtschächte entstehen und weitere Naturverjüngung von Tanne oder Buche keimt. Nach mehreren Jahren werden erneut Altbäume entnommen, stets an mehreren Stellen im Bestand, worauf dort wieder Naturverjüngung ankommt. Durch diese Bewirtschaftung dringen Bäume verschiedenen Alters in die Kronenschicht, die Kronenschicht wird mehrschichtig. Somit wird Struktur geschaffen. Die Dauer für die Verjüngung eines Bestands kann so bis zu 20 Jahre und darüber hinaus betragen. Es entstehen ungleichaltrige Bestandsteile. Die Abhängigkeit von kurzfristigen Samenjahren für den Erfolg wie beim Schirmschlag ist hier nicht gegeben. Da der verbleibende Bestand immer noch Schatten spendet, ist auch die Gefahr der Vergrasung oder Verstaudung kaum gegeben.

Der Femelschlag kann aber auch mit Lichtbaumarten durchgeführt werden. Voraussetzung dafür ist, dass die Lichtbaumart in einen Bestand aus anderen Lichtbaumarten eingebracht wird, wie etwa eine Eichennaturverjüngung in einem Kiefernaltbestand. Die meisten Lichtbaumarten entwickeln eher lichte Kronen, wodurch auch bei geschlossenem Kronendach mehr Licht auf den Boden fällt als etwa in einem Buchen- oder Tannenwald. Will man aber eine Lichtbaumart in den Bestand einer Schattenbaumart einbringen, so sollte die Bestandslücke wenigstens zwei Baumlängen umfassen und die Verjüngungskegel der Zielbaumart in der Mitte der Bestandslücke liegen.

Umgang mit der Fichte beim Femelschlag

Mit dem Femelschlag soll mittelfristig der Fichtenbestand in einen Mischbestand umgewandelt werden. Die Höhe des Fichtenanteils ist dafür entscheidend, welche Verjüngungsart in den Verjüngungskegel angewendet werden soll. In Reinbeständen bzw. Beständen mit hohem Fichtenanteil wird es in vielen Fällen notwendig sein, die Zielbaumarten künstlich einzubringen, also durch Saat oder durch Pflanzung. In Beständen, wo bereits die Zielbaumarten vorhanden sind, sollte auch die Naturverjüngung ausreichen, um die gewünschten Baumarten zu etablieren. Entscheidend ist auch die Größe der Bestandslücken. Grundsätzlich sollten diese eher klein gehalten werden, also bei etwa einer Baumlänge. Bei zu großen Bestandslücken besteht nicht nur die Gefahr, dass sich Gräser und Kräuter ansammeln, sondern auch, dass sich die Fichtennaturverjüngung in den Bestandslücken etabliert. Sollen Lichtbaumarten wie die Eiche eingebracht werden, so wird es am erfolgversprechendsten sein, die Eichen in der Mitte kleiner Bestandslücken per Eichennesterpflanzung einzubringen. Auch muss beim Femelschlag permanent die Entwicklung der Fichtennaturverjüngung beobachtet werden: Sofern sich die standorttauglichen, der natürlichen Waldgesellschaft entsprechenden Baumarten durchsetzen, kann die Fichtennaturverjüngung als Beimischung akzeptiert werden, sollte jedoch spätestens bei den Erstdurchforstungen bzw. im Zuge der Konkurrenzregulierung aus dem Bestand ausscheiden. Ist die Fichte aber häufig in der Naturverjüngung anzutreffen, dass die Gefahr besteht, dass aus der Bestandslücke abermals ein Fichtenreinbestand wird, ist auch über eine aktive Bekämpfung der jungen Fichten nachzudenken. Am einfachsten wird es hier sein, die dünnen Fichtenstämmchen umzuknicken (s. extensive Durchforstung).

3.4.7 Schirmschlag

Der Schirmschlag ist vor allem die Methode der Buchenverjüngung, kann aber auch bei einer Reihe von anderen Baumarten erfolgreich angewandt werden. Dabei entnimmt (schlägert) man auf der ganzen Fläche gleichmäßig Stämme. So wird das Kronendach aufgelockert und dadurch die Naturverjüngung gefördert. Der Schirmschlag ist aber kein einmaliges Vorgehen, sondern besteht aus mehreren, aufeinanderfolgenden Hieben.

Der Vorbereitungshieb dient dazu, dass Samen gebildet wird. Dabei sollten vor allem vorherrschende Bäume mit guter Qualität gefördert werden, indem man benachbarte Konkurrenten entfernt. Etwa 15 % der Stammzahl wird geschlägert.

Nach dem Samenfall erfolgt der Besamungshieb, wobei vor allem breitkronige Bäume gefällt werden, die bei einem Einschlag größere Schäden bei der Verjüngung verursachen würden. 30–40 % der Stammzahl wird geschlägert.

Frühestens im zweiten Winter nach der Ansamung wird der Lichtungshieb durchgeführt. Dieser erfolgt, ausgehend von bestehenden Rückegassen, um die Verjüngung möglichst zu schonen.

Beim Räumungshieb schließlich werden die letzten Bäume des Altbestandes entnommen.

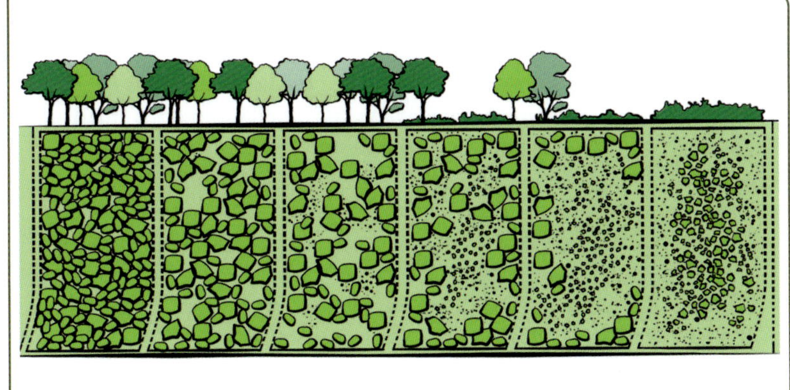

Bestandsentwicklung beim Schirmschlag.

Im Zuge des Waldumbaus sollte der Schirmschlag nur in Fichtenbeständen, die auf Buchenstandorten stocken, angewandt werden, und vor allem dann, wenn eine ausreichende Zahl an Samenbäumen der Buche im Bestand vorhanden sind. Es ist die einzige Waldumbaumaßnahme, die auf größeren Flächen durchgeführt wird und der Waldumbau nicht in Klumpen passiert. Voraussetzung ist aber eine große Anzahl von Samen tragenden Buchen. Ist der Buchenanteil zu klein, so empfehlen sich auf eigentlichen Buchenstandorten eher der Femelschlag und die künstliche Einbringung (Saat) der standorttauglichen Baumarten.

Beim Vorbereitungs- und Besamungshieb werden vordringlich Fichten aus dem Bestand geschlagen, um die Buchen bei der Samenbildung zu fördern und insgesamt den Fichtenanteil zu senken. In Fichtenreinbeständen kann der Schirmschlag ebenfalls angewandt werden, allerdings wird es hierbei notwendig sein, die Buchenverjüngung durch Saat künstlich zu unterstützen.

Umgang mit der Fichte beim Schirmschlag

Der Schirmschlag ist die klassische Waldbautechnik für Buchenverjüngungen und sollte daher auch vornehmlich beim Bestandsumbau in potenziellen Buchenwaldstandorten durchgeführt werden. Der Fichtenanteil ist dabei konsequent zu senken und zwar indem der überwiegende Anteil der ausscheidenden Bäume sowohl beim Vorbereitungshieb als auch beim Besamungshieb Fichten betrifft. Eine allfällige Naturverjüngung der Fichte sollte kein Problem sein, da die Buche in ihrem ökologischen Optimum äußerst konkurrenzfähig ist und daher aus diesem Konkurrenzkampf als Sieger hervorgehen sollte. Andere Laubbaumarten abseits der Buche sowie der Eiche oder die Edellaubholzarten Esche, Kirsche und Ahorn sollten in Form von Klumpen in den Bestand eingebracht werden, allerdings nur an

Standorten, die auch über eine äußerst gute Nährstoff- und Wasserversorgung verfügen und damit den hohen Ansprüchen der Edellaubbaumarten entsprechen. Aufgrund der Konkurrenzfähigkeit tendieren Buchenwälder dazu, Reinbestände auszubilden. Mischbaumarten sollten zwar gefördert, aber (abgesehen von sehr guten Standorten) nicht zwangsweise in den Bestand eingebracht werden. Da Buchenwälder stabile Bestände ausbilden, ist ein Buchenreinbestand, der auf einen ursprünglich fichtendominierten Wald folgt, nicht als waldbaulicher Misserfolg zu sehen, sondern als gelungener Waldumbau.

3.5 Alternativen zur Fichte

Im vorigen Kapitel haben wir gelernt, dass es in vielen Waldbeständen notwendig ist, die Fichte durch andere Baumarten zu ersetzen. In den folgenden Kapiteln werden deshalb mögliche Ersatzbaumarten, deren ökologischer und waldbaulicher Charakter und im Falle von fremdländischen Baumarten wie Douglasie oder Großer Küstentanne deren Anbaurisiken besprochen. In der Forstwirtschaft unterscheidet man zwischen Hauptbaumarten, das sind Baumarten, die besonders konkurrenzkräftig und in den jeweiligen Waldgesellschaften dominierend sind. Zu den Nebenbaumarten gehören Arten, die nur auf speziellen Standorten dominant werden, in den meisten Fällen aber nur beigemischt vorkommen.

Zum Abschluss werden auch kurz die Pionierbaumarten besprochen, die zwar relativ wenig wirtschaftlichen Wert besitzen, die aber aufgrund ihrer leicht zersetzbaren Streu und ihres kräftigen Wurzelwerks eine wichtige Rolle bei der Verbesserung der Standortgüte spielen können.

Bevor wir uns allerdings mit anderen Baumarten beschäftigen, widmen wir uns den nächsten Verwandten unserer heimischen Fichte.

3.5.1 Fichte durch Fichte ersetzen – geht das?

Wenn von der Fichte gesprochen wird, dann handelt es sich um die heimische *Picea abies*. Die Gattung Picea ist äußerst artenreich. Auf dem ganzen Erdball kommen rund 50 Arten vor, von denen die meisten wirtschaftliche Bedeutung haben. Wäre es also möglich, dass die Fichte durch einen ihrer exotischen Cousins ersetzt werden kann?

Fichten sind Bäume des Nordens. Zu diesem Schluss muss man spätestens dann kommen, wenn man sich die Verbreitung der Gattung Picea auf einer Weltkarte näher ansieht. In Skandinavien, Nordkanada, Sibirien und der Mandschurei gedeihen Fichten. Folglich sind Fichten an lange, kalte Winter angepasst. Das gilt auch für die heimische Vertreterin *Picea abies*. Trockene Sommer, wie sie in Zukunft häufiger vorkommen werden, behagen ihr nicht. Als Ersatzbaumarten für die Fichte werden häufig Douglasie *(Pseudotsuga menziesii)* und auch die Große Küstentanne *(Abies grandis)* genannt. Es gibt allerdings auch zwei Fichtenarten, die gut mit trockenen Sommern zurechtkommen, und sie sind sogar in Europa heimisch.

Das natürliche Areal der Serbischen Fichte *(Picea omorika)* liegt im Grenzgebiet zwischen Serbien und Bosnien-Herzegowina. Sie wächst in einer Höhenlage zwischen 800 und 1400 m. Im Gegensatz zur heimischen Vertreterin bildet die serbische Fichte keine Reinbestände aus, sondern wächst in Mischwäldern gemeinsam mit Schwarzkiefer und Buche. An warmen Südhängen kommt es auch zur Vergesellschaftung mit Zerreiche, Feldahorn und Birke. Der schlanke Wuchs ist ein typisches Kennzeichen. In der Jugend zeigt sie ein enormes Längenwachstum, das die meisten anderen europäischen Fichtenarten überragt. Sie bildet ein Flachwurzelsystem aus, ihr sehr dichtes Netz an Feinwurzeln ermöglicht es ihr aber, das Wasserpotenzial des Bodens besser auszunutzen.

Die serbische Fichte ist eine echte Gebirgsbaumart: Die Standorte sind steile Hänge. Der Untergrund sind vorwiegend Kalkstein-Verwitterungsböden mit mäßigem Nährstoffgehalt. Die natürlichen Bestände befinden sich in sommerkühlem Klima mit eher hoher Luftfeuchtigkeit. Die Winter sind kalt und schneereich. Gegen Spätfröste ist sie unempfindlich, da sie erst relativ spät austreibt. Ihr schlanker Wuchs macht sie auch tolerant gegenüber Schneebruch, allerdings kann es bei Nassschnee zu Schneebruch kommen. Als typische Schädlinge sind der Gemeine Hallimasch *(Armillaria mellea)*, Buchdrucker *(Ips typographus)* und der Kupferstecher *(Pityogenes chalcographus)* bekannt. Gegenüber der Kleinen Fichtenblattwespe *(Pristiphora abietina)* scheint sie resistent zu sein. Großflächige Schäden wurden bei der serbischen Fichte noch nicht beobachtet, was aber auch damit zusammenhängen könnte, dass sie kaum Reinbestände bildet.

Bisher wurde die Serbische Fichte vor allem im Gartenbereich gepflanzt. In der Forstwirtschaft wurde sie bisher nicht verwendet, weil sie weniger wüchsig ist als die heimische Fichte. Sie kann aber Höhen bis zu 35 m erreichen.

Gemäß ihrem Namen wächst die Kaukasusfichte *(Picea orientalis)* im Kaukasus sowie in den Gebirgslagen der Türkei. Sie ist eine immergrüne Baumart, die Höhen bis zu 60 m erreichen kann sowie einen Stammdurchmesser bis zu 1,1 m. Sie ist anspruchsvoller, was die Bodengüte angeht, als die heimische Fichte. Bevorzugt wächst sie auf nährstoffreichen, frischen Böden, wo sie sehr gute Wuchsleistungen zeigt. Sie kommt aber auch mit schlechteren Böden und trockenen Bedingungen zurecht. In der Jugend ist sie allerdings empfindlich gegenüber Trockenheit.

In ihrem natürlichen Verbreitungsgebiet bildet sie bis zu einer Höhenlage von 2000 m dichte Wälder aus, oft auch in Reinbeständen. Es sind keine Schädlinge bisher bekannt. In Mitteleuropa wird sie bisher hauptsächlich als Gartenbaum verwendet.

Bisher spielten sowohl die Kaukasus-Fichte als auch die serbische Fichte in Mitteleuropa als Forstpflanzen keine Rolle. Das lag vor allem daran, dass sie weniger wüchsig sind als unsere heimische Fichte. Sowohl Kaukasus als auch Serbische Fichte sind aber produktiver als Laubbaumarten wie Esche oder Bergahorn. Frühere Anbauversuche wurden vor allem mit Arten durchgeführt, deren Wachstum das der Fichte deutlich übertrifft, die Trockenresistenz war kaum von Bedeutung. Diese wird aber zunehmend wichtiger, und somit die beiden vorgestellten Fichtenarten auch forstlich interessant.

Beide Arten sind als Ergänzung zur heimischen Fichte zu sehen, die beigemischt und nicht als Reinbestände begründet werden sollten. Vor allem bei der Serbischen Fichte ist die Gefahr aufgrund der bekannten Schädlinge groß, dass in Reinbeständen die bereits bekannten Probleme mit Borkenkäfern auftreten. Auch wenn beide Fichtenarten trockenresistenter sind als die heimische *Picea abies*, sind sie nur in Sonderfällen als Ersatzbaumarten tauglich.

3.5.2 Hilft die Genetik?

In der breiten Öffentlichkeit hat die Genetik einen schlechten Ruf. Wenig bekannt ist, dass auch in der Forstwirtschaft der Fachbereich der Forstgenetik existiert – und das schon seit den ersten Anfängen der Forstwissenschaft. Die Forstgenetik betreibt aber vorwiegend nichtinvasive Techniken, und das Erbgut wird nicht direkt manipuliert (s. Infokasten). Hauptaufgabe der Forstgenetik ist die Züchtung produktiverer Sorten sowie diverse Herkunftsversuche.

Was ist Forstgenetik?

Im Gegensatz zu einjährigen Nutzpflanzen müssen Bäume Jahrzehnte bis Jahrhunderte auf einem Standort überstehen und sind in dieser Zeit einer Unzahl an Wetterextremen und Angriffen von Insekten, Wildtieren oder Schaderregern ausgesetzt. Um diesen negativen Einflüssen zu trotzen, besitzen sie eine höhere genetische Vielfalt als die meisten anderen Pflanzen und zudem einige der größten Genome (die Gesamtheit des genetischen Codes eines Lebewesens) aller Organismen. Zum Beispiel ist das Genom der Fichte etwa 6-mal so groß wie das des Menschen. Die genetische Vielfalt ist unbedingt notwendig, um das Überleben unserer Baumbestände unter veränderlichen Umweltbedingungen zu sichern. Einzig die genetische Vielfalt ermöglicht langfristig eine evolutionäre Anpassung.

Waldbäume haben im Laufe ihrer Entwicklungsgeschichte Mechanismen entwickelt, die eine Verbreitung ihrer Gene und deren Durchmischung sicherstellen. Dazu gehören die effektive Verbreitung des Pollens durch Wind oder Insekten und die Produktion von abertausenden Samen, die dann wiederum durch Wind oder Tiere über große Distanzen transportiert werden. Gleichzeitig sind Bäume einer sehr starken natürlichen Auslese unterworfen: Während sich in einer natürlichen Verjüngung über 100 000 Sämlinge pro Hektar drängeln, schaffen es nur wenige hundert Bäume bis ins Erwachsenenalter. Die permanente Konkurrenz um Licht und Nährstoffe, Fraßfeinde oder der Stress durch Klimaextreme lassen nur die am besten angepassten Individuen durchkommen.

Ihren Ausgangspunkt hatte die forstgenetische Forschung in Herkunftsversuchen, in denen bereits Ende des 19. Jahrhunderts gezeigt werden konnte, dass es zahlreiche Unterschiede, z. B. in Wuchsleistung oder Resistenz zwischen Samenherkünften der gleichen Art, gibt. Daraus konnten Anbauempfehlungen und klare Regeln für den Umgang mit Saat- und Pflanzgut abgeleitet werden. Heute gibt es auf nationaler, europäischer und OECD-Ebene gesetzliche Richtlinien für die Ernte und den Handel mit forstlichem Vermehrungsgut. Zudem existieren auf nationaler und regionaler Ebene Empfehlungen für die Auswahl der richtigen Herkunft.
Züchtungsbemühungen sind ein weiterer Schritt, um die Produktivität und Qualität bestimmter Baumarten zu optimieren. Gerade bei den wirtschaftlich bedeutsamen Baumarten sind diese heute besonders wichtig, da neben Geradschaftigkeit und Dünnastigkeit auch Merkmale wie Austriebsverhalten und Trockenresistenz genetisch bestimmt sind und somit vererbt werden. Neben den wichtigen Wirtschaftsbaumarten beschäftigt sich die Forstgenetik auch mit gefährdeten Baumarten und deren Erhaltung. Untersucht wird z. B., wie viele Bäume nötig sind, um Inzucht zu verhindern und eine lebensfähige Population zu erhalten. Zudem besitzen einige Bäume genetische Sperren, die eine Kreuzung unter genetisch ähnlichen Bäumen verhindern, so wie man das von Obstsorten kennt. Die Kenntnis derartiger Mechanismen ist unverzichtbar, um die Schutzwürdigkeit von Beständen einzuschätzen und Saatgut für die forstliche Generhaltung zu produzieren.
All diese Bereiche betreffen Anwendungen forstgenetischer Grundlagenforschung, die sich mit der genetischen Vielfalt der Bäume auf Ebene der sichtbaren Merkmale (dem Phänotyp) und auf der Vielfalt molekularer Ebene (dem Genotyp) beschäftigt. Gerade die molekulare Genetik hat in den letzten drei Jahrzehnten rasante Fortschritte erlebt: Mittlerweile ist der genetische Code einiger wichtiger Baumarten, u. a. der Fichte, vollständig bekannt. Allerdings wird es noch einige Zeit dauern, bis wir vollständig verstehen, was dieser genetische Code bedeutet. Vor allem müssen die molekularen Ergebnisse mit den sichtbaren Eigenschaften verknüpft werden, um zu sehen, welche Gene für welche Eigenschaften verantwortlich sind. Dieses Wissen wird mit Sicherheit dabei helfen, Züchtungsziele für mehr Holzproduktion oder wünschenswerte Holzeigenschaften schneller zu erreichen, ohne dabei gentechnische Modifikationen einzusetzen.

Eine Reihe von forstlichen Institutionen wie die Nordwestdeutsche Forstliche Versuchsanstalt, das Thünen-Institut für Waldgenetik und das Bayerische Amt für forstliche Saat- und Pflanzenzucht) sowie einige andere haben das Projekt FitforClim (übersetzt also klimafit) ins Leben gerufen mit dem Ziel, Pflanzenmaterial, das für den Klimawandel geeignet ist, zu produzieren. Auch die Fichte gehört zu diesen Baumarten, wobei hier das Ziel darin liegt, hochproduktives Pflanzenmaterial zu erzeugen. Die Projektverantwortlichen gehen davon aus, dass sich die Anbaugebiete der Fichte in Zukunft verkleinern werden und somit auch die Holzproduktion. Um den Verlust des Rohstoffes Holz zu verkleinern, sollte daher der Ertrag auf der verbliebenen potenziellen Anbaufläche maximiert werden.

Auch wenn das engagierte Projekt erfolgreich ist – noch befindet es sich im reinen Forschungsstadium – am eigentlichen Problem mit der Fichte wird auch ein erfolgreicher Projektverlauf nichts ändern. Denn die Fichte soll produktiver gemacht werden – sie bleibt aber immer noch anfällig gegenüber diversen biotischen und abiotischen Schäden. Die Projektbetreiber selbst geben an, dass sie das neue, verbessertes Saatgut für geeignete Standorte verwenden wollen – und das sind die Gebirgslagen. Gebirgswälder sind aber per se Extremstandorte, in denen Schäden wie Lawinen, Steinschlag und Muren auch standortangepassten Fichtenbeständen den Garaus machen können. Ein weiteres Problem des Projekts ist der Faktor Zeit: In etwa 15 Jahren sollen die ersten Samenplantagen etabliert werden. Auch wenn diese sofort vermehrungsfähiges Saatgut liefern und die ersten Bestände begründet werden können, so ist im besten Fall in etwa 50 Jahren mit dem ersten Holz (und dabei wird es sich vornehmlich um Schwachholz aus Erstdurchforstungen handeln) aus solchen Beständen zu rechnen. 50 Jahre sind in der Forstwirtschaft zwar lediglich eine halbe Umtriebszeit, für die Holzindustrie und die Waldbesitzer aber ein generationsübergreifender Zeitraum. Es scheint zweifelhaft, ob die Vertreter beider Lager so viel Geduld aufbringen werden oder sich in der Zwischenzeit nicht auf eine Waldwirtschaft eingestellt haben, in der die Fichte eine weitaus geringere Rolle spielt als wir sie heute kennen.

4 Klimafitte Baumarten

Auf eine Einteilung zwischen Haupt- und Nebenbaumarten wurde in dieser Auflage verzichtet, da diese Unterscheidung nicht mehr zeitgemäß erscheint. In den Mischwäldern der Zukunft wird es nur noch klimafitte Baumarten geben. Beibehalten wurde hingegen die Einteilung zwischen heimischen und nichtheimischen Baumarten. Auch wenn es Beispiele für eine erfolgreiche Etablierung ursprünglich fremdländischer Baumarten wie etwa Edelkastanie oder Walnuss gibt, sollte doch im bewusst bleiben, dass Roteiche, Küstentanne oder Libanonzeder aus anderen Herkunftsländern stammen und der Waldbau mit diesen Arten Bedacht und besondere Aufmerksamkeit benötigt.

4.1 Heimische Baumarten

Nachfolgend werden die wichtigsten heimischen Baumarten besprochen, die dazu taugen, die Fichte zu ersetzen oder als Beimischung zur Fichte einen Mischbestand zu bilden. In Mitteleuropa existieren etwa 50 Baumarten (eine genaue Abgrenzung zu Sträuchern ist nicht immer möglich, da manche Arten je nach Standort nur Strauchformen ausbilden, wie etwa der Wachholder). Aus verschiedenen Gründen wurde bewusst bei der folgenden Aufzählung auf gewisse Baumarten verzichtet:

- Arten, die kaum wirtschaftliche Bedeutung besitzen, wie Feldahorn und Zerreiche.
- Arten, die wertvolles Holz ausbilden aber extrem selten im Wirtschaftswald vorkommen, wie Speierling und Elsbeere.
- Arten, die stark von Schädlingen bedroht sind, wie die heimischen Ulmenarten sowie die Edelkastanie. Die Esche wurde deshalb in die Liste hinzugefügt, da es bei manchen Exemplaren eine Resistenz gegenüber dem Eschentriebsterben gibt und die Hoffnung besteht, dass langfristig die Krankheit eingedämmt werden kann bzw. zumindest keine wirtschaftliche Bedeutung mehr hat.

4.1.1 Tanne (*Abies alba*)

Die Tanne ist eine verschmähte Hauptbaumart. Ihre aktuelle Verbreitung im Wirtschaftswald ist deutlich niedriger als ihr natürliches Verbreitungsgebiet. Hauptverantwortlich dafür ist die häufig angewandte Kahlschlagwirtschaft, der Verbissdruck sowie der Holzmarkt. Aus waldökologischer Sicht ist die Tanne eine Baumart des Mittelgebirges und hat ihren optimalen Standort zwischen Buchen- und Fichtenwäldern. Mit beiden Baumarten vermischt sie sich auch und kann mit ihnen erfolgreich konkurrieren. Was häufig vergessen wird, ist das

Tannenbestände hochproduktive Wälder sind, die auf ihren Optimalstandorten mehr Massenleistung erbringen als Fichtenwälder.

Die Tanne ist allerdings sehr anspruchsvoll was den Wasserhaushalt angeht: ideale Tannenstandorte haben einen jährlichen Niederschlag von mindestens 1.000 mm. Mit ihrem ausgezeichneten Wurzelsystem ist sie aber auch in der Lage auf Standorten zu wachsen, die einen Jahresniederschlag von lediglich 600 mm haben. Neueste Untersuchungen zeigen, dass die Tanne in der Lage ist, sich an das wärmere Klima anzupassen. Sommer- und Wintertemperaturen entscheiden über die Vermehrung der Tanne. Die Tanne ist daher eine Baumart, die vom Klimawandel und wärmeren Temperaturen profitieren könnte – solange keine ausgeprägten Dürreperioden auftreten. Gleichzeitig ist die Tanne eine Baumart, bei der sich einzelne Individuen an verschiedene Umweltbedingungen besser anpassen können als Buchen oder Fichten. Jahrringanalysen beweisen, dass Tannen in Trockenjahren viel weniger Zuwachseinbruch erleiden als die Fichte und Buche. Außerdem erholt sich die Tanne rascher vom negativen Einfluss der Trockenheit.

Bei guter Wasserversorgung ist sie tolerant gegenüber den Nährstoffverhältnissen. Obwohl sie eine Gebirgsbaumart ist, ist sie extrem empfindlich gegenüber Spätfrösten. Mit ihren kräftigen Tiefwurzeln erschließt sie auch pseudovergleyte Böden und ist daher eine sehr stabile Baumart. Bei der Verjüngung muss sie vor Verbiss geschützt werden, auf den sie sehr empfindlich reagiert. Die hohe Wilddichte ist mitunter ein Grund für den aktuellen geringen Anteil der Tanne in den mitteleuropäischen Wäldern. Der andere Grund ist ihre schlechte Vermarktbarkeit am Holzmarkt. Aufgrund ihrer Produktivität und Stabilität sollten die Waldbesitzer aber zukünftig mehr Mut zur Tanne haben, auch weil sie sich als ideale Mischbaumart in Fichtenmonokulturen eignet.

Für die Tanne spricht ihr stabile Wurzelsystem, ihr großes Potential zur Naturverjüngung sowie der langanhaltende Zuwachs. Die Tanne wächst am besten im Altbestand auf, was sie ebenfalls zu einer Baumart der zukünftigen Waldwirtschaft macht. Im Zeitalter des Klimawandels wird es nur noch an wenigen Standorten möglich sein im Kahlschlagverfahren zu verjüngen, da vor allem in den heißen Sommermonaten den ungeschützten Jungpflanzen der Tod durch Trockenheit und intensive Sonnenstrahlung droht. Eine Baumart wie die Tanne, die sich leicht unter dem schützenden Schirm des Altbestandes verjüngen lässt, hat daher großes Potential in einer dem Klimawandel angepassten Waldwirtschaft.

Die Tanne ist eine mögliche Ersatzbaumart für die Fichte. Das bedeutet aber nicht, dass die Tanne in Tieflagen oder an Standorten mit ausgesprochen schlechten Wasserhaushalt kultiviert werden soll. Solche Standorte bleiben Eiche und Kiefer sowie der Douglasie vorbehalten. Vielmehr soll die Tanne aber im Mittelgebirge forciert werden, wo-

Die Tanne ist auf ihren Optimalstandorten eine ideale Ersatzbaumart für die Fichte.

bei auch davon auszugehen ist, das ihr Verbreitungsgebiet durch den Klimawandel im Gebirge nach oben wandert.

Wie bei allen Ersatzbaumarten für die Fichte gilt auch bei der Tanne, nicht den waldbaulichen Fehler der Monokultur zu kopieren, sondern die Tannenbestände mit anderen Baumarten zu durchmischen. Am besten geeignet dafür sind, gereiht nach Seehöhe, Buche, Bergahorn und die Fichte.

Die größte Gefahr für eine erfolgreiche Waldwirtschaft mit der Tanne liegt im hohen Wilddruck. Wie keine andere Baumart leidet die Tanne unter dem Verbiss. Speziell das Rehwild hat eine besondere Vorliebe für Tannenkeimlinge. Dass eine erfolgreiche Tannenverjüngung bei konsequenter Wildreduktion möglich ist, bewiesen verschiedene engagierte Forstbetriebe. Für den einzelnen Waldbesitzer ist es manchmal aufwändig, sich gegen die vorherrschenden jagdpolitischen Verhältnisse durchzusetzen.

Notfalls muss die Tannenverjüngung mit Zäunen vor dem schädlichen Einfluss des Wildes geschützt werden. Denn die Tanne mag an manchen Standorten die Fichte ersetzen können, die Tanne selbst ist aber durch keine andere heimische Baumart ersetzbar: wo es für die

Buche zu hoch ist, ist es für die – ohnehin instabile – Fichte zu tief: im Mittelgebirge wo die Tanne ohne menschlichen Eingriff dominieren würde. Vor Kahlschlag, Wilddruck und Fichtenwirtschaft. Wegen des Klimawandels sollen diese Wälder, die heute meist Fichtenmonokulturen sind, wieder in tannendominierte Wälder umgewandelt werden. Ansonsten werden in diesen Wäldern Jahr für Jahr Fichtenborkenkäfer ihre Sommerfrische verbringen.

Ein Wort sei auch noch gesagt zum Holzmarkt: viele Waldbesitzer scheuen sich davor mit der Tanne zu arbeiten, da immer noch Abschläge von Sägewerksbesitzern verrechnet werden. Wer aber jetzt mutig und couragiert die Naturverjüngung der Tanne fördert, tut dies für seine Nachfahren. Niemand kann sagen, wie der Holzmarkt in 80, 100, oder 120 Jahren aussieht. Doch zwei Umstände sollten dem Tannenfreund Hoffnung geben. Das Angebot an Fichte wird geringer werden. Sei es dadurch, dass viele Waldbesitzer wirklich umdenken und standortsgerechte Baumarten kultivieren. Oder weil in Zeiten des Klimawandels Windwurf, Dürre und Borkenkäfer den Fichtenwäldern den Garaus machen. In Mitteleuropa ist die Sägeindustrie aber auf Nadelholz spezialisiert – und der Umstieg auf Laubholz ist nicht allen Betrieben möglich. Scheint es da nicht möglich zu sein, dass aus der einst verschmähten Tanne in Zukunft eine gefragte Holzart wird?

4.1.2 Traubeneiche *(Quercus petraea)*

Die Traubeneiche ist eine Baumart des Tieflandes. Sie steigt zwar vereinzelt bis auf 1000 m, als bestandsbildende Baumart sollte sie aber nicht über 500 m verwendet werden. Sie hat hohe Ansprüche an die Wärme, deshalb sollte sie auch nicht in Mulden oder ähnlichen spätfrostgefährdeten Gebieten angebaut werden. Das Klima ist für den erfolgreichen Anbau der Traubeneiche entscheidender als die Bodenverhältnisse. An die Güte des Bodens stellt sie keine großen Ansprüche. Im Gegensatz zur Stieleiche konzentriert sich ihr Vorkommen auf bodentrockene Standorte, sie vermag mit wenig Feuchtigkeit auszukommen. Unverträglich reagiert sie auf pseudovergleyte Standorte, auch Böden mit hohem Grundwasserspiegel (Gleye) sind als Anbaugebiet auszuschließen. Auch besonders arme Standorte, die an Nährstoffmangel leiden, sollten nicht mit der Traubeneiche angebaut werden.

Als Anbaugebiet werden Tieflandgebiete mit lehmigen Böden empfohlen, in denen keine Staunässe herrscht. Die Traubeneiche ist eine Lichtbaumart. Sie hat ein kräftiges Wurzelsystem und ist sehr stabil gegenüber Stürmen. Sie kann sowohl im Rein- als auch im Mischbestand vorkommen. Gegenüber der Buche ist sie aber nicht konkurrenzfähig, wohl benötigt sie aber Schattenbaumarten, die den Stamm beschatten und astfrei halten. Dafür kommen Hainbuche und Linde sowie auf mäßig trockenen Standorten auch die Buche infrage.

4.1.3 Stieleiche *(Quercus robur)*

Im Gegensatz zur Traubeneiche verträgt die Stieleiche Böden mit hohem Grundwasserspiegel sehr gut. Sie ist daher eine typische Baumart der harten Au (das ist der Auwaldbereich, der nicht alljährlich vom Hochwasser überflutet wird). Ihre Wärmeansprüche ähneln aber der Traubeneiche, sie ist ebenfalls eine Baumart der Tiefebene. Die Stieleiche kommt auch gut mit schweren Böden zurecht, aber auch mit sandigen und nährstoffarmen Substraten. Sie ist ebenfalls empfindlich gegenüber Spätfrösten. Den Boden erschließt sie mit ihrem starken Wurzelsystem sehr gut und ist widerstandfähig gegenüber Stürmen.

Da sie nährstoffarme Standorte besiedeln kann, ist sie eine Mischbaumart für Kiefer und Birke, die diese Böden ebenfalls besiedeln können. In der harten Au kommt sie vermischt mit einer Reihe von anderen Laubhölzern wie Spitzahorn, Esche und Feldulme vor. Sie hat hohe Lichtansprüche. Als wichtigste Schadfaktoren sind Verbiss und Schälen zu nennen. Schädlinge sind der Frostspanner und der Eichenwickler.

Sterben die Eichen aus?

Probleme mit der Eiche sind schon lange bekannt. Es gibt zahlreiche Berichte über meist zeitlich begrenzte Erkrankungswellen der Eichen, die bis ins 19. Jahrhundert zurückreichen. Von allen Hauptbaumarten wächst die Eiche am langsamsten. Umtriebszeiten von 140 Jahren sind für Eichenbestände normal. Die guten Holzpreise entschädigen den Waldbesitzer allerdings für die lange Wartezeit: Qualitativ gutes Eichenholz erzielt einen weitaus besseren Preis als Nadelholz. Auch auf den Wertholzsubmissionen bilden Eichen das Gros der angebotenen Stämme. Im Gegensatz zur Buche, der zweiten wichtigen Laubbaumart, lässt sie sich sehr gut vermarkten. Der Preis für Eiche B liegt aktuell zwischen 100 und 150 Euro. Es gibt aber nicht nur wirtschaftliche Gründe, die für den Eichenanbau sprechen.

Die Eiche bevorzugt warme und trockene Standorte. Sie wächst aber auch in der Nähe von Auen und Böden mit guter Wasserversorgung, ebenso wie auf dichten Tonböden, saure Böden besiedelt sie ebenfalls. Von den Hauptbaumarten ist nur die Kiefer in der Lage, ähnliche Standorte zu nutzen, allerdings ist der Preis für Kiefernholz weitaus schlechter.

Die Besonderheit bei den Eichenschäden liegt darin, dass es sich um eine Komplexkrankheit handelt. Anders als etwa beim Eschentriebsterben, wo ein einzelner Pilz den Krankheitsverlauf verursacht, treten bei der Eiche eine Kombination von Schäden auf:

- Das Wurzelwerk von Eicheln wird durch Stickstoffeinträge geschwächt. Zusätzlich schädigen verschiedene Bodenpilze die Wurzeln. Längere Trockenperioden vergrößern die Schadenswirkung zusätzlich.
- Nicht nur Hitzeperioden, auch Kälte kann der Eiche zusetzen: Bei starkem Frost kollabieren die Wasserleitgefäße.
- Der Befall durch den Eichenprachtkäfer lässt das Kambium absterben.

- Der Fraß von blattfressenden Schädlingen wie Schwammspinner und Eichenprozessionsspinner schädigt die Krone.
- Schadstoffe, die durch die Luft eingebracht werden, führen ebenfalls zur Kronenverlichtung.

Ein weiteres Problem für die Eiche ist ihre Ringporigkeit. Ringporige Gehölze bilden im Frühjahr vermehrt Gefäße aus, die das Bodenwasser von den Wurzeln zur Krone transportieren. Die Frühholzgefäße der Eiche, die eine zentrale Rolle bei der Wasserversorgung spielen, werden im Frühjahr noch vor dem Blattaustrieb aufgebaut. Diese bilden sich aus Reservestoffen, die im Vorjahr gespeichert wurden. Bei mangelnder Vitalität der Eiche werden diese aber nicht ausreichend produziert. So kann es zu einem Wassermangel kommen, obwohl ausreichend Bodenwasser verfügbar wäre. Dieser Mix aus verschiedenen Faktoren führt letztendlich dazu, dass die Eiche an Vitalität verliert. Durch den Fraß an den Blättern und der gestörten Wasserzufuhr bildet die Eiche auch weniger Blattmaterial aus. Das Resultat sind abgestorbene Äste oder sogar ganze Kronenteile, die während der Vegetationsperiode kahl bleiben. Mit weniger Blattmasse produziert die Eiche weniger Energie, wodurch die Regeneration ebenfalls schwerer fällt. Ob und wie schwer die Eichen von dieser Komplexkrankheit geschädigt werden, hängt davon ab, wie schwer der Schadensverlauf ist und ob die Schäden wiederholt auftreten.

Eichenbestände benötigen viel Pflege. In Mischbeständen mit der Buche muss die Eiche stark gefördert werden, indem bedrängende Buchen aus dem Bestand ausgeschieden werden.

Zu den wichtigsten Eichenschädlingen gehören:

- **Zweipunktiger Eichenprachtkäfer** *(Agrilus biguttatus)*: Er ist ein schmaler, lang gestreckter Käfer, der stärkere Eichen bevorzugt. Seine Larven fressen an der Borke alter Eichen. Als Sekundärschädling befällt er Eichen, die bereits durch Trockenheit oder einen anderen Schädling geschwächt wurden.
- **Eichenprozessionsspinner** *(Cnethocampa processionea)*: Der im August und September abends und nachts schwärmende Falter legt seine Eier plattenweise an die Eichenrinde. Typisches Kennzeichen ist die graue Afterwolle, mit der die Eier überzogen sind. Im darauf folgenden Mai schlüpfen die Raupen aus und spinnen im Gezweig ein lockeres Nest, in dem sie tagsüber gesellig und zusammengeballt leben. Sie fressen nachts und wandern dabei Fäden spinnend an einer langen Kette in den Baumkronen umher. Ihre Spindelhaare sind giftig. Beim Menschen verursachen sie Entzündungen an der Bindehaut der Augen sowie in Nase und Mund. Ein Hauptfeind ist der Kuckuck.
- **Grüner Eichenwickler** *(Tortix viridana)*: Der Falter ist nachtaktiv und legt seine Eier im Juni in Eichenkronen ab. Danach schlüpfen die Raupen und bohren sich in Knospen und Blätter. Starker Befall ist durch Gespinste erkennbar, die dichten Spinnenweben ähneln. Der Fraß beeinträchtigt die Mast und den Zuwachs.
- **Schwammspinner** *(Lymantria dispar)*: Der Falter, der zur Massenvermehrung neigt, legt zwischen August und September seine Eier an der Rinde ab. Die Eier bilden einen typischen Haufen, der an einen Schwamm erinnert. Im April schlüpfen die Raupen, die oft auch einen Kahlfraß verursachen.
- **Frostspanner** *(Operophtera brumata)*: Der Schmetterling erscheint im Oktober nach den ersten Frösten. Die flugunfähigen Weibchen klettern, aus der Bodenstreu kommend, den Stamm entlang und legen die Eier an der Rinde ab. Die Raupen schlüpfen Ende April bis Anfang Mai und fressen an den aufbrechenden Blatt- und Blütenknospen. Die Blätter werden oft zusammengesponnen. Der Frostspanner tendiert ebenfalls zur Massenvermehrung und zum Kahlfraß.
- **Eichenmehltau** *(Microsphaera alphitoides)*: Der Eichenmehltau ist ein Schlauchpilz und wurde vermutlich aus Nordamerika eingeschleppt. Befallen werden vor allem junge Blätter. Auf den befallenen Blättern bilden sich zimtfarbene Flecken, die sich rasch ausbreiten. Das weiße Pilzmyzel überzieht die gesamte Oberfläche des Blattes. Im späteren Befallsstadium rollt sich das Blatt ein, färbt sich braun und fällt vorzeitig ab.

Die aktive Bekämpfung diverser Schadinsekten ist zwar möglich, aber nur als Symptombekämpfung. Massenvermehrungen von Frostspanner und Co. werden oft erst dann erkannt, wenn sich die Population schon reichlich vermehrt hat. Eine Schadensabwehr ist in solchen Fällen nicht mehr möglich, die Schäden können maximal eingedämmt werden.

Für den Waldbesitzer gibt es aber auch waldbauliche Möglichkeiten, um das Befallsrisiko zu verringern. Untersuchungen an befallenen Eichenbeständen zeigen, dass Eichen mit einer Kronenbreite von etwa 11 m die Komplexkrankheit am besten überstehen. Daher ist bereits in jüngeren Beständen, indem die Z-Bäume im Eichenbestand gefördert werden, dafür zu sorgen, dass große Kronen gebildet werden können. Bedränger muss man dafür konsequent aus dem Bestand entfernen.

Eine weitere waldbauliche Maßnahme ist der Mischbestand. Dabei wird aus dem reinen Eichenbestand ein Laubmischwald, in dem mehrere Baumarten vorkommen. Dafür kommen eine Reihe von Baumarten infrage: Hainbuche, Winterlinde und Feldahorn sind typische Begleitbaumarten in Eichenwäldern. Vor allem die Hainbuche und die Winterlinde sind auch wirtschaftlich interessant, da sie gutes Brennholz produzieren. Aber auch sogenannte Edellaubbaumarten wie Elsbeere, Spitzahorn und Vogelkirsche können beigemischt werden. Bei diesen anspruchsvollen Arten ist aber vorab zu klären, ob der Standort auch ausreichend nährstoffreich ist. Bei Feldulme und Esche besteht die Gefahr des Ulmen- bzw. Eschensterbens. Diese Baumarten kommen daher nur in Gebieten in Betracht, in denen die jeweiligen Krankheitsbilder noch nicht aufgetreten sind. Ansonsten würde man nur eine gefährdete Baumart durch eine andere ersetzen!

Aus den bisherigen Erfahrungen mit Eichenbeständen und ihren Schäden entwickelte die Bayerische Landesanstalt für Wald und Forstwirtschaft Regeln für die Eichenbewirtschaftung:

- Anbau von Eichen nur innerhalb des klimatischen Bereichs, den die Baumart gewohnt ist.
- Keine Reinbestände, sondern als Mischbaumart mit anderen standörtlich geeigneten Baumarten mischen gemäß dem Motto: Wer streut, rutscht nicht!
- Die Eiche darf nur auf optimalen Standorten zur dominierenden Baumart werden.

Kommt der Klimawandel wie prognostiziert, werden auch die Anbaugebiete der Eiche größer, und auch die Eichenschädlinge entwickeln sich dadurch besser. Trotzdem ist die Eiche nicht zu verbannen, wohl ist aber die Bewirtschaftung umzustellen. Mehr Mischbaumarten und noch mehr Pflege werden in Zukunft notwendig sein, um in Eichenbeständen wertvolles Holz produzieren zu können. Die Eiche hat definitiv Zukunft.

4.1.4 Rotbuche *(Fagus sylvatica)*

Einst war die Buche *(Fagus sylvatica)* so dominant, dass sich selbst das mächtige Römische Reich vor ihr fürchtete. Die dunklen und undurchdringlichen Buchenwälder in Germanien waren den Römern unheimlich. Doch mit der Urbarmachung vieler Landstriche wurde der Anteil der Buche kleiner, und auch die geregelte Forstwirtschaft unterstützte die Buche kaum. Schnellwüchsige Baumarten wie Fichte und Kiefer wurden bevorzugt. Das ging sogar so weit, dass manche Förster die Buchenverjüngung als Unkraut bekämpften. Ohne menschlichen Eingriff wäre der Buchenanteil viel höher. In Österreich liegt er derzeit bei 10 %, in Deutschland bei 15 %.

Die Buche wird auch als Mutter des Waldes bezeichnet. Diesen Namen verdankt sie ihrer Dominanz und ihrer Tendenz, Bestände auszubilden, in denen Buchen mit großen Kronen vorherrschen. Dank ihrer Fähigkeit, bereits in der Jugend auch Schatten zu ertragen, kann es in ihrem Optimalgebiet keine andere (heimische) Baumart mit ihr aufnehmen. Die Buche erträgt aber nicht nur viel Schatten, sie erzeugt ihn auch: Ein typisches Kennzeichen von Buchenwäldern ist die geringe Bodenvegetation, denn das dicht geschlossene Kronendach der Buche lässt nur wenig Licht auf den Waldboden fallen, für die meisten Pflanzen zu wenig. Auf ihren Optimalstandorten ist die Buche die konkurrenzkräftigste Baumart. Ideale Wuchsgebiete sind submontane Standort mit guter Wasser- und Nährstoffversorgung. Ohne menschlichen Eingriff würde der Großteil Mitteleuropas, mit Ausnahme von trockenen Steppengebieten und Gebirgsregionen, von Buchenwäldern dominiert. Die Buche hat hohe Ansprüche an die Bodenfeuchtigkeit, in trockenen Gebieten bildet sie Mischbestände mit Eichenarten, mit zunehmender Feuchtigkeit fehlt die Eiche vollständig. Die Buche kennt aber keine echte Höhengrenze und kommt auch im Hochgebirge vor. Dort ist sie im Wachstum aber der Fichte und Tanne deutlich unterlegen, eignet sich aber als stabile Mischbaumart. Die Rotbuche bildet ein Herzwurzelsystem aus und erreicht so tiefe Schichten. Empfindlich reagiert sie aber auf verdichtete Böden und Bodenversauerung, dann wurzelt sie nur in den obersten Schichten. Auf solchen Standorten neigt die Rotbuche dann auch zum Windwurf. Sie benötigt wenigstens fünf Monate Vegetationszeit.

Aufgrund ihrer Konkurrenzkraft bildet die Buche häufig Reinbestände aus, die auch als „heilige Hallen" bezeichnet werden. Da sie aber auf einem breitem Spektrum an Standorten wächst, vermischt sie sich auch mit einer ganzen Reihe von anderen Arten wie Fichte, Tanne, Lärche, Douglasie, Kiefer, Bergahorn, Esche und Kirsche. Sie reagiert auf plötzliche Freistellungen mit Sonnenbrand und ist auch durch Verbiss und Schälen gefährdet.

Auf mittleren Standorten, die weder zu feucht noch zu trocken sind, ist die Buche nahezu konkurrenzlos. Sie wächst sowohl auf bodensauren als auch auf kalkreichen Böden. Sie ist auch im Gebirge zu finden, wo sie vor allem mit Fichte und Tanne Mischbestände bildet, mit zunehmender Höhenlage verliert sie aber an Konkurrenzkraft. Reine Buchenbestände über 1000 m Seehöhe sind selten. Auch nasse Böden mag die Buche nicht. Wird der Wurzelraum von Wasser durchdrungen, leiden die Wurzeln. Die Buche ist daher keine Baumart für potenzielle Überschwemmungsgebiete. Starke Trockenheit sowie Winterfröste verträgt sie ebenfalls schlecht.

Die Buche verjüngt sich am besten im Halbschatten. Auf Kahlschlägen kann sie nur in Gebieten verjüngt werden, wo es im Winter zu keinen starken Frösten kommt. Die klassische Verjüngungsmethode bei der Buche ist der Schirmschlag. Durch ihre ausgeprägte Fähigkeit, sich unter dem Schirm zu verjüngen eignet sie sich hervorragend als Baumart für den Umbau standortfremder Fichten- und Kiefernbestände. Eiche und Douglasie sind die meist genannten Baumarten, wenn es um den Klimawandel geht. Die Buche wird nur selten empfohlen. Dabei ist sie für die kommenden Wetterbedingungen gerüstet und angepasst: Im Gebirge wird sie ihr Areal sogar erweitern. Dass die Buche auch mit warmem Klima zurechtkommt, lässt sich u. a. an ihrem Verbreitungsgebiet in Europa ablesen. Sie ist sowohl in Sizilien als auch in weiten Teilen Griechenlands zu finden. Die Buche ist also für den Klimawandel eine geeignete Baumart und sollte daher in den waldbaulichen Planungen vermehrt eine Rolle spielen, wäre da nicht der Holzmarkt.

Eigentlich sollte es mit der Vermarktung der Buche keine Probleme geben. Schließlich ist Buchenholz eines der am vielseitigsten verwendbaren heimischen Nutzhölzer. Das fast weiße Holz ist gleichmäßig aufgebaut und hart. Empfindlich ist Buchenholz gegenüber Witterungseinflüssen, weshalb es vor allem im Innenbau eingesetzt wird. Bodenbeläge, Treppen und Möbel sind typische Produkte aus Buchenholz. Trotzdem sieht die Lage am Holzmarkt für die Buche derzeit trist aus. Die Nachfrage ist gering, die Preise sind nur wenig attraktiv. Gegenüber anderen Laubbaumarten wie Eiche, Esche und Kirsche liegt die Buche klar im Preis zurück. Überhaupt ist sägefähiges Buchenholz nur schwer zu vermarkten. Die Gründe dafür sind vielfältig: In der Möbelindustrie gibt es den Trend zur Verarbeitung anderer Hölzer. Einige Produzenten sind nach Osteuropa abgewandert. Zudem dringt derzeit günstigeres Buchensägerundholz aus Rumänien und Ungarn in den mitteleuropäischen Holzmarkt.

Wie soll der Waldbesitzer also mit der Buche umgehen? Ihre Stabilität und auch ihre Wuchsleistung stehen den aktuell schlechten Vermarktungsmöglichkeiten gegenüber. Es ist allerdings zu erwähnen, dass sich Industrie- und Energieholz aus Rotbuche sehr gut absetzen lassen, und das zu attraktiven Preisen. Der Preis für einen Festmeter Brennholz liegt in manchen Gebieten bei etwa 55 Euro, der Preis für Industrieholz bewegt sich ebenfalls auf diesem Niveau. Dies kann als Stärke der Buche gesehen werden: Während bei anderen Baumarten Durchforstungsholz kaum Ertrag abwirft, lässt sich bei der Buche auch mit schlechteren Qualitäten Geld verdienen. Vor allem beim Energieholz ist langfristig auch noch mit einer Preissteigerung zu rechnen. Als Waldbesitzer sollte man sich bei der Entscheidung für oder wider die Buche nicht vom aktuellen Geschehen am Holzmarkt beeinflussen lassen. Dies trifft vor allem auf die Baumartenwahl bei Verjüngungsprojekten zu. Niemand kann vorhersehen, wie die Holzmärkte in 80–100 Jahren aussehen werden. Entscheidender ist da schon die Tatsache, dass die Buche eine stabile Baumart ist, und auch in den kommenden stürmischen Zeiten, die der Klimawandel mit sich bringt, bleiben wird.

4.1.5 Kiefer *(Pinus sylvestris)*

Die Kiefer ist eine ausgesprochen anspruchslose Baumart und kommt vor allem an Standorten vor, die für die meisten anderen Baumarten nicht besiedelbar sind. Gemeinsam mit Birke und Salweide ist sie eine typische Pionierbaumart, aber wesentlich wüchsiger als die beiden Laubbaumarten, was sowohl Höhe als auch Durchmesser angeht. Ihre Zähigkeit verdankt die Kiefer ihrem sehr kräftigen Herzwurzelsystem, das in der Lage ist, Böden tief zu durchdringen. Auch hinsichtlich des Klimas ist sie sehr tolerant: Sowohl trockene als auch frostige, nördliche Standorte akzeptiert sie. Vor allem auf degradierten ehemaligen Laubwaldstandorten wurde die Kiefer gepflanzt, da sie in der Lage war, die verarmten Böden zu bewachsen. Im Vergleich zur Fichte ist sie dank ihres Wurzelsystems wesentlich sturmfester. In Gebieten mit Nassschnee sollte die Kiefer nicht angebaut werden, da sie zum Schneebruch neigt. Auch kann der Reinbestand der Kiefer selbst auf sehr nährstoffarmen Standorten nicht empfohlen werden, da sie eine sehr schwer abbaubare Streu besitzt und die ungünstigen Bodenverhältnisse auf ohnehin schon schlechten Standorten somit noch verschlechtert. An solchen Standorten empfiehlt sich eine Vergesellschaftung mit Birke und Salweide. Der Reinbestand der Kiefer verbietet sich auch, weil es eine Reihe von Schadinsekten wie Kiefernschwammspinner, Kiefernspinner, Foreule und Waldgärtner gibt, die schwere Schäden in Kiefernmonokulturen verursachen können. Sie sollte vor allem in Mischbeständen kultiviert werden, allerdings muss man sie stark fördern, da sie als absolute Lichtbaumart nicht konkurrenzfähig ist. In trockenen sommerwarmen Lagen taugt sie aber jedenfalls aufgrund ihrer Sturmfestigkeit und ihre großen Toleranz gegenüber Trockenheit als Ersatzbaumart für die Fichte.

4.1.6 Lärche *(Larix decidua)*

Die Lärche ist eine ausgesprochene Gebirgsbaumart, gemeinsam mit Arve und Fichte bildet sie die obere Waldgrenze. Die Lärche ist in der Lage, auch Rohböden zu besiedeln, eine Fähigkeit die nur wenige Baumarten besitzen. Sie ist eine absolute Lichtbaumart, aber durchaus wüchsig. Eine Besonderheit ist auch, dass die Lärche im Gegensatz zu den anderen Nadelbaumarten ihre Nadeln im Winter abwirft. Sie ist gegenüber Trockenheit (wächst auf an Standorten mit Jahresniederschlägen von nur 450 mm) ebenso tolerant wie gegen Frost: Bis zu minus 40 °C kann die Lärche überleben. Im Hochgebirge bildet sie lockere

Reinbestände, die früher auch von Bergbauern als Weideflächen (Lärchwiesen) genutzt wurden. In trockenen Gebieten vergesellschaftet sie sich mit der Zirbe, die mehr Schatten verträgt. Sie wird in Tieflagen häufig als wüchsige und leicht vermarktbare Mischbaumart angebaut.

4.1.7 Arve *(Pinus cembra)*

Die Arve ist eine Halbschattenbaumart des Hochgebirges. Sie wächst vornehmlich in der subalpinen Vegetationszone und bevorzugt lufttrockene kalte Klimalagen. In der Jugend verträgt sie Beschattung gut. Gegen Frost ist sie unempfindlich. Die Art bevorzugt frische und tiefgründige Böden sowie versauerte Rohhumusböden. Die Arve stellt nur geringe Ansprüche an den Nährstoffgehalt des Bodens. Sie ist auch an der Baumgrenze zu finden, wo sie sehr kleine Exemplare ausbildet. An der Waldgrenze ist sie der markanteste Baum. Vergesellschaftet tritt sie mit der Lärche, vereinzelt auch mit der Fichte, auf. Sie bildet auch Reinbestände, die jedoch sehr geringe Stammzahlen aufweisen. Von Bedeutung ist die Arve vor allem für Hochlagenaufforstungen. Als typische Gebirgsbaumart sollte sie auch nur in alpinen Regionen kultiviert werden.

4.1.8 Hainbuche *(Carpinus betulus)*

Sie kommt vor allem in Tieflagen vor, in Höhen über 1000 m ist sie nur selten anzutreffen. Die Hainbuche bildet sowohl mit der Eiche als auch mit der Buche Mischbestände. Im Eichen-Hainbuchenwald ist sie die dienende Baumart: Ihr dichtes Blätterdach beschattet die Stämme der Eichen und sorgt dafür, dass sich keine frischen Äste ausbilden, die das Eichenholz entwerten. Im Buchenwald kommt sie als Pionierbaumart vor, sie kann aber nicht mit der Buche konkurrieren und verbleibt in der Unterschicht. Optimale Wuchsbedingungen findet die Hainbuche auf frischen, nährstoffreichen lockeren Böden. Sie kommt aber auch mit trockenen Sandböden und Frost zurecht. Die stärksten Hainbuchen wachsen in Auwäldern, in der Forstwirtschaft kommt sie nur als Mischbaumart vor. Da sie vom Schalenwild gern angenommen wird, kann sie auch als Ablenkung für das Wild in Eichen- und Buchenjungbeständen verwendet werden. Von allen heimischen Baumarten hat nur der Speierling ein härteres Holz. Hainbuchenholz hat einen hohen Brennwert. Die Hainbuche hat die Fähigkeit zum Stockausschlag und wurde früher im Niederwald zur Brennholzproduktion genutzt.

4.1.9 Esche *(Fraxinus excelsior)*

Die Esche ist eine sogenannte Edellaubholzart. Sie stellt hohe Ansprüche an den Standort, was die Nährstoffversorgung und die Bodentiefe angeht. Die Esche besitzt die Fähigkeit, auf sehr kalkhaltigen Standorten Trockenheit zu tolerieren, ansonsten sollte sie aber nicht auf trockenen Standorten angebaut werden. Die Esche ist eine typische Baumart an Standorten mit guter Wasserversorgung. Sie wächst sowohl an Sonderstandorten wie frischen Schluchtwäldern, auch in der harten Au ist sie anzutreffen. Als Baumart der Tiefebene kommt sie aber auch vereinzelt über 1000 m vor. Sie ist eine absolute Lichtbaumart, unter dem lichten Schirm der Esche bilden sich dichte Grasteppiche aus. Die Esche ist sehr sturmfest. Mit reichlicher Pflege produziert sie wertvolles Holz, das sich auch sehr gut vermarkten lässt. Sie ist empfindlich gegenüber Verbiss. Seit einigen Jahren kommt es durch einen Pilz zum Eschentriebsterben. Es gibt derzeit keine Behandlungsmöglichkeit.

Befallene Bäume können aber belassen werden, da sie nicht infektiös sind. In Gebieten, in denen viele Erholungssuchende im Wald anzutreffen sind, sollten die befallenen Eschen aber aus Gründen der Verkehrssicherungspflicht entfernt werden. Das gilt auch in Beständen mit einem hohen Eschenanteil aus Gründen der Arbeitssicherheit.

Zudem hofft man, dass durch unbefallene Bäume Toleranzen gegenüber dem Pilzbefall aufgebaut werden. Auch wenn die Eschenbestände derzeit stark unter dem Eschentriebsterben leiden, die resistenten Bäume geben Anlass zur Hoffnung, dass sie bald wieder zu den leistungsfähigen heimischen Mischbaumarten gezählt werden kann.

Info: Das Eschentriebsterben

Die Esche war eine der wichtigsten Laubbaumarten: Auf frischen, nährstoffreichen Standorten ist sie wüchsig, und ihr Holz erzielte gute Preise. Diese Eigenschaft machte sie bei Waldbesitzern sehr beliebt: Allein in Österreich wurden jedes Jahr eine Million Eschen gepflanzt, doch dann kam das Eschentriebsterben. Seit etwa zehn Jahren werden die Eschenbestände in ganz Mitteleuropa von dieser Krankheit geplagt. Ausgelöst wird das Absterben der Eschen von einem aus Asien eingeschleppten Pilz: Das „Falsche Weiße Stengelbecherchen" *(Hymenoscyphus pseudoalbidus)* ist dafür verantwortlich, dass die Esche Zuwachsverluste erleidet und in vielen Fällen auch abstirbt.

Triebe, Zweige und Äste sterben in den Kronen ab: So sieht das typische Befallsbild der Pilzkrankheit aus. Nach mehrjährigem Befall kann sich der Pilz bis in den Stamm ausbreiten, dann zeigen sich Verfärbungen der Borke (Rindennekrosen) besonders am Stammfuß. Durch das Absterben des Kambiums sterben letztlich ganze Äste oder Kronenteile. Jungpflanzen können ganz absterben. Die Schäden in den befallenen Beständen sind meistens hoch. Während wirtschaftliche Einbußen durch Zuwachsverluste an Altbäumen noch verkraftbar wären, ist der flächige Ausfall der jüngeren Altersklassen ein großes Problem, welches die nachhaltige Waldwirtschaft mit der Esche insgesamt gefährdet.

In Altbeständen werden aber immer wieder einzelne Bäume beobachtet, die nur geringe Schadsymptome aufweisen und möglicherweise Abwehr-

mechanismen bzw. Resistenz gegenüber dem Triebsterben besitzen. Auf solchen Bäumen ruht die ganze Hoffnung der Wissenschaft. Mit den Samen solcher resistenten Bäume sollen Saatgutplantagen angelegt werden, die ebenfalls resistente Nachkommen hervorbringen. Die Forschung steht hier aber erst am Anfang, und es wird wohl noch einige Jahre dauern, bis wirklich resistentes Saatgut und Pflanzenmaterial verfügbar ist.
Bedingt durch das Eschentriebsterben ist die Esche derzeit kaum zu vermarkten. Die großen Mengen an Eschenfaserholz, die anfallen, sind nur noch schwer absetzbar. Trotzdem sollte die Esche nicht gänzlich verbannt werden: Die resistenten Eschen geben Hoffnung, dass die Krankheit mit-

Der Zyklus des Eschentriebsterbens.

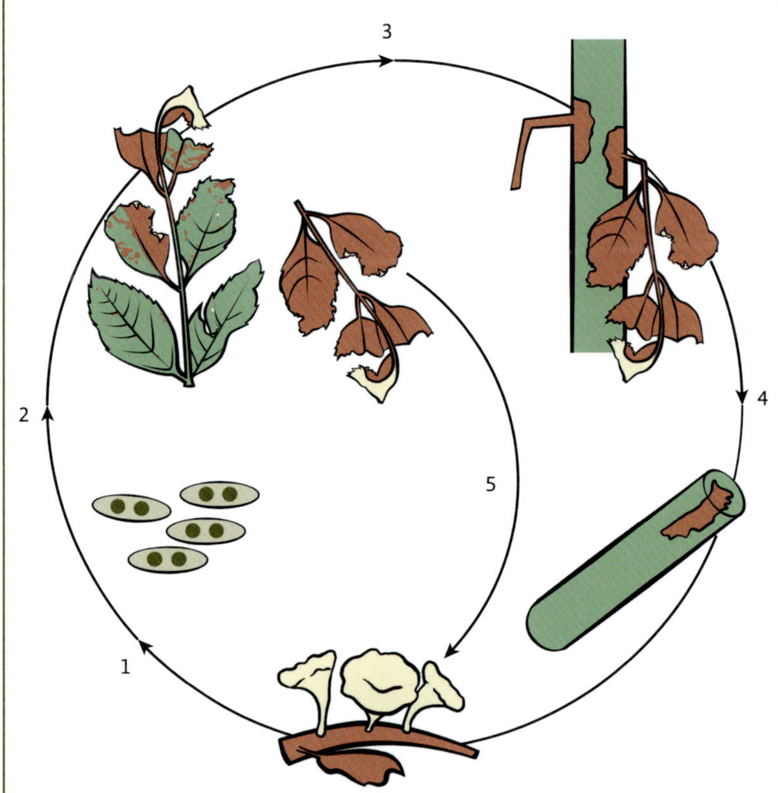

1 Fruchtkörper auf Blattstielen am Boden bilden Ascosporen (ab Juni)
2 Infektion der Blätter über Ascosporen und Ausbildung des Myzels im Blatt und im Blattstiel
3 Einwachsen und Verbreitung im Trieb, Kambium- und Rindennekrosen, Welke
4 Verfärbung des infizierten Holzes
5 Infizierte Blätter fallen zu Boden, Ausbildung neuer Fruchtkörper im Frühjahr

hilfe von resistentem Saatgut bewältigt werden kann. Eine künstliche Bestandsbegründung macht derzeit keinen Sinn, da das Risiko des Ausfalls zu hoch ist. Wo Eschennaturverjüngungen vorkommen, sollen diese belassen und beobachtet werden. Kommt es zu einem Ausfall, können diese Naturverjüngungen mit anderen Mischbaumarten ergänzt werden. Befallene Eschen müssen nicht aus dem Bestand ausscheiden, da die Krankheit – anders als etwa bei Fichtenborkenkäfern – nicht von Baum zu Baum überspringt. Resistente Eschen dürfen auf keinen Fall eingeschlagen, sondern müssen gefördert werden.

4.1.10 Bergahorn *(Acer pseudoplatanus)*

Der Bergahorn ist eine Baumart des Mittelgebirges. Er kommt als Mischbaumart sowohl in buchendominierten Buchenwäldern als auch in montanen Fichtenwäldern vor. Er ist einer der wenigen Laubbäume, die auch deutlich über 1000 m noch anzutreffen sind. Daher eignet er sich sehr gut als Mischbaumart für Fichtenreinbestände. Er verträgt sehr gut Beschattung, was ihn zu einer wichtigen Mischbaumart macht. Er ist jedoch nicht so wüchsig wie Buche oder Fichte und dringt in Mischbeständen kaum in die Oberschicht vor. Ebenso wie die Esche ist er eine anspruchsvolle Baumart und hat hohe Ansprüche, was Wasserhaushalt und Nährstoffe im Boden angeht. Trockene und nährstoffarme Standorte taugen für den Bergahorn nicht als Anbaugebiet. Er profitiert von den hohen Stickstoffeinträgen durch die Atmosphäre, weshalb er seit einiger Zeit sein Verbreitungsgebiet ausdehnt. Auf sehr guten Standorten kann der Bergahorn auch Reinbestände bilden, die bei guter Pflege wertvolles Holz produzieren.

4.1.11 Vogelkirsche *(Prunus avium)*

Die Vogelkirsche ist eine Baumart mit breitem Verbreitungsspektrum. Sie ist sowohl in Tieflagen als auch in montanen Regionen anzutreffen. Am häufigsten findet man sie als Mischbaumart in Eichenwäldern. Sie ist tolerant, was den Standort angeht: Sowohl nährstoffreiche Böden als auch trockene und nährstoffarme Böden werden von ihr besiedelt. Rohhumus meidet sie allerdings. Sie ist eine Lichtbaumart und muss in Mischbeständen gefördert werden, da sie sonst von Schattenbaumarten überwachsen wird. Ihre Lichtbedürfnisse nehmen mit dem Alter zu, aber bereits in der Jugend ist sie als Lichtbaumart einzustufen. Sie neigt zur Kernfäule, weshalb sie spätestens im Alter von 70 Jahren geerntet werden muss.

4.1.12 Birke *(Betula pendula)*

Die Birke ist der klassische Pionierbaum. Auf Freiflächen, in denen viel Licht vorhanden ist, kommt die Birke aufgrund ihrer Anspruchslosigkeit im Reinbestand vor. Es werden nahezu alle Arten von Standorten von ihr besiedelt, nur moorige Gebiete meidet sie. Als Pionierbaumart ist sie auch in der Lage, Rohböden zu besiedeln. Sie ist in allen Höhenstufen zu finden. Die Birke ist eine absolute Lichtbaumart, die Beschattung nicht verträgt. Die Birke leistet wertvolle Dienste, indem sie Vorwälder bildet. Sie erschließt den Boden für andere Baumarten und verbessert durch ihre leicht abbaubare Streu auch die Nährstoffverhältnisse. Aufgrund ihres großen Potenzials zur Naturverjüngung ist es nicht notwendig, die Birke künstlich zu verjüngen. Da sie eine raschwüchsige Pionierbaumart ist, wird sie nur etwa 100 Jahre alt. In Mitteleuropa wird sie forstwirtschaftlich kaum genutzt und im Wert auch unterschätzt, in Skandinavien hingegen zur Wertholzproduktion verwendet und sogar geastet.

4.1.13 Eberesche *(Sorbus aucuparia)*

Die Eberesche ist eine Pionierbaumart, die als Lichtbaumart vor allem lichte Bestände vom Tiefland bis ins Hochgebirge besiedelt. Sie ist sehr frosthart, was ihr auch die Besiedelung hochmontaner Standorte erlaubt, und bezüglich des Nährstoffhaushaltes sehr anspruchslos. Auch an den Wasserhaushalt stellt sie keine großen Ansprüche und wächst sowohl auf feuchten als auch auf trockenen Böden. Sie ist als einzige Laubbaumart auch noch an der Baumgrenze anzutreffen, dort kommt sie aber nur als Strauch vor. Ihre Samen werden von Vögeln verbreitet, weshalb man Keimlinge von Ebereschen an den erstaunlichsten Orten finden kann, wie z. B. in morschen Gemäuern. Ihre Anspruchslosigkeit und das rasche Wachstum macht sie bei Gebirgsaufforstungen zu einer wertvollen Mischbaumart. Sie wird auch gern vom Wild angenommen und stark verbissen. Durch ihr starkes Potenzial zur Naturverjüngung ist eine künstliche Verjüngung nicht nötig, weil ihr Holz auch wirtschaftlich wenig interessant ist. Trotzdem sollte sie vor allem in Gebirgsregionen belassen werden, da sie ökologisch wertvoll ist. Sie stellt auch keine Konkurrenz für andere Gebirgsbaumarten dar.

4.1.14 Flaumeiche

Die Flaumeiche fällt durch ihre knorrige Erscheinung auf. Der Baum wird mit ca. 12–20 Metern nicht sehr hoch und bildet vor allem schwache Stämme aus. Die Flaumeiche liebt sonnige, trockene und steile Hanglagen. Ihr Holz ähnelt dem der Stieleiche, ist aber schwerer, dauerhafter und weniger elastisch. In Südosteuropa wird es aber zum Möbelbau und als Bauholz verwendet. Flaumeichenwälder werden oft als Niederwald zur Brennholzgewinnung bewirtschaftet. Die Eicheln dienen als Schweinefutter. Insgesamt ist ihr wirtschaftlicher Wert gering, weswegen sie derzeit keine echte forstliche Bedeutung hat. Das wird sich aber mit dem Fortschreiten des Klimawandels ändern: Die Flaumeiche wird daher eine Baumart für spezielle Zwecke sein. So kann sie auf landwirtschaftlichen Flächen zur Beschattung eingesetzt werden (Agroforstwirtschaft) sowie als Hauptbaumart in Erosionsschutzwäldern und als Mischbaumart in Waldbrandgebieten. Ihre Fähigkeit nach Waldbränden auszuschlagen ist ein Grund, warum die Flaumeiche in waldbrandgefährdeten Gebieten gefördert werden sollte bzw. wohl auch auf natürlichem Weg an Dominanz gewinnen wird. Im Niederwaldbetrieb kann sie auch zur Produktion von Brennholz verwendet werden. Kurzum: Überall, wo die Trockenheit kaum mehr eine land- oder forstwirtschaftliche Nutzung erlaubt, bietet die Flaumeiche eine Alternative an. Die Flaumeiche ist eine licht- und wärmeliebende Baumart. Sie kommt am Kaukasus auf einer Seehöhe bis zu 1.300 m vor. Der jährliche Mindestniederschlag muss 400 mm betragen. Die Kältetoleranz liegt immerhin bei minus 20 Grad Celsius. Sie ist eine Pionierbaumart und verträgt bereits in der Jugend keinerlei Beschattung. Sie gedeiht aber sehr gut auf trockenen Böden und auf steilen Hanglagen. An die Nährstoffe stellt sie keinerlei Ansprüche, sie verträgt aber keine Staunässe. Ihre Streu ist leicht zersetzbar.

4.1.15 Walnuss

Die Walnuss kann bis zu 30 m an Höhe erreichen. Dank ihrer Pfahlwurzel ist sie äußerst resistent gegenüber Stürmen. Die Walnuss ist eine absolute Lichtbaumart. Steht sie in Konkurrenz mit Schattbaumarten wie Tanne oder Buche, so muss sie gefördert werden, um ihr ganzes Potential ausschöpfen zu können. Am besten gedeiht sie auf tiefgründigen, frischen und nährstoffreichen Lehm- und Tonböden. Sehr trockene und nährstoffarme Böden bekommen ihr nicht. Sie ist in der Lage Überflutungen für mehrere Wochen zu überstehen. Auf idealen Standorten erreicht sie erstaunliche Wuchsleistungen, auf Schweizer Versuchsflächen liegt der durchschnittliche jährliche Holzzuwachs bei 13 Festmetern. Die größte Gefahr für die Walnuss ist Spätfrost, daher verbietet sich der Anbau in solchen Regionen. Unterhalb der Walnuss ist der Boden meist nicht bewachsen. Über die Blätter gibt der Baum Hemmstoffe ab, die auf andere Pflanzen keim- und wachstumshemmend wirken. In ihrem natürlichen Verbreitungsgebiet bildet sie deshalb auch typischerweise Reinbestände aus. Im Wald kommt die Walnuss vor allem als Einzelbaum vor, da sie sich aus Naturverjüngung, die aus Vogelsaat stammt, entwickelt. Für eine waldbauliche Nutzung wird aber die Pflanzung von geeigneten Herkünften empfohlen. Idealweise wird sie in Beständen von Lichtbaumarten oder in stark aufgelichteten Beständen von Schattbaumarten eingebracht, und zwar in Gruppen, die eine Größe zwischen 5 und 7 m haben und etwa 30 bis 40 Jungpflanzen umfassen. Das Holz ist schwer, mittelhart, zäh und wenig elastisch. Tischler und Zimmerleute verwenden das Walnussholz für hochwertige Möbel und Innenausstattungen und als Furnier. Besonders begehrt ist das Holz im Übergangsbereich zwischen Stamm und Wurzel, weshalb auf Wertholzsubmissionen Bloche mit Wurzelwerk zu finden sind. Generell gilt Walnussholz als eines der wertvollsten Hölzer. Auf Submissionen werden je nach Qualität Erlöse von mehreren hundert bis tausend Euro pro fm erzielt.

Tab. 13 Wuchsbedingungen heimischer Baumarten

Baumart	**Höhenstufe**	**Alter**	**Lichtanspruch**		**Anfälligkeit für Spätfrost**	**Verbreitung der Samen**	**Feuchtigkeitsbedarf**	**Nährstoffbedarf**
			Jugend	**Alter**				
Fichte	montan–subalpin	600	mittel	mittel	mittel	Wind	mittel	gering
Salweide	planar–montan	50	hoch	hoch	gering	Wind	gering	gering
Lärche	montan–subalpin	400	hoch	hoch	gering	Wind	mittel	gering
Birke	planar–montan	100	hoch	hoch	gering	Wind	gering	gering
Arve	subalpin	400	mittel	mittel	gering	Vögel	gering	gering
Waldkiefer	planar–montan	600	hoch	hoch	gering	Wind	gering	Gering
Stieleiche	planar–submontan	800	hoch	hoch	mittel	Vögel	gering	mittel
Traubeneiche	planar–submontan	800	hoch	hoch	gering	Vögel	mittel	mittel
Bergahorn	planar–montan	400	gering	hoch	gering	Wind	hoch	hoch
Spitzahorn	planar–submontan	100	gering	hoch	mittel	Wind	hoch	hoch
Esche	planar–montan	200	mittel	hoch	mittel	Wind	hoch	hoch
Eberesche	planar–montan	100	mittel	hoch	gering	Vögel	gering	gering
Vogelkirsche	planar–montan	100	gering	mittel	mittel	Vögel	hoch	hoch
Hainbuche	planar–montan	100	gering	gering	mittel	Wind	mittel	mittel
Winterlinde	planar–montan	400	gering	gering	gering	Wind	mittel	mittel
Sommerlinde	planar–montan	400	gering	gering	mittel	Wind	gering	mittel
Rotbuche	planar–montan	400	gering	gering	hoch	Tiere	mittel	gering
Weißtanne	submontan–montan	600	gering	gering	hoch	Wind	hoch	gering
Silberpappel	planar–kollin	100	hoch	hoch	gering	Wind	hoch	mittel
Schwarzerle	planar–montan	200	hoch	hoch	gering	Wasser	hoch	hoch

4.2 Nichtheimische Baumarten

Unter den mitteleuropäischen Forstleuten fanden sich im 18. und 19. Jahrhundert viele Naturforscher und reiselustige Abenteurer. Diese Pioniere brachten von ihren Reisen fremde Baumarten mit und versuchten diese erfolgreich anzubauen, um die Produktivität der heimischen Wälder zu steigern. Doch nur ganz wenige Arten konnten sich an die mitteleuropäischen Verhältnisse anpassen. Es werden nun drei exotische Baumarten vorgestellt, mit denen sich sowohl die forstliche Praxis als auch die Wissenschaft am intensivsten auseinandergesetzt haben.

4.2.1 Douglasie

Ursprünglich stammt die Douglasie *(Pseudotsuga menziesii)* aus dem pazifischen Nordwesten der USA. Aus botanischer Sicht gehört sie zur Unterfamilie der Laricoideaen, von den heimischen Baumarten ist die Lärche *(Larix decidua)* am nächsten mit ihr verwandt. Ihr Verbreitungsgebiet erstreckt sich vom Norden Mexikos bis nach Vancouver in den Süden Kanadas. Das große Herkunftsgebiet führte zur Bildung vieler Varietäten. Zahlreiche Anbauversuche haben ergeben, dass die falsche Sortenwahl beim Pflanzmaterial zum Ausfall ganzer Kulturen führen kann. Die Douglasie ist in ihrer Jugend anfällig und gefährdet. Bei falscher Pflanzenwahl oder an ungeeigneten Standorten kann ein hoher Ausfall in der Jugend das Resultat sein. Gegenüber Frostschäden zeigt sie wenig Toleranz, Spätfröste können das Ende von ganzen Kulturen bedeuten. Weitere Ausfallursachen sind Hallimasch, Rüsselkäfer und Wildverbiss.

Die Douglasie wächst auch auf nährstoffarmen Standorten, allerdings reagiert sie empfindlich auf die Bodenstruktur. Optimales Wachstum wird auf tiefgründigen, sandigen bis lehmigen Böden erreicht mit mittlerer bis guter Wasserversorgung. Beste Anbauerfolge zeigt die Douglasie auf carbonatfreien Braunerden, Semipodsolen, Podsolen und Rankern. Widerstandsfähig erweist sie sich gegenüber sommerlicher Trockenheit, Sturm und Schnee. Es gilt abzuwarten, wie sich eine Ausweitung des Anbauareals auf die Gefährdung der Douglasie durch heimische Schadorganismen der Douglasie auswirken wird.

Die Douglasie besitzt ein enormes Jugendhöhenwachstum, das sich auch mit zunehmenden Bestandsalter fortsetzt. Auf den günstigsten Standorten zeigt sich die Douglasie um bis zu 150 % wüchsiger als die Fichte. Auf Dauerversuchsflächen im Wienerwald hatte die Douglasie im Alter von 60 Jahren bereits eine Wuchsleistung von rund 900 fm erzielt, während die Fichte 500 fm und die Buche nur 300 fm erreichte. Die in relativ kurzer Zeit erzielbaren hohen Wuchsleistungen sprechen auf geeigneten Standorten für die Douglasie als wertvolle Ergänzung zu heimischen Baumarten. Die Douglasie ist eine Halblichtbaumart, sie ist aber in der Jugend schattentoleranter und daher unterbaugeeignet. In Nordamerika wird sie überwiegend im Kahlschlag

Die Douglasie ist eine wüchsige Baumart.

verjüngt. In Kalifornien tritt sie in Mischbeständen mit dem überaus konkurrenzfähigen und schattenresistenten Küstenmammutbaum auf. Da sich die Douglasie auch unter dessen Schirm verjüngt, ist sie für den Umbau von standortfremden Fichtenbeständen verwendbar. Für die Begründung von Beständen sollten Verbände mit Pflanzzahlen von 1500–2000 Douglasien pro ha gewählt werden. Der günstigste Zeitpunkt für die Erstdurchforstung liegt bei einer Bestandsoberhöhe von 12–15 m.

Die Douglasie darf an geeigneten Standorten als eine überaus wüchsige Alternative zur Fichte gesehen werden. Mit ihren Holzeigenschaften findet sie auch Akzeptanz bei der Sägeindustrie und lässt sich daher einfach vermarkten. Jedoch sollte man bei der Douglasie, die zu den nichtheimischen Baumarten gehört, auch bedenken, dass sich die Erfahrungen mit dieser Baumart meist nicht über mehr als zwei Umtriebszeiten (150–200 Jahre) erstrecken. Gerade deshalb müssen neben den Chancen auch die Risiken der Baumart betrachtet werden, da sich viele Schädlinge aus dem Ursprungsareal auch im hiesigen Anbaugebiet auf die Douglasie anpassen könnten. Zudem resultiert ein hohes Wachstum bei gebietsfremden Baumarten oftmals aus dem geringen Schutz- und Abwehrbedarf gegenüber Schadorganismen. Auf die Befürchtung, dass sich Schaderreger bei ständig ansteigender Anbaufläche allmählich auf die Douglasie einstellen könnten, deuten zwei aktuelle Waldschutzprobleme hin.

Das derzeit größte Risiko stellt der Befall von Douglasiennadeln durch die Rußige Douglasienschütte *(Phaeocryptopus gäumannii)* dar.

Die Rußige Douglasienschütte befällt ausschließlich die Nadeln der Douglasie und führt zu einem vorzeitigen und gehäuften Nadelabwurf. Kennzeichnend sind neben Vergilbungen der Nadeln vor allem das grau-rußige Schimmern der Nadelunterseiten, verursacht durch die aus den Spaltöffnungen hervorbrechenden punktförmigen Fruchtkörper an der Nadelunterseite. Es handelt sich gewöhnlich um einen mehrjährigen Krankheitsverlauf, weil die Nadeln erst nach zwei bis drei Jahren abgeworfen werden. Da sich die Infektion über mehrere Jahre verstärkt, sind die Verluste älterer Nadeljahrgänge am größten. Selbst ein starker Befall führt gewöhnlich nicht unmittelbar zum Absterben, da der Neuaustrieb nicht beeinträchtigt wird.

Der frühzeitige Nadelabwurf bewirkt eine verminderte Fotosyntheseleistung und einen damit verbundenen Wachstumseinbruch. Durch den Befall kann das Bestandswachstum um mehr als die Hälfte reduziert werden. Die Infektionsgefahr kann durch die richtige Standortwahl vermieden werden: Ein erhöhtes Risiko besteht bei Hängen mit nördlicher Exposition, engen Talmunden sowie luftfeuchten und windabgewandten Standorten. Eine Beimischung durch Laubbaumarten senkt das Befallsrisiko ebenfalls deutlich. Diese Umstände führen aber dazu, dass die Douglasie nur beschränkt als Ersatzbaumart für die Fichte zu werten ist und diese nicht an jedem Standort ersetzen kann. Bei starkem Befall über mehrere Jahre hinweg konnte ein Rückgang des Bestandswachstums in Bezug auf den Bestandsvorrat bis zu 52 % und ein Rückgang des Höhenwachstums bis zu 25 % im Vergleich zu schwach geschädigten Beständen nachgewiesen werden.

Das erste Auftreten der Douglasiengallmücke *(Contarinia pseudotsugae)* wurde im Dezember 2015 aus Belgien und den Niederlanden gemeldet. Eine Infektion der Douglasiennadeln durch die Douglasiengallmücke führt zu einem frühzeitigen Nadelabwurf des jüngsten Nadeljahrganges sowie zu Vitalitätseinbußen. Bei starkem Befall können nahezu 100 % des diesjährigen Nadeljahrganges betroffen sein. In seltenen Fällen kann es zum Zurücksterben von einzelnen Zweigen kommen.

Der neue, wohl aus dem Ursprungsland der Douglasie eingeschleppte Schaderreger, konnte inzwischen in fast allen Landesteilen von Rheinland-Pfalz nachgewiesen werden. Es sind auch Meldungen aus Bayern und Baden-Württemberg bekannt (Stand Juli 2016). Im Bereich des südlichen Pfälzer Waldes war Ende Juli an vielen Douglasien auf weiträumig verstreuten Standorten die Krankheitserscheinung zu sehen. Die Gallmücke befällt ausschließlich den jüngsten Nadeljahrgang der Douglasie, welcher gerade von der Rußigen Douglasienschütte bisher verschont wurde. Abhängig von der Befallsstärke können nahezu alle Nadeln des jüngsten Jahrganges befallen sein und später absterben. Es werden Douglasien verschiedenen Alters, speziell aber junge Douglasienpflanzen, befallen. Naturverjüngungen und Pflanzungen sind gleichermaßen betroffen. Ältere Douglasien weisen ebenfalls Befallssymptome auf, die bedingt durch mehrere vorhandene Nadeljahrgänge weniger deutlich erkennbar sind.

Zu Beginn des Sommers erscheinen die infizierten Nadeln gelb. Im weiteren Verlauf verfärben sich die Befallsstellen rötlich bis violett, im Herbst schließlich bräunlich. Oftmals sind die Nadeln infolge der Gallenbildung geschwollen oder stark verformt bis gebogen. Ein weiterer Einfluss auf die Populationsentwicklung haben natürliche Feinde, insbesondere helfen parasitisch lebende Erzwespenarten, eine Übervermehrung zu regulieren. Ebenfalls können Hagel, Starkregen oder starker Wind zu mechanischen Verletzungen der Douglasiengallmücke und somit eine erfolgreiche Eiablage beeinträchtigen.

Ein starker Befall durch die Douglasiengallmücke führt nicht unmittelbar zu einem Absterben, da ältere Nadeljahrgänge noch vorhanden sind. Kommen hierzu jedoch die Rußige Douglasienschütte oder andere pathogene Pilze hinzu, so kann die kombinierte Wirkung eine starke Schädigung bis hin zum Absterben bewirken. Besonders ein zeitgleiches starkes Auftreten der rußigen Douglasienschütte, in Verbindung mit der in unregelmäßigen Abständen in Erscheinung tretenden Massenvermehrung der Douglasiengallmücke, könnte zu Wachstumsverlusten führen und die Baumart Douglasie in ihrer Vitalität stark schädigen.

Die Douglasie ist eine wüchsige Baumart, die auf für sie geeigneten Standorten ausgezeichnete Holzzuwächse verspricht. Als generelle Ersatzbaumart für die Fichte scheint sie aber nicht geeignet, da sie auf nicht optimalen Standorten stark an Vitalität einbüßt. Zudem sind mit Douglasiengallmücke und Douglasienschütte bereits zwei ernsthafte Schädlinge bekannt. Es kann nicht ausgeschlossen werden, dass noch weitere aus dem ursprünglichen Herkunftsgebiet eingeschleppt werden, insbesondere, wenn sich der Anbau der Douglasie stark vergrößern sollte. Auch kann derzeit noch nicht gänzlich ausgeschlossen werden, dass sich heimische Schadinsekten an die Douglasie anpassen. Aus diesen Gründen ist sie nur als bedingt stabile Baumart anzusehen, ein 1:1-Wechsel von der Fichte zur Douglasie, wie er immer wieder propagiert wird, verbietet sich aber.

4.2.2 Große Küstentanne

Aufmerksamkeit erregt die große Küstentanne *(Abies grandis)* bei Waldbesitzern wegen ihrer Wuchsleistung. In ihrer Heimat sind Baumhöhen bis zu 75 m und Durchmesser von bis zu 2 m verbürgt. Zudem verfügt sie über ein rasches Jugendwachstum. Auf der Versuchsfläche in Krems in Niederösterreich erreichte sie im Alter von 42 Jahren eine Höhe von 27 m und einen Durchmesser von 39 cm. Damit übertrifft die große Küstentanne deutlich das Ertragspotenzial von Fichte und Tanne. In Deutschland gibt es ähnliche Zuwachsergebnisse. Im Versuchsgarten der Landesbetriebe Nordrhein-Westfalen stockt eine Küstentanne, die im Alter von 46 Jahren einen BHD von 67 cm und eine Höhe von 34 m hat. Im Stadtwald Brakel (Nordrhein-Westfalen) erreicht ein Küstentannenbestand im Alter von 56 Jahren einen Gesamtvorrat von 1400 fm pro ha. In diesem Alter liegen die besten Bonitäten für die Fichte bei etwa 900 fm pro ha, für die Weißtanne bei 1000 fm pro ha.

Die große Küstentanne ist an der nordamerikanischen Pazifikküste heimisch. Ihr Herkunftsgebiet erstreckt sich vom südwestlichen Kanada bis nach Kalifornien. Sie bildet selten Reinbestände und ist u. a. mit Douglasie, Hemlocktanne und Amerikanischer Lärche vergesellschaftet. Im milden Klima ihres Herkunftsgebietes steigt die große Küstentanne auf bis zu 1600 m. Durch das große Verbreitungsgebiet existieren viele Lokalrassen. Die Herkunft des Pflanzenmaterials entscheidet über den erfolgreichen Anbau. Für den forstlichen Anbau in Mitteleuropa eignet sich nur die raschwüchsige Lokalrasse des westlichen Verbreitungsgebiets, konkret Pflanzen aus den Gebirgen von Oregon, Washington und British Columbia.

Beste Wuchsleistungen bringt die Küstentanne auf tiefgründigen, nährstoffreichen, frischen und gut durchlüfteten Böden. Sie ist aber vor allem im Vergleich zur heimischen Weißtanne *(Abies alba)* sehr standorttolerant. Auch auf trockenen oder feuchten Böden zeigt sie ansprechende Wuchsleistungen. Kalkhaltige flachgründige Böden sind für den Anbau der Küstentanne weniger geeignet. Die Küstentanne treibt später und ist daher weniger spätfrostgefährdet als die Weißtanne. Sie benötigt in der Jugend mehr Licht als die Weißtanne, setzt dieses aber auch entsprechend um. Ein jährliches Höhenwachstum von 90 cm in der Jugend ist keine Seltenheit. Aufgrund des schnellen Jugendwachstums eignet sie sich gut als Mischbaumart, welche hilft, Bestandslücken rasch zu schließen. Die Küstentanne ist ein Tiefwurzler, was sie als Beimischung in instabilen Beständen brauchbar macht. Ein weiteres Argument für den Anbau der großen Küstentanne ist ihre hohe Toleranz gegenüber trockenen Sommern.

Die Bestandsbegründung kann sowohl unter dem Schirm eines Altbestandes als auch auf Kahlschlag erfolgen. Vorsicht ist jedoch auf Flächen geboten, in denen der Rüsselkäfer vorkommt. Der Schädling befällt auch die große Küstentanne. Bewährt haben sich Pflanzzahlen von 1600–2000 Stück pro ha (Reihenabstände von 2,5–3 m). Der Weitverband benötigt keine kostspieligen Läuterungen. Eine zu starke Durchforstung sollte vermieden werden, da die Küstentanne bei starker Freistellung sehr breite Jahrringe bildet, das mindert die Holzqualität. Die Zielstärke liegt bei einem Durchmesser von 45 cm und einem Alter von 45–60 Jahren.

Im Vergleich zur Weißtanne ist die große Küstentanne wesentlich robuster. Nur in der Jugend ist sie gegenüber Spätfrost empfindlich, ebenso wie gegen Trockenheit. Der Rüsselkäfer kann in Kulturen zu starken Ausfällen führen. Die größte Bedrohung stellen der Wurzelschwamm und der Hallimasch dar. Bisher sind keine gravierenden Forstschutzprobleme bekannt, weshalb die große Küstentanne als widerstandsfähige Tannenart gilt. Seit dem Jahr 2000 ist in Ostdeutschland (Berlin und Brandenburg) die Colorado-Tannentrieblaus nachgewiesen. 2007 kam es erstmals zu einem Massenauftreten. Schäden an den Wirtsbäumen konnten aber nicht gefunden werden. Trotzdem ist zu beachten, dass die große Küstentanne ein Exot ist. Mögliche Forstschutzprobleme können nicht ausgeschlossen werden, vor allem bei großflächigem Anbau im Reinbestand. Der Befall durch den Rüsselkäfer sollte Warnung genug sein. Der Rüsselkäfer kommt nicht im natürlichen Verbreitungsgebiet der Küstentanne vor, konnte sich aber trotzdem auf die fremdländische Baumart anpassen. Es kann nicht ausgeschlossen werden, dass sich weitere Forstschädlinge bei vermehrtem Anbau ebenfalls anpassen.

Das Holz ist hell, harzfrei und ohne ausgeprägte Kernfärbung nicht witterungsbeständig, es ist auch gegenüber Pilz- und Insektenbefall nicht widerstandsfähig. Mit zunehmendem Alter und geringeren Jahrringbreiten verbessern sich die Holzeigenschaften. Das Holz der großen Küstentanne ist für Kisten, Verpackungen, schichtverleimte Träger, Blindholz im Möbelbau und Konstruktionsholz im Innenausbau verwendbar. Es tritt Nasskernbildung auf, die aber nicht zwingend einen negativen Einfluss auf die Holzqualität hat. Im deutschen Rheinland lässt sich die Küstentanne erfolgreich vermarkten und erreicht etwa das Preisniveau der heimischen Tanne. In Österreich gibt es aufgrund des geringen Holzaufkommens noch keine Erfahrungswerte bezüglich des Preisniveaus.

Die große Küstentanne eignet sich vor allem als Mischbaumart für die Umwandlung von Fichtenreinbeständen. Ihre Toleranz gegenüber Trockenheit und ihre tiefen Wurzeln erhöhen die Bestandsstabilität. Durch ihr rasches Jugendwachstum schließt sie rasch Lücken und beschleunigt den Bestandsumbau. Mit ihrem enormen Wuchspotenzial kommt es zu keinen Ertragseinbußen. Gerade ihre Wüchsigkeit verleitet dazu, sie im Reinbestand zu pflanzen. Dies sollte vorerst aber nicht getan werden, da die Versuchsflächen noch nicht genug Auskünfte über eventuelle Schädlinge geben.

4.2.3 Roteiche

Ihren Namen verdankt die Roteiche *(Quercus rubra)* ihren Blättern: Im Herbst verfärben sich diese leuchtend orange bis rot. Dank der Blätter ist die Roteiche auch leicht erkennbar: Die Blätter sind sehr groß – die Blattlänge beträgt 10–25 cm – und tief eingeschnitten. Die Roteiche stammt ursprünglich aus dem Osten Nordamerikas. In ihrer Heimat ist sie eine der bedeutendsten Laubbaumarten und vor allem in Mischwäldern anzutreffen. In den Appalachen ist sie bis auf 1600 m zu finden.

Bereits 1691 wurde sie in die Schweiz importiert. Lange Zeit wurde sie aber nur als Park- und Alleebaum genutzt. Erst seit einigen Jahrzehnten gibt es Versuche, die Roteiche forstlich zu kultivieren. Diese zeigen allerdings sehr erfreuliche Ergebnisse.

An den Boden stellt der Exot geringe Ansprüche, selbst auf sandigen Böden zeigen sich die Roteichen wüchsig. Bevorzugt werden lockere kalkarme Böden in feucht mildem Klima. Trotzdem erzielt sie auch gute Wuchsergebnisse auf Standorten mit schlechter Wasser- und Nährstoffversorgung. Zum Anbau auf dichten Lehm- und Tonböden, auf Staunässeböden, aber auch auf extrem trockenen Standorten kann nicht geraten werden. Auf kalkhaltigen Standorten und auf Standorten mit sehr schlechter Grundwasserversorgung leidet die Roteiche unter Wurzelfäule. Sie bildet in der Jugend ein Pfahlwurzelsystem aus, das sich mit zunehmendem Alter in ein Herzwurzelsystem umwandelt. Sie gilt daher als sehr sturmfest. Für die vorhergesagte Erwärmung durch den Klimawandel ist die Roteiche gewappnet. Ihre Grenze liegt in Gebieten, wo auch die Niederschläge abnehmen werden.

Ebenso wie Douglasie und große Küstentanne ist die Roteiche eine wüchsige fremdländische Baumart. Die Roteiche zeichnet sich zusätzlich aus durch

- vergleichsweise geringe Ansprüche an die Standortgüte,
- häufige und starke Samenproduktion,
- besondere Robustheit und (damit verbunden) geringes Anbaurisiko.

Ertragskundliche Untersuchungen zeigen, dass die Roteiche den heimischen Eichenarten im Wachstum deutlich überlegen ist. Im Alter von 100 Jahren sind Roteichen bis zu 14 m höher als heimische Eichen. Ein Durchmesser von 50 cm kann bereits im Alter von 60 Jahren erreicht werden.

Die Roteiche sollte nicht in Einzelmischung begründet werden. Um eine gute Astreinigung durch Dichtstand zu erreichen, wird zumindest eine Begründung in Gruppen und Horsten empfohlen. Die Pflanzzahl liegt zwischen 3500 und 4000 Stück pro ha. Aufgrund ihrer sehr geringen Verbreitung muss die Roteiche künstlich begründet werden, wobei die Pflanzung in Gruppen am geeignetsten ist. Eine Gruppe sollte einen Durchmesser zwischen 5–7 m haben. Die ideale Pflanzzahl liegt in solchen Gruppen zwischen 25 und 30 Roteichen. Man kann auch mit geringeren Pflanzzahlen arbeiten, eine wüchsige Naturverjüngung anderer Baumarten vorausgesetzt.

Von der Jugend weg zeigt die Roteiche als Lichtbaumart ein starkes Wachstum. Bei jungen Bäumen wurden bereits Trieblängen von 2,5 m Länge gemessen. Die natürliche Astreinigung funktioniert gut bei einem entsprechenden Dichtstand. Bei einer Oberhöhe von 16–18 m erreicht die Roteiche einen astfreien Stammabschnitt von 5–8 m. Zu diesem Zeitpunkt sollten auch die Z-Bäume ausgesucht und von möglichen Bedrängern befreit werden. Das Produktionsziel bei der Roteiche liegt bei einem Durchmesser zwischen 50 und 70 cm. Die Umtriebszeit liegt bei etwa 80 Jahren und ist damit wesentlich geringer als bei heimischem Eichenarten. Gutes Wachstum setzt eine starke Krone voraus: Das gilt auch für die Roteiche. Bei der Durchforstung sollten daher Z-Bäume konsequent von Konkurrenzbäumen befreit werden.

Das Holz ähnelt dem von Stiel- und Traubeneiche, es ist elastisch und hart. Den heimischen Eichen ist das Holz in der Druckfestigkeit überlegen. Der Kern ist rotbraun mit hellem Splint. Das Holz ist nicht witterungsbeständig, dafür aber gut imprägnierbar. Roteiche wird sowohl im Innen- als auch im Außenbereich verwendet. Parkette, Treppen sowie Fenster- und Türrahmen sind die typischen Erzeugnisse, die aus Roteichenholz gefertigt werden. Aktuell schätzen Holzverarbeiter das Holz der Roteiche aber gering, die Preise liegen etwa um 30 % niedriger als das heimischer Eichenarten. Wegen ihrer Holzeigenschaften kann die Roteiche weder in der Fassbinderei noch als Furnierholz verarbeitet werden. Ein möglicher technologischer Fortschritt bei den Holzverarbeitern könnte die Roteiche aber auch am Holzmarkt attraktiver werden lassen.

Die Roteiche ist eine alternative Baumart für die Zukunft. Sie ist resistent gegenüber Krankheiten und Schädlinge und ist wüchsiger als heimische Eichenarten. Als fremdländische Baumart sollte sie aber trotzdem nur als Mischbaumart gesehen und nicht im Reinbestand kultiviert werden.

4.2.4 Hopfenbuche

Die europäische Hopfenbuche (*Ostrya carpinifolia*) wird selten mehr als 100 Jahre alt und nur etwa 17 m hoch. Ihr ökologisches Profil ähnelt dem der Hainbuche. Ihr natürliches Verbreitungsgebiet ist Mittel- und Südeuropa, sie kommt auf einer Seehöhe zwischen 200 und 1.200 m vor. Sie benötigt einen Mindestniederschlag von 500 m und ist eine Pionierbaumart, die jedoch als Halbschattbaumart einzustufen ist und daher auch für den Unterbau geeignet ist. In der Jugend ist sie empfindlich gegenüber Konkurrenz von Gräsern und Sträuchern, was ebenfalls für eine Bestandesbegründung unter Schirm spricht. Optimales Wachstum zeigt sie in niederschlagsreichen Regionen, sie kann aber auch auf trockenen Felshängen wachsen, wo sie gemeinsam mit der Schwarzkiefer und der Flaumeiche auftritt. Sie bevorzugt nährstoffreiche Böden und die Streu wirkt bodenpfleglich. Unabhängig von der Bodenfeuchtigkeit kann die Hopfenbuche unter Schirm verjüngt werden, also auch auf trockenen Böden. Sie ist auch fähig zum Stockausschlag, allerdings ist sie empfindlich gegen Spätfrost. Die Europäische Hopfenbuche ist keine raschwüchsige Baumart, dafür ist sie aber sehr gut geeignet als Mischbaumart für den Umbau von Nadelholzmonokulturen. So kann sie mit ihrer leicht zersetzbaren Streu für die Bodenverbesserung sorgen, was gerade in Kiefernbeständen positiv zu erwähnen ist, da die schwer abbaubaren Kiefernnadeln für eine Versauerung des Oberbodens sorgen. Bei der Pflanzung von Eichennestern kann sie ebenfalls wertvolle Dienste leisten, indem sie die jungen Eichen vor Wildverbiss schützt und zur Astreinigung der Eichen beiträgt.

4.2.5 Schwarzkiefer

Die Schwarzkiefer weist eine gute klimatische Eignung und eine hohe Dürretoleranz auf. Durch den Klimawandel könnte sie Areal im Mittelmeer verlieren während in Mitteleuropa günstigere Bedingungen entstehen. Sie kommt auf einer Seehöhe zwischen 250 und 1.800 m vor und benötigt einen jährlichen Niederschlag von 400 bis 1.800 mm, verträgt aber Frost bis zu minus 30 Grad Celsius. Sie vergesellschaftet sich mit einer Reihe von Baumarten wie Buche, Tanne, Elsbeere, Spitzahorn und Birke. Sie ist eine klassische Pionierbaumart mit hohen Lichtansprüchen. In der Jugend zeigt sie ein langsames Wachstum, sie verträgt zwar seitliche Beschattung durch Konkurrenzbäume, reagiert aber dynamisch auf Freistellung. Sie wächst am besten auf nährstoffreichen Böden, aber auch auf trockenen und flachgründigen Standorten. Nasse und sehr frische Böden behagen ihr aber nicht. Ihre Streu ist leichter abbaubar als die der Waldkiefer. Die Schwarzkiefer verbreitet sich per Wind, wobei Entfernungen bis zu 2 km nachgewiesen sind. Sie kann auch gut in Bestandeslücken verjüngt werden, sowohl durch Pflanzung als auch durch Saat. Als Pionierbaumart wächst sie auch auf Mineralboden. Sie zeigt ein besseres Wachstum als die Waldkiefer (*Pinus sylvestris*), wobei das Wachstum vor allem von der Wasserverfügbarkeit abhängt. Insgesamt ist die Waldkiefer eine lichtbedürftige Mischbaumart, die gemeinsam mit Flaumeiche, Baumhasel, Spitzahorn, Elsbeere und Mehlbeere für den Umbau von Waldkiefernreinbeständen verwendet werden kann und dabei gute Zuwachsresultate liefert.

4.2.6 Baumhasel

Große Höhen behagen ihr nicht, am häufigsten findet man sie in Höhenlagen zwischen 300 und 800 m, vereinzelt steigt sie auch auf bis zu 1.300 m. Ihre heimische Verwandte, die Gemeine Hasel (*Corylus avellna*) kommt in Mitteleuropa nur in Strauchform vor. Die Baumhasel dagegen kann abhängig von der Standortsgüte Höhen zwischen 20 und 30 m erreichen und einen Durchmesser zwischen 50 und 60 cm. Die Baumhasel ist eine sehr anpassungsfähige Art, weshalb sie an vielen Standorten angebaut werden kann. Nur jährlich 540 mm Niederschlag reichen der Baumhasel, zudem erträgt sie Temperaturen von minus 38 bis plus 40 Grad. Sie ist eine klassische Mischbaumart die mit Buche, Eiche, Ahorn, Esche und Silberlinde vorkommt. Sie ist eine Halbschattbaumart, die jedoch auf armen Standorten als Lichtbaumart einzustufen ist. Die große Palette an möglichen Standorten macht sie so interessant als Mischbaumart. Ihre Streu ist leicht zersetzbar und dient der Bodenverbesserung. Ihre Trockenresistenz verdankt die Baumhasel dem Wurzelwerk: Ihre Pfahlwurzel dringt tief in den Boden ein und erschließt auch Böden mit einem hohen Gesteinsanteil. Da sie sehr sturmfest ist, eignet sie sich auch für Aufforstungen an Waldrändern. Die in Mitteleuropa möglichen Temperaturspitzen übersteht die Baumhasel ohne Schäden und leidet auch kaum unter Früh- oder Spätfrösten. Probleme kann es aber geben mit Verbissschäden durch Rehwild. Abseits vom Verbiss sind keine bedeutenden Schädlinge bekannt, auch weil die Baumhasel eine hohe Widerstandsfähigkeit gegen biotische und abiotische Schäden hat. Sie ist auch resistent gegen Windwurf sowie kaum anfällig gegenüber Waldbrand (Mischbaumart für Waldbrandgebiete!!).

4.2.7 Libanonzeder

Der Libanonzeder kommt ursprünglich aus der Türkei und aus Syrien und wächst in Seehöhen zwischen 500 und 2.400 m. Der jährliche Niederschlag liegt zwischen 600 und 1.200 mm, der Schwerpunkt davon im Winterhalbjahr. Die Temperaturamplitude reicht von minus 35 bis plus 30 Grad. Er bildet Reinbestände aus, vergesellschaftet sich aber auch mit Kiefer, Eiche und Tanne. Obwohl eigentlich eine Pionierbaumart, verträgt er in den ersten Lebensjahren Beschattung. Der Libanonzeder entwickelt erst das Wurzelsystem, danach erst erfolgt das Höhenwachstum, das eher als langsam einzustufen ist. Auf nährstoffreichen Böden entwickelt sich der Zeder aber rascher. Soll er in Mischbeständen kultiviert werden, ist er unbedingt von Konkurrenz freizustellen, auch Reinbestände sollten laufend durchforstet werden um ausreichend Wuchsraum zu geben. Er verträgt keine flachgründigenen, trocknen Böden, tiefgründige Böden mit Grundwasser unterhalb von 60 cm verträgt er aber gut. Die Nährstoffansprüche sind gering, die Staunässetoleranz ist hoch. Er ist einigermaßen tolerant gegenüber Verbiss und besitzt eine hohe Toleranz gegenüber Spätfrost. Aufgrund seiner mittleren Anfälligkeit gegenüber Feuer und der Resistenz gegenüber Sommerdürre eignet er sich gut als Mischbaumart für waldbrandgefährdete Gebiete in Ostdeutschland. Der Libanonzeder eignet sich ausgezeichnet für geschädigte Kiefernbestände, die neu begründet werden müssen. Er ist zwar nicht so raschwüchsig wie Douglasie oder Fichte, dafür gibt es aber keine bedeutende Gefahr durch Schadinsekten. Zudem ist er frosthart, wenig gefährdet durch Windwurf und tolerant gegenüber Wildeinfluss. Insgesamt also eine Baumart, die hilft, die Vielfalt in Nadelholzmonokulturen zu erhöhen und wirtschaftlich akzeptable Ergebnisse liefert.

4.2.8 Exoten: ja oder nein?

Die Diskussion um die Einführung exotischer Baumarten wird von einigen Beteiligten – wie so oft in solchen Fällen – emotional anstatt auf Argumenten beruhend geführt. Für die Vertreter des Naturschutzes scheint jeder exotische Baum einer zu viel zu sein. Manche Forstleute wiederum sehen in den Exoten, allen voran in der Douglasie, das Allheilmittel, um in der Waldbewirtschaftung so weiterzumachen wie bisher, mit dem einzigen Unterschied, dass statt Fichtenmonokulturen Douglasienreinbestände die Landschaft prägen. Andererseits wurde die Douglasie vom Bundesamt für Naturschutz in einer Studie als invasive Art deklariert. Unter einer invasiven Art versteht man eine fremdländische Spezies, die künstlich bzw. anthropogen (also unter menschlicher Hilfe) in einen neuen Lebensraum eindringt, sich als äußerst konkurrenzfähig erweist und die heimischen Arten bedroht, zudem sind solche Arten auch bei massiver Bekämpfung nur schwer in Griff zu bekommen. Ein Beispiel hierfür ist die Robinie, die in einigen Teilen Ostösterreichs aufgrund ihrer Fähigkeit, sich über ihre Wurzelbrut zu vermehren, die Arten der Eichenwaldgesellschaften bedroht. Ähnliches ist aber von der Douglasie bisher nicht bekannt, und das, obwohl seit knapp 200 Jahren Erfahrungen mit der Kultivierung der Douglasie in Europa existieren.

Man muss auch erwähnen, dass es ehemalige Exoten gibt, die sich im Lauf der Jahrhunderte in Mitteleuropa hervorragend angepasst – sozusagen integriert – haben. Zu diesen Baumarten mit Migrationshintergrund gehören u. a. die Schwarznuss, die Walnuss und die Edelkastanie. Alle drei Arten wurden in Mitteleuropa aufgrund ihrer Früchte angebaut, obwohl ihr natürliches Verbreitungsgebiet weiter südlich liegt. Diese Frucht tragenden Baumarten sind ein Beispiel dafür, dass sich ursprünglich exotische Baumarten anpassen und langfristig in das Baumartenspektrum eingliedern können, ohne dass sie Probleme für das Ökosystem Wald darzustellen. Ich habe übrigens diese Arten deshalb nicht in die Liste möglicher Ersatzbaumarten für die Fichte aufgenommen, weil ich nicht der Meinung bin, dass sie eigentlich Exoten sind, sondern weil sie vergleichsweise selten im Wald vorkommen und die waldbaulichen Erfahrungen mit ihnen geringer sind als die mit Buche, Vogelkirsche oder Stieleiche.

Es sei auch daran erinnert, dass nach der letzten Eiszeit praktisch alle Baumarten zuallererst Exoten waren. Aus ihren jeweiligen Rückzugsgebieten kommend, mussten sie sich erst in Mitteleuropa beweisen und um ihren Platz in den heimischen Waldgesellschaften kämpfen – und ohne den starken Eingriff des Menschen in die Walddynamik würde dieser Prozess wohl immer noch andauern bzw. noch Jahrhunderte oder Jahrtausende weitergehen.

Daran zeigt sich aber auch der klare Unterschied zwischen den heimischen Baumarten und den Exoten: Erstgenannte haben sich ohne menschliche Eingriffe ihren Platz erobern müssen, sich sozusagen dafür qualifiziert, eine heimische Baumart zu sein und bewiesen, dass sie mit Klima, Standort und Schädlingen zurechtkommen.

Diese Erfahrung fehlt bei den Exoten und wie bereits erwähnt, sollen Douglasienschütte, Rüsselkäfer und Tannentrieblaus eine Warnung dafür sein, Fichtenmonokulturen einfach mit Reinbeständen von Exoten auszutauschen, sei ihr Wachstum auch noch so beeindruckend. Der Anbau dieser drei Baumarten kommt allenfalls als Mischbaumart und Ergänzung zu den Arten der jeweiligen natürlichen Waldgesellschaft infrage – und auch hier nur an Standorten, die auch wirklich geeignet erscheinen und den Ansprüchen von Douglasie, Großer Küstentanne oder Roteiche entsprechen.

5 Abwehr von Schäden

Wälder sind zwar dynamisch, trotzdem dauern Veränderungen im Wald nach menschlichen Maßstäben lange an. So wird es auch für engagierte Waldbesitzer Jahre, in manchen Fällen sogar Jahrzehnte dauern, bis aus einer künstlichen Fichtenmonokultur ein naturnaher Mischbestand geworden ist. Während dieser Umwandlungsperiode ist der Fichtenbestand immer noch gegenüber diversen biotischen und abiotischen Schädlingen anfällig, weshalb der Waldbesitzer in diesem Kapitel Hinweise und Tipps erhält, wie das Risiko minimiert sowie Schadereignisse bekämpft bzw. behoben werden können. Dabei werden die biotischen Schäden, insbesondere Borkenkäfer und Wildschäden behandelt, da der Waldbesitzer gegen diese im Gegensatz zu Windwurf, Schneebruch und Dürre aktiv eingreifen kann. Eine neue Gefahr, die vor allem Kiefer, aber auch zunehmend Fichtenbestände betrifft, ist der Waldbrand, weshalb auch dieser Schadensursache Aufmerksamkeit geschenkt wird. Zum Abschluss wird ein kurzer Überblick geliefert, wie man als Waldbesitzer mit Schadensflächen umgeht.

5.1 Allgemeines zum Forstschutz

Im Ökosystem Wald kommt es durch Konkurrenz, Fraß und Parasitismus laufend zu Störungen. Viele dieser Vorgänge bleiben vom Menschen unbemerkt, da sie nur in kleinem Umfang passieren (Blattfraß einzelner Insekten) oder unsere Sinne sie gar nicht erst wahrnehmen. Im Wald kommen viele Lebewesen vor, die wir wegen ihrer Lebensweise als Schädlinge ansehen. Selbst unter den Insekten und Pilzen, in Lehrbüchern als Forstschädlinge bezeichnet, gefährden aber nur wenige Arten den Wald in einem Ausmaß, dass Abwehrmaßnahmen tatsächlich notwendig werden. Treten jedoch Schäden an Bäumen in einer Häufigkeit auf, durch die das waldbauliche Ziel oder der Holzertrag gefährdet wird, ist es an der Zeit zu handeln. Die Aufgabe des Forstschutzes ist es, den Wald vor biotischen (Insekten, Pilze) und abiotischen (Wind, Frost, Schnee) Gefahren zu schützen.

Unter Forstschutz versteht man in Mitteleuropa das Überwachen und Bekämpfen von Schädlingen. Indem die Entwicklung der wichtigsten Schadinsekten (Borkenkäfermonitoring) beobachtet wird, soll Bewusstsein und Aufmerksamkeit geschaffen werden, um bei einer Massenvermehrung rechtzeitig reagieren zu können. Zu einer Massenvermehrung neigen Käfer (Buchdrucker, Kupferstecher) sowie einige Schmetterlingsarten (Foreule, Nonne, Frostspanner). Wenn die Prognose eine akute Bedrohung anzeigt, muss über Abwehrmaßnahmen entschieden werden. Vor dem Einsatz der Abwehrmethoden ist zu prüfen:

– Ist die geplante Maßnahme notwendig und gerechtfertigt?
– Ist die Maßnahme wirkungsvoll und umweltverträglich?

Dabei unterscheidet man verschiedene Abwehrmethoden: Bei der biologischen Bekämpfung werden Feindorganismen oder Parasiten der Schädlinge ausgesetzt. Der Ameisenbuntkäfer ist ein Fressfeind der Borkenkäfer. Wird er ausgesetzt, kann er die Massenentwicklung hemmen. Als mechanische Verfahren kommen in der Praxis vor allem das Verbrennen des Holzes von Borken- oder Bockkäfern befallener Bäume sowie Nasslager zum Einsatz. Biotechnische Abwehrmaßnahmen nutzen chemische Reizstoffe (Pheromone), um Schädlinge in Fallen zu locken. Besonders gegen Borkenkäfer und Schmetterlinge wendet man diese Methode häufig an. Einsatz von Chemikalien, wie er etwa in Plantagenwäldern Amerikas routinemäßig erfolgt, ist in unseren heimischen Wäldern nicht üblich und vom Gesetzgeber nur strikt reglementiert in gewissem Maße erlaubt. In Deutschland und Österreich sind nur Pflanzenschutzmittel zugelassen, die gezielt und selektiv auf bestimmte Schädlinge wirken. Der Einsatz ist nur dann erlaubt, wenn keine anderen Abwehrmaßnahmen mehr möglich sind.

Mit Pheromonfallen wird die Entwicklung von Borkenkäferpopulationen beobachtet: Die in den Schlitzfallen gefangenen Käfer werden dabei in gewissen Zeitabständen gezählt.

5.2 Waldschäden

Waldschäden werden in zwei Gruppen aufgeteilt: abiotische, die durch unbelebte Umwelteinflüsse, meist in Verbindung mit Wetterereignissen, auftreten und biotische Schäden, die durch Organismen verursacht werden.

Abiotische Waldschäden
Wind: In Mitteleuropa die häufigste Schadensform, kann in Einzelfällen zur Zerstörung ganzer Waldbestände führen.
Schnee: Nassschnee führt zu Schneebruch, bei dem Teile der Krone beschädigt werden.
Frost: Frostrisse entwerten das Holz, Spät- und Frühfrost vernichten Jungpflanzen (Eiche, Douglasie, Tanne).
Blitz: tritt nur bei Einzelbäumen auf, führt aber zur Entwertung des Holzes.
Feuer: Kronenfeuer zerstören ganze Bestände.
Lawinen: Staublawinen sind bestandsgefährdend.
Hochwasser: Nur Auarten sind widerstandsfähig gegen Hochwasser, die meisten anderen Baumarten beginnen nach etwa 14 Tagen abzusterben.

Biotische Schäden
Insekten: Sehr artenreiche Gruppe, entsprechend vielfältig sind die Schadensbilder bei Massenvermehrungen. Gefährlich sind Schädlinge wie Borkenkäfer, Rüsselkäfer und Schmetterlinge.
Pilze: zersetzen das Holz, wodurch es zur völligen Entwertung des Einzelbaums kommt. Nur in seltenen Fällen bestandsgefährdend.
Säugetiere: Schäden durch Verbiss der Knospen, Abschälen der Rinde, Fraß von Samen. Schädlinge: Rot- und Rehwild, Wildschwein, Elch, Kaninchen und Wühlmäuse.

5.3 Abwehr von Borkenkäfern

Damit die Suche nach befallenen Bäumen erfolgreich ist, muss diese systematisch durchgeführt werden. Daher konzentriert man sich auf die Stellen, wo am ehesten mit dem Befall gerechnet werden muss. Das sind Stellen, an denen es Windwurf und Schneebruch gegeben hat, sowie Käfernester, die aus dem Vorjahr bekannt sind. Borkenkäfer besiedeln auch einzelne geschwächte Fichten. Allerdings ist die Gefahr einer Massenvermehrung an einzelnen Bäumen geringer als in einem Käfernest aus dem Vorjahr, wo eine ganze Reihe von Brutbäumen stockt. Vorrang haben Bestände mit hohem Fichtenanteil. Je mehr Mischbaumarten den Bestand gemeinsam mit der Fichte bilden, desto kleiner wird die Gefahr einer Kalamität. Bei entsprechender Gefahrenlage sind alle Fichtenbestände einzubeziehen, wegen der Gefährdung durch

Kupferstecher auch Jungwüchse. Grundsätzlich sind Borkenkäfer Sekundärschädlinge. Sie besiedeln Bäume, die bereits geschwächt sind (Wipfelbruch, Trockenheit, Alter). Es ist allerdings zu beachten, dass bei Massenvermehrungen die Zahl der Käfer so groß werden kann, dass auch vitale Bäume erfolgreich attackiert werden können.

5.3.1 Die wichtigsten Borkenkäferarten

Buchdrucker *(Ips typographus)*
Nach der Überwinterung des Käfers in der Rinde von befallenen Bäumen oder im Boden (Nadelstreu) erfolgt der erste Schwärmflug in den Monaten April bis Mai, im Juli gibt es häufig einen zweiten Schwärmhöhepunkt. Bei sehr warmen Temperaturen und damit günstigen Bedingungen können sich bis zu drei Generationen ausbilden. Befallen werden Fichten ab einem Durchmesser von 20 cm. Aus runden, ca. 3 mm großen Einbohrlöchern wird braunes Bohrmehl ausgestoßen. Beim Abheben der Rinde werden dann ein- bis maximal dreiarmige (= Stimmgabel), längsgerichtete Muttergänge und davon ungefähr rechtwinkelig ausgehende Larvengänge sichtbar.

Kupferstecher *(Pityogenes chalcographus)*
Es können alle Stadien des Käfers unter der Rinde im Brutbild überwintern. Die Hauptflugzeit ist die Gleiche wie beim Buchdrucker. Der Kupferstecher bildet auch unter günstigen Bedingungen nur zwei Generationen aus. Am meisten gefährdet sind Fichtenstämme im Stangenholzalter, bei hoher Populationsdichte auch Jungfichten in Kulturen. Vorsicht ist auch besonders bei stärkeren, im Bestand verbleibenden Ästen geboten. Zu erkennen ist ein sehr kleines Einbohrloch in dünnrindigen Stamm- und Kronenbereichen, auch von älteren Bäumen, und unterhalb der Rinde ein drei- bis sechsarmiger Sterngang mit einer in der Rinde verborgenen Rammelkammer.

Die typischen Spuren sind Bohrmehl und Harztropfen an der Rinde von Fichten (s. Abbildung). Da das Bohrmehl durch vorherigen starken Wind oder Regen weggeweht bzw. abgewaschen werden kann, machen Kontrollen bei solchen Witterungsverhältnissen keinen Sinn. Während der Hauptflugzeit, also von April bis September, muss in den gefährdeten Bereichen wöchentlich kontrolliert werden.

Außerhalb der Schwärmzeit der Borkenkäfer, also in den Herbst- und Wintermonaten, erkennt man die im Frühjahr und Sommer befallenen Bäume an:

- den Einbohrlöchern,
- den Spechtabschlägen,
- den abgefallenen verfärbten Nadeln,
- der rötlichen Verfärbung der Krone,
- dem Abfall der Rinde bei noch grüner Krone.

Ab April beginnen der Käferflug und damit die Besiedelung der Fichten. Befallene Bäume müssen gefällt und aus dem Wald entfernt werden. An Stellen, wo befallene Bäume gefunden wurden, ist es unbedingt notwendig, alle 4–5 Wochen eine Nachkontrolle durchzuführen. Diese Kontrolle gilt vor allem den geschlüpften Jungkäfern.

Die sicherste Methode der Borkenkäferbekämpfung ist, befallenes Holz zu schlägern und aus dem Wald abzutransportieren. In manchen Regionen ist dies aber aus verschiedenen Gründen nicht sofort möglich. Befallenes Holz darf laut Forstgesetz nicht im Wald belassen werden. Daher muss eine Behandlung erfolgen, falls der Abtransport nicht unverzüglich möglich ist. Folgende Methoden können hierbei hilfreich sein:

Entrinden: Neue Studien zeigen, dass es bereits reicht die Rinde anzuritzen um die Entwicklung der Borkenkäferlarven zu stören. Am effektivsten ist eine Entrindung durch ein entsprechendes Harvesteraggregat.

Insektizidanwendung: Es gibt eine Reihe von zugelassenen Mitteln wie Karate Forst flüssig und Fastac Forst gegen Borkenkäfer, die sowohl vorbeugend und als auch bekämpfend wirken. Bei ihrem Einsatz sind eine umweltschonende Dosierung sowie eine gründliche Arbeitstechnik einzuhalten.

Insektizidnetze: Befallene Einzelstämme bis zu ganzen Holzpoltern können mit Insektizidnetzen abgedeckt werden. Dabei wird der mechanische Schutz (die Käfer können nicht ausfliegen) mit chemischem kombiniert: In den Netzfasern ist ein Wirkstoff eingebracht, der die Käfer abtötet.

Folienlagerung: Dabei wird das Holz konserviert, zudem werden holzschädigende Pilze und Insekten durch den Sauerstoffentzug sowie den steigendem CO_2-Gehalt abgetötet. Folienlager sind eine Alternative zu bewilligungspflichtigen Nasslagern und können dezentral für kleinere Holzmengen angelegt werden.

Hacken und Zerkleinern, Verbrennen: Verbleibendes Restholz (Stammstücke, Ast- und Kronenmaterial) wird bruntauglich gemacht oder trocknet durch Ablängen in kurze Stücke schneller aus. Vor dem Verbrennen von Brutmaterial sind unbedingt die notwendigen Genehmigungen bei den zuständigen Behörden einzuholen.

Unbekämpfter Befall: Wurde ein Befall zu spät entdeckt, und die Käfer haben den Baum bereits verlassen, so kann dieser Baum als Totholz stehen gelassen werden. Die Entnahme trägt nichts mehr zur Bekämpfung bei, ein Belassen wirkt sich positiv auf Käfergegenspieler, die Artenvielfalt und die Bestandsstruktur aus. Die weitere Suche soll sich aber auf die unmittelbaren Nachbarbäume konzentrieren, da hier die Käfer ihre Attacken fortführen.

5.3.2 Biologischer Forstschutz

Der Waldbesitzer ist aber nicht allein im Kampf gegen Kupferstecher und Co. In Ameisenbuntkäfern, Kamelhalsfliegen, Dreizehenspecht und anderen Arten findet er Verbündete.

Der wohl bekannteste Gegenspieler des Borkenkäfers ist der Ameisenbuntkäfer *(Thanasimus formicarius)*. Wegen seiner auffälligen Zeichnung ist er leicht zu bestimmen. Der bunte Käfer ist eine Allzweckwaffe: Rund 20 Borkenkäferarten werden von ihm verzehrt. Die Jagd nach den Schadinsekten beginnt der Ameisenbuntkäfer bereits als Larve. Eine einzige Larve vertilgt am Tag mehrere Borkenkäfer. Bis zu 20 % einer Borkenkäferpopulation fallen den Ameisenbuntkäfern zum Opfer. Als Lebensraum begehrt sind stehende Stämme, aber auch in liegenden Stämmen wird nach Beute gesucht. Als besonders nützlich haben sich die Ameisen-Buntkäfer nach großen Wind- und Schneebrüchen in Fichtenreinbeständen erwiesen. Von den Niederungen bis ins Gebirge findet man den Ameisenbuntkäfer. Er kommt nicht nur in Fichtenreinbeständen vor, sondern auch in Laubwäldern, in denen einzelne Fichten stocken. Sein massenhaftes Auftreten fällt mit den Schwärmzeiten der Borkenkäfer zusammen. Somit ist der Ameisenbuntkäfer nicht nur ein Gegenspieler der Borkenkäfer, er ist auch ein Indiz für ihr Vorkommen.

Laufkäfer sind räuberische Insekten mit großem Appetit: Pro Tag wird das Dreifache des Eigengewichts verzehrt. Einige Vertreter dieser sehr artenreichen Familie sind die wichtigsten Gegenspieler der Borkenkäfer. Sie sind allerdings nicht sehr bekannt, da sie meist sehr klein sind und verborgen leben. Ihrer Beute, den Borkenkäfern, stellen sie unter der Baumrinde nach, auch in den von Borkenkäfern angelegten Gangsystemen. Laufkäfer wie der Echte Schulterläufer *(Pterostichus oblongopunctatus)* sind besonders effizient bei der Bekämpfung. Im Gegensatz zu anderen Fressfeinden befinden sich die Grablaufkäfer schon in den Bäumen, wenn diese von Borkenkäfern besiedelt werden. Der Flachkäfer *(Nemosoma elongatum)* gehört zur kleinen Familie der Jagdkäfer, über die nur wenig bekannt ist. Vom Flachkäfer weiß man jedenfalls, dass er ein Nützling ist. Sowohl die Larven als auch die ausgewachsenen Käfer leben unter der Rinde und ernähren sich von Borkenkäferlarven.

Bei Kamelhalsfliegen schaut man beim ersten Anblick genauer hin. Durch ihren eigentümlichen Körperbau stechen sie ins Auge des Betrachters. Die zarten Insekten sind weder Fliegen, noch gehören sie zu den Käfern, sondern sind Mitglieder der Ordnung der Netzflüglerartigen. Der herzförmige Kopf, der durch den verlängerten Hals sehr weit nach vorne reicht, wird stets schräg aufwärts getragen. Er ist sehr beweglich und mit scharfen Kiefern bewaffnet. Kamelhalsfliegen sind oft sehr zahlreich in den Brutsystemen von Borkenkäfern anzutreffen, wo sie sich von deren Eiern und Larven ernähren.

Der Dreizehenspecht *(Picoides tridoctylus)* ist der wahre Spezialist im Kampf gegen Borkenkäfer. In einer Schweizer Studie wurde ermittelt, dass ein einzelner Specht im Jahr bis zu 670 000 Borkenkäfer vertilgt. Eine Massenvermehrung von Borkenkäfern lockt generell viele Spechtarten an. Aber nur der Dreizehenspecht ist auch in der Lage, seine Population rasch anwachsen zu lassen. Während einer Borkenkäfermassenvermehrung kann auch die Zahl der Dreizehenspecht bis auf das 20fache ansteigen. Der Dreizehenspecht vertilgt aber nicht nur die Borkenkäfer, er sorgt dank seiner Jagdmethode auch dafür, dass die Population indirekt geschwächt wird. Stößt er auf einen nahrungsreichen Baum, kann er diesen innerhalb kürzester Zeit nahezu vollständig schälen. Dadurch werden die Käferbruten widrigen Umwelteinflüssen ausgesetzt, und sie sterben zum Beispiel durch Austrocknung oder ungünstige Temperaturen ab. Außerdem befallen Pilze die Brutgalerien. Borkenkäferbrut in abgefallenen Rindenstücken ist am Boden wiederum für andere Vögel oder Kleinsäuger zugänglich.

Wenn die Borke durch die Ablösung von Rindenteilen dünner ist, kann dies zu erhöhter Parasitierung der Borkenkäferlarven führen,denn so können auch Schlupfwespen mit kurzem Eiablagestachel unter der Rinde liegende Larven parasitieren, die sie bei normal dicker Rinde nicht erreichen würden. Diese indirekten Zerstörungsmechanismen von Borkenkäfern infolge der Hackarbeit von Dreizehenspechten sind noch deutlich größer als der direkte Verzehr.

Der Waldbesitzer kann sich die Arbeit des Dreizehenspechts zunutze machen. Voraussetzung dafür ist aber, das für den Dreizehenspecht das ganze Jahr über ausreichend viel Nahrung zur Verfügung steht. Als Nahrungsbäume bevorzugt der Dreizehenspecht abgestorbene Fichten. Daher macht es Sinn, im Falle von Borkenkäferschäden, Bäume, aus denen die Borkenkäfer bereits ausgeflogen sind, stehen zu lassen. Sie stellen aus Sicht des Forstschutzes keine Gefahr mehr dar, sind aber ein wertvolles Substrat für Dreizehenspechte. Auch einzeln stehende starke Fichten mit schlechter Holzqualität können dafür verwendet werden. Ist der Dreizehenspecht zu Beginn einer Massenvermehrung bereits vor Ort, so ist die Bekämpfung effektiver.

Was man über Spechte wissen sollte

Es ist ein vertrautes Bild im Wald: Ein Specht hüpft auf einem Baumstamm herum und setzt seinen Schnabel als Werkzeug ein. Dafür waren aber einige Anpassungen nötig, die es Spechten möglich machte, eine Nahrungsquelle zu erschließen, die anderen Vögeln verborgen bleibt. Die Wendezehe an den Füßen und der Stützschwanz mit verstärkten Federkielen ermöglicht es den Spechten, sich auch an senkrechten Stämmen festzuhalten und sich rasch und geschickt fortzubewegen. Der starke Schnabel ist vielseitig einsetzbar. Er kann sowohl zur Nahrungssuche als auch mittels rythmischen Trom-

Unter allen heimischen Spechtarten bekämpft der Dreizehenspecht Borkenkäfer am effektivsten.

melns zur Reviermarkierung verwendet werden. Mit gezieltem Hacken baut der Specht seine Wohnhöhle. Spechte sind die Baumeister im Wald, denn eine Vielzahl von anderen Tieren, von der Hummel über den Siebenschläfer bis zum Baummarder, mieten sich in verlassene Spechthöhlen ein. Die Anatomie des Spechtkopfes ist an seine Lebensweise angepasst. Andere Vogelarten würden starke Kopfschmerzen bekommen bei dem Versuch, mit ihren Schnäbeln an Bäumen zu hacken. Ebenso bemerkenswert ist die Zunge: Spechte können ihre Zunge weit aus dem Schnabel heraus in Ritzen und Löcher strecken. Mit der klebrigen und mit Borsten besetzten Zungenspitze klauben sie Insektenlarven aus Hölzern.

Seitens der meisten Forstleute kommt den Spechten viel Sympathie entgegen, da sie als Bekämpfer von Borkenkäfern wie Buchdrucker und Kupferstecher gelten. Aber nicht jede heimische Spechtart ist dabei gleich erfolgreich. So gibt es Arten, die nur in Laubmischwäldern leben, wie etwa der Grauspecht. Der Grünspecht wiederum lebt bevorzugt in Obstgärten und Hecken, seine Hauptnahrung sind neben Ameisen wiesenbewohnende Insekten. Der Buntspecht lebt zwar auch in Nadelwäldern, er ist aber Generalist und neben Borkenkäfern frisst er auch Spinnen, Nüsse und sogar Jungvögel.

Spechte gehören zu den gefährdeten waldbewohnenden Arten. Verantwortlich hierfür ist die Waldwirtschaft. Alle Spechtarten benötigen absterbende bzw. tote Bäume. Kurze Umtriebszeiten sowie das konsequente Entfernen abgestorbener Bäume haben zum Lebensraumverlust geführt. Experten fordern für Spechte pro 100 ha Wald zehn Altholzinseln, die insgesamt etwa 5 ha ausmachen. Für bäuerliche Waldbesitzer wird das kaum möglich sein. Das Belassen von einzelnen absterbenden Bäumen – sowohl im Laub- als auch im Nadelwald – ist jedoch durchaus möglich. Höhlenbäume sollte man ohnehin nicht ernten, auch sollten Störungen während der Brutzeit von April bis Juni vermieden werden.

Aus der Luft droht den Borkenkäfern noch eine andere Gefahr: Sowohl Brack- als auch Erzwespen gehören zu den wichtigsten Gegenspielern der Borkenkäfer. Die Larven von Brack- und Erzwespen gehören zu den Parasitoiden. Im Gegensatz zu echten Parasiten töten Parasitoiden ihre Wirte. Die relativ kleinen Schmarotzer leben am oder im Körper des Wirtes, der fortschreitend geschwächt wird und schließlich abstirbt. Die Weibchen der Brack- und Erzwespen besitzen einen Legebohrer, der mit einer Giftdrüse verbunden ist. Zunächst wird der Wirtsorganismus durch Einstechen des Legebohrers gelähmt, danach legt das Weibchen seine Eier auf dem Wirt ab. Die schlüpfenden Larven ernähren sich saugend von der Körperflüssigkeit der vergifteten Wirte. Vornehmlich werden Larven als Wirt genutzt, einige Wespenarten nutzen aber auch ausgewachsene Borkenkäfer. Dabei wird das Ei in den Körper des Käfers gelegt.

Bis zu 50 % einer Borkenkäferbrut kann von Wespenlarven befallen werden. Im Gegensatz zu anderen Arten sind die Wespen in der Lage, im Falle einer Massenvermehrung ihre Populationen ebenfalls rasch anwachsen zu lassen. Durch ihre enorme Vermehrungsrate sind sie daher in der Lage, rasch regulierend einzugreifen.

Bakterien befallen auch Borkenkäfer. Speziell im Zuge einer Massenvermehrung erkranken Borkenkäfer an verschiedenen Bakterien. Sie werden über die Nahrung aufgenommen und infizieren den Verdauungstrakt. Mit fortschreitender Infektion verwandelt sich der Körperinhalt in einen verfaulenden Brei. Die Bakterien tragen damit zum Zusammenbruch einer stark gewachsenen Population bei.

Auch Pilze besiedeln Borkenkäfer, und zwar sowohl Larven als auch ausgewachsene Käfer. Eine Infektion erfolgt vorwiegend über die Haut. Danach breitet sich der Pilz am ganzen Körper aus. Der Pilz wächst dabei sehr rasch, innerhalb weniger Tage ist der ganze Borkenkäfer vom Pilz überwuchert, was zum Tod führt. Damit sich Pilze optimal entwickeln können und somit einen regulierenden Effekt auf Borkenkäferpopulationen haben, muss die Lufttemperatur mindestens 25 °C betragen und die Luftfeuchtigkeit bei über 90 % liegen. Dabei kann sich eine Sterblichkeit der Borkenkäfer bis zu 100 % ergeben.

Angesichts der Armada an Feinden und Krankheiten stellt sich die Frage, wie es überhaupt zur Massenvermehrung von Borkenkäfern kommen kann. Aber die Anwesenheit von Fressfeinden und Krankheitserregern sind Faktoren, die kaum für die Entwicklung einer Population entscheidend sind. Eine Massenvermehrung wird nicht durch die Abwesenheit von Fressfeinden oder Krankheiten ausgelöst, sondern durch das vorhandene Nahrungsangebot. Borkenkäfer sind dann in der Lage, ihre Populationen in kurzer Zeit rasch wachsen zu lassen und das vorhandene Substrat zu nutzen. In günstigen Jahren können sich bis zu drei Generationen entwickeln und die Population um das Tausendfache ansteigen.

Fressfeinde können nur bedingt auf die rasche Vermehrung reagieren. Laufkäfer, Ameisenbuntkäfer und Spechte können ihre Populationen nicht so rasch anwachsen lassen wie Borkenkäfer, dazu sind aber Brack- und Erzwespen durchaus in der Lage. Trotzdem hat die Borkenkäferpopulation einen zeitlichen Vorsprung. Und während des Zeitraums, bis die Zahl von Fressfeinden angewachsen ist, können die zahlreichen Borkenkäfer erhebliche Schäden im Wald anrichten. Bakterien und Pilze sind bei der Bekämpfung von Borkenkäfern sehr effektiv, doch treten sie erst auf, wenn die Borkenkäferpopulation eine gewisse Größe erreicht hat und genügend Käfer vorhanden sind, um die Krankheiten weiterzuverbreiten.

Die Gegenspieler der Borkenkäfer können also eine Massenvermehrung nicht aufhalten. Sie sind aber trotzdem enorm wichtig, da sie dafür verantwortlich sind, dass am Höhepunkt der Massenvermehrung die Population wieder zusammenbricht. Daher sind, so weit möglich, Nützlinge im Zuge der Waldbewirtschaftung zu fördern, wie etwa durch das Belassen von Totholz und alten Bäumen.

5.3.3 Pflanzenschutzmittel

Die Sommer 2015, 2018, 2019 sowie 2023 waren für Borkenkäfer ein Highlight. Die über Wochen in ganz Mitteleuropa anhaltenden tropischen Temperaturen sorgten dafür, dass sich die rindenbrütenden Insekten hervorragend ausbreiten und entwickeln konnten. Die Fichten waren hingegen, bedingt durch hohe Temperaturen und geringe Niederschläge, stark geschwächt. Entsprechend hoch waren die Schäden. Bisher spielten Insektizide in der mitteleuropäischen Waldwirtschaft kaum eine Rolle. Doch in Zukunft werden Sommer mit solchen hohen Temperaturen häufiger vorkommen. Daher stellt sich die Frage, ob es zukünftig notwendig ist, die chemische Keule im Wald häufiger zu schwingen.

In vielen Teilen Amerikas gehört es fast zur guten forstlichen Praxis: Vor allem künstliche Plantagenwälder schützt man mit diversen chemischen Wundermitteln vor Schädlingsbefall. In Mitteleuropa hingegen gibt es kaum Befürworter des Chemieeinsatzes im Wald. Das zeigt sich schon an der Gesetzeslage: Nur wenige Pflanzenschutzmittel sind überhaupt für die Bekämpfung von Borkenkäfern zugelassen. Pflanzenschutzmittel dürfen auch im Wald nur noch von Personen ausgebracht werden, die über einen Sachkundenachweis verfügen. Der wesentliche Unterschied zu in der Landwirtschaft verwendeten Pflanzenschutzmitteln ist aber der, dass befallene Stämme jedenfalls gefällt werden und aus der Produktion ausscheiden. Insektizide gegen Borkenkäfer töten zwar die Borkenkäfer ab, der Schaden an den befallenen Bäumen ist aber so groß, dass dieser jedenfalls aus dem Bestand ausscheiden muss. Dadurch wird auch die Holzproduktion gestoppt, und der einzelne Baum kann nicht mehr sein gesamtes Wuchspotential ausschöpfen.

Der Einsatz von Pflanzenschutzmitteln dient in erster Linie dazu, dass sich Borkenkäfer in befallenen Stämmen nicht weiterentwickeln können und eine weitere Ausbreitung verhindert wird. Dafür kommen aber auch andere Methoden infrage: Wird das Holz unmittelbar nach der Ernte abtransportiert, verhindert man ebenfalls eine weitere Ausbreitung. Bei starkem Befall ist der rasche Transport vor allem aus Kapazitätsgründen nicht immer möglich. In solchen Fällen können die Stämme entrindet werden, was allerdings sehr arbeitsintensiv ist. Eine andere Möglichkeit ist die Nasslagerung. Diese lohnt sich aber nur für sehr große Holzmengen ab 10 000 m^3 und für Sortimente mit guter Holzqualität. Es ist also eine Kooperation mehrerer betroffener Waldbesitzer nötig, zudem sind einige behördliche Genehmigungen einzuholen. Der Einsatz von Pflanzenschutzmitteln kann also durchaus Sinn machen: Er ist aber kein Allheilmittel gegen den Borkenkäferbefall!

In besonders ökologisch sensiblen Gebieten, wie in Wasserschutzgebieten, ist der Einsatz von Pflanzenschutzmitteln nicht erlaubt. Die zugelassenen Pflanzenschutzmittel stellen zwar für den Menschen keine direkte Gefahr dar, sie belasten aber sehr wohl die Umwelt. Deshalb ist ein sorgsamer Einsatz unbedingt erforderlich. Der Einsatz von chemischen Mitteln ist aber nicht nur ökologisch bedenklich. Die Verwendung von Insektiziden ist auch ein wirtschaftlicher Mehraufwand. Damit der Schutz effektiv wirkt, müssen ausnahmslos alle befallenen Bloche behandelt werden. Rechnet man die benötigte Arbeitszeit plus die Kosten der Pflanzenschutzmittel zu den Holzerntekosten hinzu, wird bei Energie- und Industrieholz im Seilgelände, wo hohe Holzerntekosten anfallen, möglicherweise ein positiver Deckungsbeitrag verfehlt.

Empfehlungen für den Einsatz von Pflanzenschutzmitteln

- Pflanzenschutzmittel nur dann einsetzen, wenn es keine Alternative gibt.
- Anwendung nur durch Personen mit Sachkundenachweis.
- Bei der Ausbringung die vorgeschriebene Schutzausrüstung tragen und zugelassene Geräte verwenden.
- Unbedingt die Hinweise der Gebrauchsanweisung beachten.
- Beachtung aller gesetzlichen Restriktionen (z. B. Schutzgebietsverordnungen).

- Abhängig vom Schädling das jeweils zugelassene Pflanzenschutzmittel verwenden.
- Keine Überschreitung der Aufbrauchfrist von zwei Jahren nach Ablauf der Zulassung.
- Bei zertifizierten Wäldern (z. B. PEFC, FSC) Bestimmungen der Zertifizierung beachten.
- Einsatz nur während der Schwärmzeit (von April bis Oktober).
- Kleine Polter aufbauen, um alle Bloche für den Einsatz erreichbar zu machen.
- Anwendung auf der Forststraße, um die Belastung des Bestandes zu minimieren.

Der Einsatz von Pflanzenschutzmitteln ist eine Abwehrmethode, um die Ausbreitung von Borkenkäfern einzudämmen. Borkenkäferinsektizide bieten aber keinen generellen Schutz vor einem Befall. Dieser kann nur durch den Waldbau erreicht werden, indem standortfremde Fichtenbestände umgebaut und Mischbaumarten gefördert werden.

5.4 Abwehr von Wildschäden

Wenn die Tage kürzer werden und die Temperaturen sinken, sollten Sie sich als Waldbesitzer Gedanken über den Schutz ihrer Kulturen machen. Auch wenn es vermehrt Bestrebungen gibt, die hohen Wildbestände durch intensivere Bejagung in den Griff zu bekommen, ist der Wilddruck in vielen Regionen immer noch so hoch, dass Schutzmaßnahmen notwendig sind. Hinzu kommt, dass die Problematik der Wild-

Tab. 14 Entwicklung der Strecke bei Reh, Rothirsch und Gämse in Österreich

Wildart	**1950**	**1980**	**2015**
Rothirsch	12 637	40 187	51 700
Rehwild	59 962	211 105	268 054
Gamswild	7 139	24 709	19 690

Tab. 15 Entwicklung der Strecke von Reh, Rothirsch und Gämse in Deutschland

Wildart	**1936**	**1980**	**2015**
Rotwild	56 960	47 869	74 359
Rehwild	643 364	757 466	1 139 536
Gamswild	955	2 923	4 703

schäden komplex ist und daher nicht damit zu rechnen ist, dass sich an der Gesamtsituation in naher Zukunft etwas ändert.

Der Begriff Wild umfasst alle jagdbaren Vogel- und Säugetierarten, umgangssprachlich sind damit aber Reh, Rothirsch und Gämse gemeint. Insgesamt sind die Wildschäden die wichtigste Schadensursache bei Verjüngungen. Während bei den meisten Gefahren ein naturnaher Waldbau, wie etwa die Vermeidung von Kahlschlägen gegen den Rüsselkäfer, das Befallsrisiko deutlich reduzieren kann, so trifft dies nicht auf die Wildschäden zu. Für die Bestandsentwicklung dieser Tiere sind Faktoren ausschlaggebend, die der einzelne Waldbesitzer nicht beeinflussen kann, insbesondere nicht, wenn der Waldbesitz nur einige Hektar groß ist. Der Grund für den hohen Wilddruck liegt im starken Populationswachstum. Die Intensivierung der Landwirtschaft, aber auch der Verlust von Lebensraum (höhere Wilddichte auf kleineren verfügbaren Flächen) sowie mildere Winter sind die Ursachen für die hohen Bestände.

Wer schädigt wie?

Rehwild *(Capreolus capreolus)* richtet im Wald aufgrund seiner Häufigkeit und Anpassungsfähigkeit den größten Schaden an. Neben dem Verbiss fegen junge Rehböcke auch Jungpflanzen, was oft zum Absterben derselben führt.

Neben Verbiss und Fegeschäden schält Rotwild *(Cervus ephalus)* auch, was zur völligen Entwertung der Bäume führen kann. Geschält wird am häufigsten in Stangenholz, es kann aber auch Altbäume treffen.

Während Schwarzwild *(Sus scrofa)* auf landwirtschaftlichen Flächen verheerende Schäden anrichten kann, halten sich die Schäden im Wald in Grenzen. Der Verzehr von Bucheckern und Eicheln kann in Mastjahren zu einer Verzögerung der Verjüngung führen.

Gamswild *(Rupicupra rupicupra)* kommt vor allem auf alpinen Rasen vor, zieht aber auch in den Bergwald. Gämsen verbeißen und schlagen junge Bäume. Lokal kann dieses Verhalten den Erfolg von Verjüngungen gefährden, da Gämsen Standorte bewohnen, die in der Kampfzone des Waldes liegen und die Entwicklungsbedingungen wesentlich härter für Jungpflanzen sind als in tieferen Regionen.

Zu den sonstigen jagdbaren Arten, die Schäden verursachen können, zählen Damhirsch *(Dama dama)*, Mufflon *(Ovis gmelini)* und Elch *(Alces alces)*. Aufgrund der geringeren Zahl dieser Arten kommt es nur lokal zu nennenswerten Schäden.

Die Methoden der Wildschadensverhütung werden immer zahlreicher: Vogelscheuchen und reflektierende Pfähle sollen das Wild davor abhalten, Wald und Flur zu schädigen. Auch kurios anmutende Vergrämungsmethoden werden in manchen Ratgebern empfohlen: Sie reichen vom Verstreuen von Menschenhaaren bis zur Installation von Feuerwerkskörpern, dessen Lärm das Wild verscheuchen soll. Wer aber keine Lust hat, nach jedem Friseurbesuch den Wald zu besuchen, und die Stille im Wald schätzt, sollte sich lieber an die bekannten technischen Abwehrmethoden halten. Neben der Regulierung der Wilddichte sind diese die erfolgversprechendste Methode für den Schutz der Waldverjüngung. Dabei muss auch beachtet werden, dass mit jeder Schutzmaßnahme der Druck auf die nicht geschützte Vegetation zunimmt. Man unterscheidet zwischen Einzelschutz, bei der die einzelne Pflanze geschützt wird, und Flächenschutz, bei dem eine gesamte Kultur oder ein Teil davon geschützt wird. Neben dem Arbeitsaufwand entstehen auch immer Kosten bei Schutzmaßnahmen.

Welche Schutzmaßnahme am effektivsten ist, hängt auch von der Verjüngungsart und dem vorherrschenden Wilddruck ab: Ist dieser so hoch, dass nicht einmal mehr die Fichte sich verjüngen kann, dann wird eine Zäunung am effektivsten sein. Wollen Sie in einem Waldgebiet mit normaler Wilddichte eine verbissgefährdete Baumart wie die Tanne oder die Eiche verjüngen, wird der Einzelschutz zielführender sein. Bevor Sie Schutzmaßnahmen setzen, ist es aber ratsam, die Verbisssituation zu untersuchen. Dabei stellen sich drei Fragen:
- Ist Verbiss an der Verjüngung zu finden?
- Handelt es sich bei den verbissenen Bäumen um eine Zielbaumart?
- Ist der Verbiss derart hoch, dass dadurch die erfolgreiche Verjüngung gefährdet ist?

Wenn die Antwort auf alle drei Fragen ja lautet, dann müssen Sie Schutzmaßnahmen einsetzen.

Vor allem bei kleinflächigen Kulturen eignet sich der Zaun. Dabei muss die zu schützende Fläche aber eine Mindestgröße haben, ansonsten wird der Zaunbau unrentabel: Zumindest eine Fläche von einem halben Hektar sollte geschützt werden. Für eine Länge von 100 m dauert der Zaunbau zwischen sieben und elf Stunden. Gegen zu große Zaunflächen (über 10 ha) spricht, dass sowohl der Lebensraum des Wildes als auch die Jagdfläche eingeengt wird. Der Zaun hilft nicht nur gegen Verbiss, sondern schützt auch vor Fegen und Schälschäden. Je nach Zauntyp schützt er nicht nur vor Reh- und Rotwild, sondern auch gegen Hasen und Kaninchen. Deshalb ist vor dem Bau des Zauns auch unbedingt abzuklären, welches Wildtier die Schäden verursacht: Hat man in der Kultur ein Verbissproblem, das durch Mäuse verursacht wird, hilft die Einzäunung wenig.

Bei Wildzäunen gibt es verschiedene Bauarten. Welche Bauart für den jeweiligen Bestand sinnvoll ist, hängt von der Bodenbeschaffenheit und der notwendigen Standzeit des Zauns ab. Grundsätzlich unterscheidet man zwischen Pfahl-, Scheren- und Hängezaun.

Elektrische Wildzäune sind die neueste Form von Wildzäunen, sie werden meist als Pfahlzäune errichtet. Im Vergleich zu Weidezäunen sind einige Unterschiede zu beachten. Da vor allem Rehwild wesentlich kleiner ist als Rinder, müssen die Drähte tiefer beginnen als bei Weidezäunen. Die Spannung muss ebenfalls deutlich höher liegen als bei Weidezäunen. Der Strom wird von einem Solarmodul erzeugt. Die Zauntrasse muss auf beiden Seiten etwa einen Meter breit von Bewuchs freigehalten werden. Ansonsten können Grashalme oder Äste eine Erdung verursachen, wodurch der Effekt des elektrischen Zauns stark vermindert wird. Um Unfälle zu vermeiden, sollten am Zaun Warnschilder befestigt sein.

Im Gegensatz zum Flächenschutz wird beim Einzelschutz jede Pflanze separat geschützt. Dabei wird der Trieb oder die gesamte Pflanze vor Verbiss geschützt. Hierfür gibt es mechanische und chemische Verfahren.

Beim mechanischen Schutz wird entweder die Triebknospe oder die gesamte Pflanze geschützt. Beim Schutz der Triebknospe werden Fasern, die für das Wild vergällend wirken, wie etwa Schafwolle eingesetzt. Ab einer Pflanzenhöhe von 60 cm können Sie Schafwolle als

Tab. 16 Verbissgefährdung heimischer Baumarten

	Verbissgefährdung		
Baumart	**hoch**	**mittel**	**gering**
Tanne	x		
Eiche	x		
Ahorn	x		
Esche	x		
Eberesche	x		
Pappeln	x		
Rotbuche		x	
Linde		x	
Kiefer		x	
Fichte			x
Birke		x	
Lärche		x	
Douglasie		x	
Schwarzerle			x

Schutzmittel verwenden. Der Geruch der Schafwolle vergrämt Rehe. Diese Methode ist allerdings sehr arbeitsintensiv, weshalb sie sich nur für kleine Verjüngungsflächen eignet. Am gebräuchlichsten sind Kunststoffclips, die am Trieb befestigt werden. Dabei darf aber die Knospe nicht am Austrieb behindert werden.

Dabei kann sich der Waldbesitzer aber auch auf natürliche Weise helfen: Für Pflanzen bis 20 cm Höhe reicht es, wenn er diese mit Ästen abdeckt. Dabei wird das Wachstum der jungen Bäume nicht gehemmt, gleichzeitig ist es aber ein effektiver, billiger und einfacher Schutz vor Verbiss.

Beim Gesamtschutz werden Wuchshüllen und Drahthosen eingesetzt. Diese Schutzmethode hilft nicht nur vor Verbiss sondern auch vor Fegeschäden. Drahthosen sind schwierig aufzubauen und müssen auch wieder von der Pflanze entfernt werden. Darüber hinaus besteht die Gefahr, dass das Drahtgeflecht in das Holz einwächst, wenn es nicht rechtzeitig entfernt wird, was zur Holzentwertung führt. Moderne Wuchshüllen zersetzen sich durch die UV-Strahlung der Sonne.

Folgende Punkte sollten Sie bei der Auswahl von Wuchshüllen beachten:

- Verwenden Sie Wuchshüllen mit Belüftungslöchern, um optimale Wachstumsbedingungen im Inneren zu schaffen.
- Wuchshüllen sollten doppelwandig sein, um die zuweilen heißen äußeren Schutzwände von den empfindlichen Blättern fernzuhalten (Gefahr des Abwelkens).
- Der obere Rand von Wuchshüllen sollte nach außen gebogen sein, damit sich die herauswachsenden Triebe sowie das Stammholz bei Windbewegungen nicht abscheuern.

Wuchshüllen schützen Jungbäume vor Verbiss. Sie müssen aber rechtzeitig wieder entfernt werden, damit sie nicht in das Holz einwachsen.

- In wenig belichteten Verhältnissen, z. B. unter Schirm, sind transparente Wuchshüllen oder offene Gitterhüllen sinnvoll.
- Wuchshüllen müssen stabil im Boden verankert werden, um etwa Schäden durch Mäuse zu vermeiden.
- Geflochtene Gitterhüllen sind meist etwas günstiger. Sie sind in ihrer Form jedoch instabil und haben wenig Bodenkontakt, außerdem haften oft die Ranken der Konkurrenzvegetation daran.
- Vergessen Sie nicht das Zubehör wie Kabelbinder, Verstärkungsringe und Befestigungsstäbe (Robinie und Eiche eignen sich gut wegen der benötigten Dauerhaftigkeit).
- Besonders die Befestigungsstäbe müssen trocken gelagert werden, um den Transport auf die Fläche ergonomisch zu gestalten, das Gewicht und Volumen der Materialbewegung ist auf größeren Flächen beträchtlich.
- Bei späteren Kontrollarbeiten ist der gerade der Stand zu prüfen sowie die Konkurrenzvegetation zu entfernen, die sich über die Hülle gelegt hat oder in der Wuchshülle mit aufgewachsen ist.
- Planen Sie den Abbau und die fachgerechte Entsorgung von nichtzersetzten Wuchshüllen ein.

Das Ausstreichen von diversen Pflanzenschutzmitteln ist eine äußerst aufwendige Schutzmaßnahme, da sie möglicherweise im Frühjahr wiederholt werden muss. Besonders bei nasser Witterung stoßen die Streichmittel bald an ihre Grenzen und es bedarf einer erneuten Aufbringung. Die Knospen dürfen dabei nicht zu stark eingepinselt werden, da sie sonst ersticken können. Bei Frost oder Regen kann nicht gestrichen werden. Diese Verfahren wiederholt man alljährlich, bis die Jungpflanzen hoch genug sind. Es gilt die Faustregel, dass über einer Höhe von 1,8 m der Leittrieb vor Verbiss sicher ist, bei Rehwild im Revier liegt die Höhe bei 1,3 m.

5.5 Waldbrand

In 85 % ist der unvorsichtige Umgang mit Feuer, wie etwa Rauchen im Wald, die Ursache für Waldbrand. Neben den Witterungsbedingungen entscheiden aber auch eine Reihe anderer Faktoren über den Ausbruch. Wie schon erwähnt, ist ein hoher Nadelholzanteil ein Risiko. Harze und ätherische Öle, die das Holz enthält, fördern ebenfalls Waldbrände. Trockenes Gras in lichten Beständen liefert dem Feuer ebenso Substrat wie dürre Äste oder Kronenreste von Schlägerungen.

Was kann der Waldbesitzer also tun, um das Waldbrandrisiko zu verringern? Man unterscheidet dabei zwei Arten von Maßnahmen: waldbauliche und technische. Waldbauliche Lösungen beschäftigen sich vor allem mit dem Bestandsaufbau sowie mit Vorsorgemaßnahmen wie Waldbrandriegel. Technische Maßnahmen sind etwa die Anlage von

Löschteichen. Technische Maßnahmen sind aber meist mit großem Aufwand verbunden. Deshalb ist für technische Maßnahmen die Zusammenarbeit zwischen mehreren Waldbesitzern nötig.

Waldbrände beginnen meist als Bodenfeuer. Ein Bodenfeuer schädigt den Wald von allen Feuerarten am geringsten. Es wird vor allem die Bodenvegetation zerstört. Erreicht das Bodenfeuer sehr hohe Temperaturen, zerstört es auch Samen und Wurzeln. Kronenfeuer entstehen, wenn die Flammen des Bodenfeuers in die Kronenschicht gelangen. Kronenfeuer töten die Bäume in den meisten Fällen. Beginnen ganze Bäume zu brennen und umfasst der Brand mindestens eine Baumlänge, spricht man von Vollfeuer. Vollfeuer haben die größte Zerstörungskraft und sind nur schwer unter Kontrolle zu bringen. Die größte Gefahr bei Vollfeuern ist eine rasche Weiterverbreitung des Brandes, vor allem bei ungünstigen Windverhältnissen.

Mehr Laubholz, vor allem in Nadelholzreinbeständen, ist der wichtigste Schritt, um das Waldbrandrisiko zu verringern. In manchen Beständen wird die Beimischung von weniger wüchsigen Laubhölzern die Holzproduktion schmälern. Die Bestandsstabilität ist aber wichtiger als der Holzzuwachs. Laubbäume haben zwei Effekte: Ihre Streu ist nicht so leicht entflammbar wie die von Nadelbäumen, und die Bäume enthalten mehr Feuchtigkeit. Für besonders trockene und nährstoffarme Böden eignen sich Feldahorn, Hainbuche, Baumhasel und

Durch den Klimawandel wird es in Zukunft häufiger Waldbrände geben.

Robinie. Die Birke bildet eine Ausnahme unter den Laubhölzern, da bei extremer Trockenheit Rinde und grünes Laub brennen können. Außerdem bildet die Birke lichte Bestände aus, in denen sich leicht brennbares Gras und Heide ansiedelt.

Die Verbreitung des Feuers kann verhindert werden, indem man Zonen bildet, in denen dem Feuer das Brennmaterial entzogen werden. Man unterscheidet dabei drei Arten:
- Wundstreifen,
- Schutzstreifen,
- Waldbrandriegel.

Wundstreifen sollen die Verbreitung von Feuer komplett verhindern. Dazu werden Flächen von etwa einem Meter Breite angelegt, die von brennbarem Material und humosem Oberboden befreit werden. Durch einen Wundstreifen wird das Durchlaufen eines Bodenfeuers verhindert. Wiederholtes Eggen oder Pflügen in der Waldbrandsaison hält die Funktion aufrecht.

Schutzstreifen sind ca. 20–30 m breite Flächen, die von leicht brennbarem Material (Reisig, dürre Äste, Gestrüpp) befreit werden, ebenso wie von schwachen und trockenen Bäumen. Da wenig Brennmaterial vorhanden ist, können Bodenfeuer nicht auf den Kronenraum übergreifen.

Waldbrandriegel sind 100–300 m breite Flächen, die mit brandhemmenden Laubbäumen bewachsen sind. Ein Waldbrandriegel soll Vollfeuer in leichter zu bekämpfende Bodenfeuer umwandeln sowie der Feuerwalze die Energie entziehen. Aufgrund des großen Flächenbedarfs von Waldbrandriegeln ist hier die Kooperation von mehreren Waldbesitzern notwendig. Auch der Verlauf eines Waldbrandriegels muss richtig geplant werden. Da der Wind meist aus Westen bläst, sollen die Riegel von Norden nach Süden verlaufen, um eine Barriere für das Feuer darzustellen.

Das wichtigste Löschmittel ist immer noch Wasser. Löschteiche dienen der Feuerwehr dazu, in unmittelbarer Brandnähe Wasser entnehmen zu können. In großen zusammenhängenden, brandgefährdeten Waldgebieten ist es hilfreich, solche Löschteiche anzulegen. Dabei können entweder natürliche Gewässer genutzt oder künstliche Teiche angelegt werden. Bei der Neuanlage von Löschteichen ist eine Abstimmung der Waldbesitzer, der Forstbehörde sowie der Feuerwehren unbedingt notwendig. Wichtig ist, dass Entnahmestellen der Feuerwehr bekannt und für Löschfahrzeuge auch erreichbar sind. Laufende Kontrollen der Löschteiche, speziell in den Sommermonaten, garantieren deren Einsatztauglichkeit. Beim Bau von neuen Forststraßen sollte in waldbrandgefährdeten Gebieten ebenfalls die lokale Feuerwehr eingebunden werden. Während der Brandsaison ist darauf zu achten, dass die Forststraßen frei und befahrbar sind und keine Hindernisse (abgestellte Forstmaschinen, provisorische Holzlager) die Durchfahrt behindern.

5.6 Aufarbeitung von Sturmflächen

Durch den Klimawandel werden in Zukunft Sturmereignisse häufiger vorkommen. Doch nicht nur die Witterung, auch hausgemachte Probleme wie mangelnde Pflege oder falsche waldbauliche Konzepte, führen zu Schäden im Wald durch Wind und Wetter. Auch Mischwälder werden öfters von Schadereignissen betroffen sein, als es bisher der Fall war.

Für viele Waldbesitzer bedeutet ein großflächiger Windwurf oder ein ähnliches Schadensereignis einen schweren Schock. Neben dem finanziellen Verlust ist es vor allem der Eindruck eines zerstörten Waldes, der für viele Waldbesitzer eine starke psychologische Belastung darstellt. Als Waldbesitzer muss man sich aber bewusst sein, dass Störungen im Wald eine natürliche Erscheinung sind und Teil des Ökosystems Wald. Wälder sind in der Lage, sich von solchen Schadereignissen zu erholen. Zudem ist mit den meisten Schadereignissen ein erheblicher finanzieller Verlust verbunden. Aber nur im Falle eines Waldbrands ist das Holz gänzlich vernichtet und ein wirtschaftlicher Komplettverlust aufgetreten. Da die Nachfrage nach Holz in den letzten Jahren stark anstieg, und das vor allem im Bereich des Energieholzes, ist es heutzutage möglich, auch gebrochenes und stark entwertetes Holz noch zu vermarkten.

Der wichtigste Grundsatz für den Waldbesitzer nach einem Sturmereignis bedeutet daher, Ruhe zu bewahren. Hektik oder Panik sind genauso falsch wie ein übereiltes Aufarbeiten der Sturmschäden in Eigenregie. Daraus ergibt sich der nächste Grundsatz:

Merke: Sturmflächen dürfen von bäuerlichen Waldbesitzern und anderen Kleinwaldbesitzern niemals selbst aufgearbeitet werden!

Die Aufarbeitung des Schadens ist mit viel Organisation verbunden, weshalb es ratsam ist, sich schon vorab für den Fall der Fälle vorzubereiten und ein kurzes und knappes Konzept vorzubereiten. Die wichtigsten Schritte sind dabei:

- Besichtigung der Fläche (soweit möglich) und Einschätzung des Schadensumfangs,
- Akquirierung eines geeigneten forstlichen Unternehmers,
- Kontaktaufnahme mit benachbarten Waldbesitzern, evtl. Bildung einer Solidargemeinschaft,
- Kontakt mit Behörden und Holzabnehmern,
- Planung der Aufarbeitung,
- Organisation der Holzabfuhr bzw. der Zwischenlagerung,
- Durchführung der Aufarbeitung,
- Kontrolle der Fläche,
- Vorbereitung des Forstschutzes.

Als erster Schritt sind die betroffenen Waldflächen zu besichtigen, soweit es gefahrlos möglich ist. Dies sollte unmittelbar nach Sturmende passieren, um somit keine wertvolle Zeit zu verlieren. Im Falle von Schadereignissen kommt es relativ schnell zum Mangel an geeigneten

Forstunternehmern, und auch die Holzvermarktung gestaltet sich schwieriger. Sind Forststraßen versperrt, ist deren Räumung ebenfalls in die Planung aufzunehmen. In Steillagen kann die Begehung sehr schwer sein, in manchen Fällen sogar unmöglich. In solchen Fällen kann man vom Gegenhang aus mit dem Fernglas den Schaden grob abschätzen. Eine neue Methode ist die Befliegung von Waldflächen durch Drohnen, die mit Kameras ausgerüstet sind. Die Besichtigung soll folgende Fragen klären:

- Wie viel Waldfläche ist betroffen?
- Wie groß ist die aufzuarbeitende Holzmenge?
- Welche Baumarten und welche Sortimente werden geerntet (Energieholz oder sägefähig)?
- Sind die Forststraßen befahrbar?

Im Gegensatz zu einer geplanten Nutzung ist es aber bei Kalamitäten oft schwierig, geeignete Unternehmer zu finden, da die Nachfrage sehr groß ist. Möglicherweise ist man darauf angewiesen, mit Lohnunternehmern zusammenzuarbeiten, die nicht aus der Gegend stammen. Im Idealfall hat man mit dem Lohnunternehmer bereits zusammengearbeitet und das Unternehmen verfügt über

- Erfahrung in der Aufarbeitung von Sturmflächen,
- den geeigneten Maschinenpark (Raupenharvester),
- geschultes Personal, das ausnahmslos mit der persönlichen Schutzausrüstung und moderner Ausrüstung ausgestattet ist,
- der Bereitschaft, auch unter den schwierigen Bedingungen pfleglich zu arbeiten,
- die gesamte Aufarbeitung und nicht nur Teilarbeiten (Holzrückung) durchzuführen.

Wie bereits erwähnt, sind Sturmflächen keine Einsatzgebiete für Amateure. Engagiert man Lohnunternehmer, die über schlecht geschultes Personal verfügen, das in Gummistiefeln antritt, wird die Aufarbeitung noch schwieriger, und man schafft sich Probleme anstatt welche zu lösen. Auch sollte die gesamte Aufarbeitung von einem einzelnen Unternehmen durchgeführt werden, um eine reibungslose Organisation zu garantieren. Auf Sturmflächen ist die pflegliche Arbeit besonders wichtig, denn das wenige, was noch an verbleibendem Bestand übrig ist, soll nicht auch noch durch die Aufarbeitung beschädigt werden. Der Unternehmermarkt ist groß. Auch bei größeren Sturmereignissen gibt es keinen Grund, dem erstbesten (unbekannten und/oder ortsfremden) Unternehmer den Zuschlag zu erteilen. Es ist genügend Zeit vorhanden, eine Auswahl nach Kriterien zu treffen. Der billigste Anbieter ist nicht zwangsläufig der preiswerteste Unternehmer. Die Angebote sind im Hinblick auf evtl. entstehende Folgekosten zu untersuchen Die Referenzen unbekannter Unternehmer müssen unbedingt eingefordert und (wenn möglich) genau überprüft werden. Bei unbekannten Unternehmern sollten zunächst mengenmäßig begrenzte Verträge abgeschlossen (bis zu 500 fm) und weitere Aufträge nur dann in Aussicht gestellt werden, wenn die Zusammenarbeit zufriedenstellend verlaufen ist. Das ist nicht immer leicht durchzusetzen. Die Erfahrungen haben aber gezeigt, dass es sich insbesondere für das Nervenkostüm des betroffenen Waldbesitzers mehr als lohnt, „passende" Unternehmer auszuwählen.

Mögliche Problemfelder sind:
- Ortsfremde Unternehmer,
- Verständigungsschwierigkeiten mit fremdsprachigen Arbeitern,
- unzureichende maschinelle Ausstattung, zu schwache/alte Maschinen, dadurch Befahrung der gesamten Fläche,
- Einhaltung der Unfallverhütungsvorschriften,
- Einhaltung der Qualitätsstandards/Pfleglichkeitsstandards,
- Unzuverlässigkeit.

Geteiltes Leid ist halbes Leid: Neben dem psychologischen Effekt ist es auch für die Organisation von Vorteil, wenn sich betroffene Waldbesitzer bei der Aufarbeitung zusammenschließen, die Freiwilligkeit vorausgesetzt. Die Akquirierung eines Lohnunternehmers wird einfacher

Auf Sturmflächen sollte die Aufarbeitung durch Forstmaschinen passieren, um die Gefahr von schweren Unfällen zu vermeiden.

fallen, wenn das Auftragsvolumen eine größere Fläche umfasst, anstatt viele kleine Flächen. Gleiches gilt auch für die Holzvermarktung. Ein Problem kann die Planung der Aufarbeitung darstellen, da jeder Waldbesitzer verständlicherweise seine Fläche als erste aufgearbeitet haben will. Ein Lösungsansatz hierfür ist, dass die Flächen zuerst aufgearbeitet werden, die am nächsten an befahrbaren Forststraßen liegen.

Bei größeren Kalamitäten kann der Waldbesitzer auch mit der Unterstützung von Behörden und Interessenvertretungen rechnen. So werden von manchen Waldverbänden Nasslager für die Holzlagerung eingerichtet. Häufig gibt es auch Förderungen aus diversen Katastrophenfonds oder aus dem Budget der Bundesländer. Die Kontaktaufnahme mit den Behörden dient also vor allem der Informationseinholung.

Bei den lokalen Holzabnehmern kann man schon vorab anfragen, ob Verarbeitungskapazitäten für die aufzuarbeitende Holzmenge verfügbar sind. Der Holzpreis wird sich dabei zwar am unteren Ende der letzten Marktpreise orientieren. Wird seitens der Holzabnehmer aber versucht, den Preis zu stark zu drücken, sollte über Alternativen nachgedacht werden. Vorsicht ist in solchen Situationen vor allem vor manchen dubiosen Holzhändlern geboten: Viele Waldbesitzer haben bereits schlechte Erfahrungen mit Holzhändlern gemacht, denen es gelang, ihre Notlage auszunutzen.

Zweck der Aufarbeitung ist die Ernte des geworfenen Holzes. Da die Gefahr einer Verletzung oder sogar eines Todesfalls sehr hoch ist, muss der Arbeitssicherheit in der Planung entsprechend viel Aufmerksamkeit gewidmet werden. Wo immer möglich, sollen Forstmaschinen die Arbeit übernehmen und Forstarbeiter nur zum Einsatz kommen, wo der Maschineneinsatz nicht möglich ist. Bei der motormanuellen Aufarbeitung soll aber trotzdem die maschinelle Unterstützung (Seilwinde) gewährleistet sein.

Trotz Sturmwurf darf es zu keiner flächigen Befahrung kommen! Eine flächige Befahrung bei der Holzernte darf nur in Ausnahmefällen vorkommen. Die bestehende Feinerschließung soll genutzt werden, die Fahrtrassen sind einzuhalten. Dazu ist eine durchgehende Markierung der Rückegassen notwendig. Die Feinerschließung darf nicht verdichtet werden: Ein Mindestabstand von 20 m in der Ebene und 30 m im Steilhang sind einzuhalten. Die Rückegassenbreite ist so gering wie möglich zu halten und soll 5 m nicht überschreiten. Die rechtzeitige Ausbesserung von Schäden an Fahrwegen vermeidet hohe Folgekosten. Die Befahrung der Rückegassen darf nur bei geeigneter trockener Witterung erfolgen, um die technische Befahrbarkeit zu erhalten. Dieser Grundsatz gilt insbesondere, wenn kein Reisigmaterial (z. B. bei motormanueller Aufarbeitung, Laubholz-Bestände) zur Schonung der Rückegasse zur Verfügung steht.

Ist ein Forstunternehmer gefunden und in die Arbeit eingewiesen, ist umgehend die Holzabfuhr bzw. die Zwischenlagerung zu organisieren.

Zu Beginn der Arbeiten wird es noch möglich sein, das Holz rasch an die nächsten Verarbeiter wie Sägewerke und Papiermühlen zu liefern. Mit zunehmender Dauer und einer steigenden Menge an Schadholz wird sich die Holzabfuhr verzögern, in vielen Fällen sogar für einige Wochen gänzlich eingestellt. Für diese Zeiträume sind Lagerungsmöglichkeiten einzurichten, die idealerweise nicht allzu weit von den Schadensflächen liegen, da durch lange Transportwege erneut Kosten entstehen würden. Zu diesem Zeitpunkt ist auch zu entscheiden, ob ein Teil des aufgearbeiteten Holzes als Energieholz genutzt werden soll. Energieholz erzielt mittlerweile Preise, die noch immer einen positiven Deckungsbeitrag erwarten lassen, gleichzeitig sind diverse Holzfehler, die durch Windwurf und/oder Aufarbeitung passieren, für die Energieholzproduktion nicht von Bedeutung.

Mit der Aufarbeitung kann begonnen werden, sobald der Forstunternehmer samt Maschinen vor Ort ist und alle Forstarbeiter eingewiesen sind. Für den Landwirt sollte gelten, dass er sich zumindest einmal täglich vor Ort nach dem Fortschritt der Arbeit erkundigt und sich über eventuelle Schwierigkeiten informiert.

Nach Beendigung der Arbeit ist die Sturmfläche zu begutachten. Folgende Dinge sind dabei zu kontrollieren:

- Ist das gesamte Sturmholz aufgearbeitet worden?
- Wurde pfleglich gearbeitet?
- Sind der verbleibende Bestand und der Waldboden geschont worden?
- Abseits von möglichen Ernteschäden, wie ist der Zustand des verbleibenden Bestandes?
- Ist der Waldboden aufnahmefähig für Naturverjüngung bzw. Pflanzungen?
- Wo wurden Reisig und Schlagabraum abgelagert?

Reisig und Schlagabraum sollen nicht zu Energieholz verarbeitet werden: Auch diese mittlerweile gängige Praxis führt zu einem gehörigen Nährstoffentzug. Gerade bei Sturmflächen, wo viel Schlagabraum anfällt, kann dies zu einer Verschlechterung der Nährstoffbilanz führen. Der Schlagabraum sollte zumindest an windexponierten Stellen gelagert werden, in der Hoffnung, dass der Wind Nadeln und Blätter über die Sturmfläche verteilt und somit die Nährstoffe wieder in den Kreislauf gelangen. Eine andere Variante ist das Ausbringen des Schlagabraums per Hand, diese ist allerdings sehr arbeitsintensiv.

Mit der Kontrolle der Fläche beginnt auch die Entscheidung über die Zukunft des Bestandes und der Wahl des Verjüngungskonzepts. Besteht das aufgearbeitete Holz zum Großteil aus Nadelholz, insbesondere aus Fichte und Kiefer, so muss man sich auch Gedanken über den Forstschutz machen. Bei Laubholz spielt das weniger eine Rolle, da die Schadinsekten von Laubhölzern normalerweise nicht das Potenzial zur

Der Kreislauf des Lebens am Beispiel des Nationalparks. Bayerischer Wald: Zwischen den durch den Borkenkäferbefall abgestorbenen Fichten wächst die nächste Baumgeneration heran.

Massenvermehrung haben, wie es bei Borkenkäfern von Fichte und Kiefer der Fall ist. Neben Nass- und Folienlagerung gibt es auch die Möglichkeit, das Holz zu entrinden, was allerdings sehr arbeitsaufwendig ist. Unabhängig von der Lagerdauer des Holzes sollte die Sturmfläche sowie die benachbarten Bestände im aktuellen Jahr sowie im Folgejahr auf den Befall von Borkenkäfern geprüft werden.

Service

Weiterführende Literatur

Altenkirch, W./Majunke, C./Ohnesorge, B. (2002): Waldschutz. Verlag Eugen Ulmer, Stuttgart.

Amereller, K./Kölling, C./Bolte, A./Eisenhauer, D.-R. et al. (2010): Bequeme Skepsis oder „unbequeme Wahrheit“? AFZ-Der Wald 3/2010, S. 10–11.

Ammon, W. (1995): Das Plenterprinzip in der Waldwirtschaft. Haupt Verlag, Bern.

Amt der Oö. Landesregierung (2013): Laubholz. Linz.

Bachofen, H./Zingg, A. (2005): Auf dem Weg zum Gebirgsplenterwald: Kurzzeiteffekte von Durchforstungen auf die Struktur subalpiner Fichtenwälder. – Schweiz. Z. Forstwes. 156, 12: 456–466.

Bartsch, N./Röhrig, E. (2016): Waldökologie. Springer-Verlag, Berlin.

Bebi, P./Krumm, F./Brändli, U.-B./Zingg, A.(2013): Dynamik dichter, gleichförmiger Gebirgsfichtenwälder. Schweiz. Z. Forstwes. 164, 2: 37–46.

Borchert, H. (2004): Ökonomische Folgen des Trockenjahres 2003 und Kosten des Waldumbaus. LWF aktuell 43, S. 31–32.

Braun-Blanquet, J. (1964): Pflanzensoziologie. Springer Verlag, Wien.

Burschel, P./Huss, J. (2003): Grundlagen des Waldbaus. Verlag Eugen Ulmer, Stuttgart.

Burschel, P./Huss, J. (1997): Grundriss des Waldbaus. Paul Parey Verlag, Hamburg.

Cotta, H. (1865): Anleitung zum Waldbau. Arnoldische Buchhandlung, Leipzig.

Ebner, S./Scherer, A. (2001): Die wichtigsten Forstschädlinge. Leopold Stocker Verlag, Graz.

Ellenberg, H. (1982): Vegetation Mitteleuropas mit den Alpen. Verlag Eugen Ulmer, Stuttgart.

Ewald, J./Mellert, K. (2013): Wachstum der Fichte im bayerischen Alpenraum. LWF aktuell 94, S. 39–41.

Fischer, A. (2003): Forstliche Vegetationskunde. Verlag Eugen Ulmer, Stuttgart.

Fritz, P. (2006): Ökologischer Waldumbau in Deutschland. Oekom Verlag, München.

Fürst zu Castell-Castell, A. (2008): Wald vor Wild: Wir müssen umdenken und handeln! LWF aktuell 62, S. 48–49.

Gayer, K. (1886): Der gemischte Wald. Salzwasser Verlag, Paderborn.

Göttlein, A./Baumgarten, M./Huber, C./Weis, W. et al.(2003): Femel- und Kahlhieb im Vergleich. LWF aktuell 41, S. 6–8.

Hartl-Meier, C./Rothe, A. (2014): Zuwachsreaktionen des Bergwaldes auf Klimaänderungen. LWF aktuell 99, S. 42–44.

Hatzfeld, H. (1996): Ökologische Waldwirtschaft. Müller Verlag, Heidelberg.

Härdtle, W./Ewald, J./Hölzel, N. (2008): Wälder des Tieflandes und der Mittelgebirge. Verlag Eugen Ulmer, Stuttgart.
Henning, B. (2015): Erfolgreiche Waldverjüngung in der Praxis. Leopold Stocker Verlag.
Hein, S./Kohnle, U./Michiels, H.-G.(2008): Waldbauliche Handlungsmöglichkeiten angesichts Klimawandel. FVA einblick 01/08: 50–53.
Höllerl, S./Mosandl, R. (2009): Stabilisierung montaner Fichtenbestände. LWF aktuell Nr. 68, S. 11–13.
Knoke, T. (2009): Die ökonomische Zukunft der Fichte. LWF Wissen 63, S. 16–21.
Köhnle, U. (2015): Fichte im Klimawandel – was tun? FVA-einblick 3/2015, S. 13–16.
Kölling, C. (2007): Bäume für die Zukunft. LWF aktuell 60, S. 35–37.
Kölling, C. (2013): Nichtheimische Baumarten – Alternativen im klimagerechten Waldumbau? LWF aktuell 96, S. 4–11.
Kölling, C./Falk, W./Dietz, E./Grünert, S. et al. (2008): Wo hat die Fichte genügend Wasser? LWF aktuell 66, S. 21–25.
Krehan, H. (2008): Das ABC der Borkenkäferbekämpfung an Fichte. BFW-Praxisinformation 17, 17–18.
Kramer, H. (1988): Waldwachstumslehre. Paul Parey Verlag, Hamburg.
Küster, H. (2003): Geschichte des Waldes. Verlag C. H. Beck, München.
Leder, B./Bodelschwingh, H. von (2008): Dynamik und Qualität von Buchen auf 9-jährigen Buchen-Saatplätzen unter Fichtenschirm. Forst und Holz 63, 2: 22–25.
Leibundgut, H. (1982): Europäische Urwälder in der Gebirgsstufe. Haupt Verlag, Bern.
Leibundgut, H. (1986): Unsere Gebirgswälder. Haupt Verlag, Bern.
Leibundgut, H. (1991): Unsere Waldbäume. Haupt Verlag, Bern.
Leitgeb, E./Gärtner, U. (2005): Results from the SUSTMAN Project (EU Framework 5, QLK5-CT-2002–00851), dt. Bearbeitung, Bundesforschungs- und Ausbildungszentrum für Wald, Naturgefahren und Landschaft (BFW), Wien.
Leitgeb, E./Englisch, M./Herzberger, E./Starlinger, F. (2013): Fichte und Standort – Ist die Fichte besser als ihr Ruf? BFW-Praxisinformation 31: 7–9.
Leitenbacher, A./Theßenvitz, S./Schwab, C. (2009): Vom Wissen zum Handeln. LWF Wissen 63, S. 86–89.
Mayer, H. (1976): Gebirgswaldbau. Schutzwaldpflege. Gustav Fischer Verlag, Stuttgart.
Möller, K. (2014): Klimawandel und integrierter Waldschutz – Risikomanagement mit mehr Unbekannten und weniger Möglichkeiten. Eberswalder Forstliche Schriftenreihe, Band 55: 59–65.
Muck, P./Borchert, H./Elling, W./Hahn, J. et al. (2008): Die Weißtanne – ein Baum mit Zukunft. LWF aktuell 67, S. 56–58.
Müller, F. (1997): Waldbau an der unteren Waldgrenze. Schriftenreihe der Forstlichen Bundesversuchsanstalt Wien, Nr. 95.
Müller-Kroehling, S./Walentowski, H./Bußler, H./Kölling, C. (2009): Natürliche Fichtenwälder im Klimawandel – Hochgradig gefährdete Ökosysteme. LWF Wissen 63, S. 70–85.

Otto, H. J. (1994): Waldökologie. Verlag Eugen Ulmer, Stuttgart.

Peter, J./Rothkegel, W./Ruppert, O. (2011): Vom Schatten ins Licht. LWF aktuell 80, S. 5–7.

Rössler, G. (2014): Zielführende Standraumgestaltung in Fichtenbeständen. BFW-Praxisinformation, Wien,(35): 16–19.

Röhrig, E./Bartsch, N./Von Lüpke, B. (2006): Waldbau auf ökologischer Grundlage. Verlag Eugen Ulmer, Stuttgart.

Schafellner, C./Schopf, A. (2014): Massenauftreten der Fichtengebirgsblattwespe in Tieflagen als Folge des Klimawandels?, Forstschutz Aktuell 60/61; 13–15.

Schmidt-Vogt, H. (1977): Die Fichte. Band I. Paul Parey Verlag, Hamburg.

Schmidt-Vogt, H. (1986): Die Fichte. Band II/1. Paul Parey Verlag, Hamburg.

Schmidt-Vogt, H. (1989): Die Fichte. Band II/2. Paul Parey Verlag, Hamburg.

Schmidt-Vogt, H. (1991): Die Fichte. Band II/3. Paul Parey Verlag, Hamburg.

Schröpfer, R./Utschig, H./Zanker, T. (2009): Das Fichten-Konzept der BaySF. LWF aktuell Nr. 68, S. 7–10.

Schüler, S./Grabner, M./Karanitsch-Ackerl, S./Fluch, S. et al. (2013): Fichte – fit für den Klimawandel? BFW-Praxisinformation 31: 10–12.

Schüler, S./Konrad, H./Geburek, T./Trujillo-Moya, C. et al.(2016): Fichte im Trockenstress: Genetische Variation als Schlüssel für zukünftigen Anbau. Forstzeitung 2016, 127(6): 16–17.

Schüler, S./Jandl, R. (2012): Managementstrategien zur Anpassung von Wäldern im Alpenraum an die Risiken des Klimawandels. BFW-Praxisinformation 30: 3–4.

Schüler, S./Züger, J./Gebetsroither, E./Jandl, E. (2012): Wald im Klimawandel: Temperaturanstieg und sonst? BFW-Praxisinformation 30: 5–8.

Tomiczek, C./Pfister, A. (2008): Was bedeutet der Klimawandel für die Borkenkäfer? BFW-Praxisinformation 17, 23.

Tomiczek, C. (2012): Klimawandel verschärft Forstschutzprobleme. BFW-Praxisinformation 30: 19–20.

Wilhelm, G. J./Rieger, H. (2013): Naturnahe Waldwirtschaft mit der QD-Strategie. Verlag Eugen Ulmer, Stuttgart.

Autor

Dipl. Ing. Bernhard Henning, Jg. 1977, lebt im Waldviertel und ist auf einem bäuerlichen Betrieb aufgewachsen. Das Studium der Forstwirtschaft an der Universität für Bodenkultur, Wien ergänzte er mit Auslandaufhalten an den renommierten Fakultäten der SLU (Swedish University of Agricultural Sciences) und der School of Forestry in Berkeley, Kalifornien. Bei diversen Arbeitgebern lernte er die forstliche Praxis in Mittel- und Osteuropa sowie in Zentralasien kennen. Nach einer mehrjährigen Tätigkeit als Redakteur im Bereich Forstwirtschaft beim Fachmagazin „Landwirt" ist er nun als freier Journalist für mehrere Agrarmagazine in Deutschland, Österreich und der Schweiz tätig. Neben seiner publizistischen Arbeit berät er Waldbesitzer.

Bildquellen

Agrarfoto.com: 11, 15, 19, 23, 27, 37, 49, 67, 72, 79, 82, 83, 85, 86, 92, 96, 97, 103, 120, 124, 145, 155, 171, 186, 188
Henning, Bernhard: 26, 40, 52, 63, 65, 87, 110, 113, 118, 127, 132, 156, 177, 191, 194
Titelbild: Corri Seizinger/shutterstock.com

Zeichnungen und Grafiken fertigte Cornelia Schwingenschlögl, Graz-A, nach Vorlagen des Autors.

Sachwortverzeichnis

Die in diesem Buch enthaltenen Empfehlungen und Angaben sind vom Autor mit größter Sorgfalt zusammengestellt und geprüft worden. Eine Garantie für die Richtigkeit der Angaben kann aber nicht gegeben werden. Autor und Verlag übernehmen keine Haftung für Schäden und Unfälle. Bitte setzen Sie bei der Anwendung der in diesem Buch enthaltenen Empfehlungen Ihr persönliches Urteilsvermögen ein.
Der Verlag Eugen Ulmer ist nicht verantwortlich für die Inhalte der im Buch genannten Websites.

Anmerkung zur Schreibweise (Gendering): Gendergerechtigkeit und Inklusion sind bei uns gelebte Praxis – bei der Auswahl unserer Themen, bei der Recherchearbeit, in der Gestaltung. Unsere Texte meinen alle. Damit unsere Inhalte jedoch gut lesbar bleiben, verzichten wir in diesem Werk auf die jeweilige Mehrfachnennung oder Anpassung der Schreibweise bestimmter Bezeichnungen an die weibliche, männliche oder diverse Form.

Bibliografische Information der Deutschen Nationalbibliothek
Die Deutsche Nationalbibliothek verzeichnet diese Publikation in der Deutschen Nationalbibliografie; detaillierte bibliografische Daten sind im Internet über http://dnb.d-nb.de abrufbar.

Wollgrasweg 41, 70599 Stuttgart (Hohenheim)
E-Mail: info@ulmer.de
Internet: www.ulmer-verlag.de
Projektleitung und Lektorat: Pia Fehrenbach und (1. Aufl.) Anna Häusler
Herstellung und Umschlag: Birgit Heyny, Verlag Eugen Ulmer
Satz: pagina GmbH, Tübingen (1. Aufl.); Fotosatz Buck, Kumhausen (2. Aufl.)
Druck und Bindung: Friedrich Pustet GmbH & Co. KG, Regensburg
Printed in Germany

ISBN 978-3-8186-2411-8